“十三五”高等院校数字艺术精品课程规划教材

Axure RP9 网站与App原型设计

全彩慕课版

周建国 刘刚 编著

人民邮电出版社
北京

图书在版编目（CIP）数据

Axure RP9网站与App原型设计 : 全彩慕课版 / 周建国，刘刚编著. -- 北京 : 人民邮电出版社，2021.9
“十三五”高等院校数字艺术精品课程规划教材
ISBN 978-7-115-55067-5

Ⅰ. ①A… Ⅱ. ①周… ②刘… Ⅲ. ①网页制作工具－程序设计－高等学校－教材 Ⅳ. ①TP393.092.2

中国版本图书馆CIP数据核字(2020)第201199号

内 容 提 要

本书较为全面地介绍了利用 Axure 软件进行原型设计的方法和技巧。全书分为 3 篇，共 12 章。第一篇为原型设计及 Axure 基础，介绍了 Axure 原型设计概述、用页面区域管理页面、用 Axure 元件库搭积木、用 Axure 动态面板制作动态效果、使用 Axure 变量制作丰富的交互效果以及用 Axure 母版减少重复工作；第二篇为 Axure 高级交互效果，介绍了用 Axure 链接行为制作交互效果、用 Axure 元件行为制作交互效果以及用中继器模拟数据库操作；第三篇为综合实战应用，介绍了支付宝 App 低保真原型设计、携程旅游网站高保真原型设计，并介绍了项目共享协作及协作利器蓝湖。

通过学习 Axure 基础和项目综合案例，读者可以全面、深入、透彻地理解 Axure 原型设计工具的使用方法，提高产品设计能力和项目实战能力。

本书可以作为高等院校、职业院校、培训班 Axure 课程的教材，也可供交互设计师、入门级产品经理等广大 Axure 设计人员学习参考。

◆ 编　　著　周建国　刘　刚
责任编辑　桑　珊
责任印制　王　郁　彭志环
◆ 人民邮电出版社出版发行　　北京市丰台区成寿寺路 11 号
邮编　100164　　电子邮件　315@ptpress.com.cn
网址　https://www.ptpress.com.cn
天津市豪迈印务有限公司印刷
◆ 开本：787×1092　1/16
印张：16.5　　2021 年 9 月第 1 版
字数：463 千字　　2024 年 8 月天津第 8 次印刷

定价：89.80 元

读者服务热线：(010)81055256　印装质量热线：(010)81055316
反盗版热线：(010)81055315
广告经营许可证：京东市监广登字 20170147 号

前 言

本书全面贯彻党的二十大精神，以社会主义核心价值观为引领，传承中华优秀传统文化，坚定文化自信，使内容更好体现时代性、把握规律性、富于创造性。

为什么要学Axure

Axure是一个专业的快速原型设计软件，它可以让产品经理、程序员、设计师根据需求设计功能和界面，快速创建应用软件的线框图、流程图、原型和规格说明文档，并且同时支持多人协作和版本控制管理，是交互设计师、产品经理必会的一款原型设计工具。Axure经过多年的发展，已经是非常成熟的、广受欢迎的原型设计工具，市场占有率不断提高，已成为网页设计、App设计等领域的关键技术之一。

使用本书，3步学会Axure

STEP 1 章首页图文可帮助理解应用方法和基本原理，了解本章案例最终效果。

第4章　用Axure动态面板制作动态效果

动态面板元件是一个动态的、由面板组成的元件。它可以让原型呈现动态的效果，而不是沉闷的静态页面，并且它能实现软件的高级交互效果。

动态面板元件是Axure模拟很多动态效果的主要工具，如要模拟淘宝的广告轮播，可以将几张图摞在一起，轮流移动到最上面来显示，单击某一个圈，就把对应的图移动到最上面，如图4.1所示。

本章学什么，用来做什么

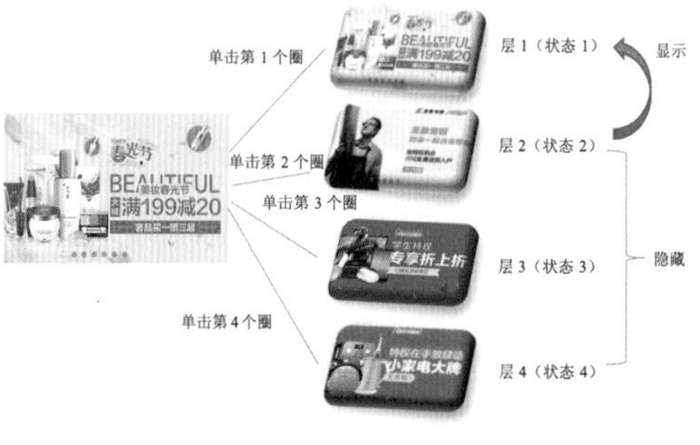

图4.1　动态面板模拟海报轮播效果

图解基本原理，一看就懂

本章案例：淘宝登录页签的切换效果是将两张图摞在一起实现的，单击“账户密码登录”按钮，图4.2被移动到上层，单击“快速登录”按钮，图4.3被移动到上层，从而模拟淘宝登录页签的切换效果。这就是动态面板元件模拟交互效果的基本应用。

案例最终效果，学完本章就会做

图4.2　账户密码登录

图4.3　快速登录

STEP 2 边做边学，扫码看精讲视频。

知识点简明扼要

4.1 动态面板的使用

动态面板元件是怎样实现动态效果的呢？动态面板元件里包含多种状态，可以把动态面板理解为装载这些状态的容器。

我们在学生时期，经常把作业本摞成一摞，只能看到最上面一本的封面。这一摞作业本就相当于动态面板，每本作业就是动态面板中的一个状态，只有最上面的一个状态是可见的，其他状态都是隐藏的，如图4.4所示。动态面板的图标形象地表达了动态面板元件的功能。

慕课视频

动态面板的使用

微信扫码看，经验、方法、过程尽在小刚老师精讲视频

图4.4 作业本和动态面板图标

看图为主 拒绝枯燥乏味

下面就以学生作业本为例，来学习动态面板的使用方法。

4.1.1 创建动态面板并命名

◆ 实战演练

1 打开Axure RP 9软件，将工程保存并命名为“动态面板演示操作”，拖曳一个“动态面板”到工作区域，如图4.5所示。

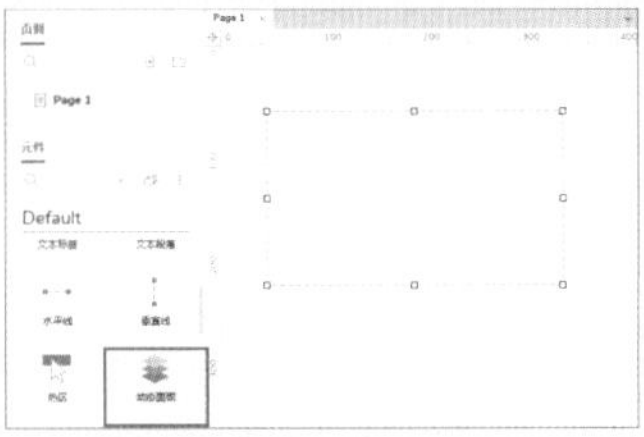

图4.5 拖曳动态面板

STEP 3 综合实战，感受真实商业项目制作过程。

第三篇 综合实战应用

第10章 支付宝App低保真原型设计

真实商业项目 零距离接触

Axure不仅可以用于网站原型的制作，同时也可以进行移动App的软件原型制作。下面综合应用Axure的相关知识，进行支付宝App的低保真原型设计，如图10.1所示。

完整运用所学知识

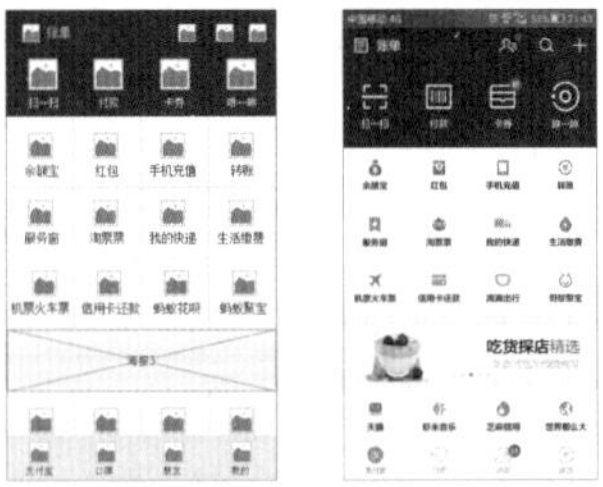

图10.1 支付宝App低保真原型设计及最终效果

不止讲操作，还讲调研和设计

10.1 需求描述

利用Axure RP9原型工具绘制支付宝App低保真原型，主要设计以下几个方面。

（1）利用Axure的母版功能绘制支付宝App的底部标签导航。

（2）绘制“支付宝”界面的九宫格导航布局。

（3）制作“支付宝”界面的海报轮播效果。

（4）绘制“余额宝”界面的布局。

（5）制作“余额宝”界面内容上下滑动效果。

小刚老师简介

本名刘刚，高级项目管理师、中级项目监理师，曾就职于科大讯飞股份有限公司、中国擎天软件公司及北京神州软件技术有限公司子公司。软件项目研发、设计和管理经验丰富，负责纪检监察廉政监督监管平台、国家邮政局项目、政务大数据项目等的设计与开发，出版畅销书《原型设计大师：Axure RP 网站与 App 设计从入门到精通》。

Free 平台支撑，免费赠送资源

- 全部案例源代码、素材、最终文件
- 全书电子教案
- 高清视频教程
- Axure扩展视频教程

本书配套慕课可登录人邮学院网站（www.rymooc.com）或扫描封面上的二维码，使用手机号注册，在首页右上角单击“学习卡”选项，输入封底刮刮卡中的激活码，即可在线观看全书慕课视频。扫描书中的二维码也可以直接使用手机观看视频。本书全部案例源代码、素材、最终文件、电子教案、教学大纲、教案及实训可登录人邮教育社区（www.ryjiaoyu.com.cn）免费下载使用。

编者

2022年12月

目　录

第一篇
原型设计及Axure基础

第二篇

Axure高级交互效果

第三篇

综合实战应用

第一篇　原型设计及Axure基础

第1章　Axure原型设计概述

信息化高速发展的今天，用户从过去没有太多软件可以使用到现在可以定制自己个性化的软件，用户有更多自己的想法和需求，但是并不能清晰、完整地表达自己需求，而产品原型恰恰能快速地挖掘出用户的真实需求。通过制作软件产品原型，向用户演示并讲解产品原型的使用，在演示过程中捕捉用户的实际需求，同时项目组人员根据产品原型进行沟通，明确软件产品的目标，可以大大提高项目组成员的工作效率并降低成员间的沟通成本，如图1.1所示。

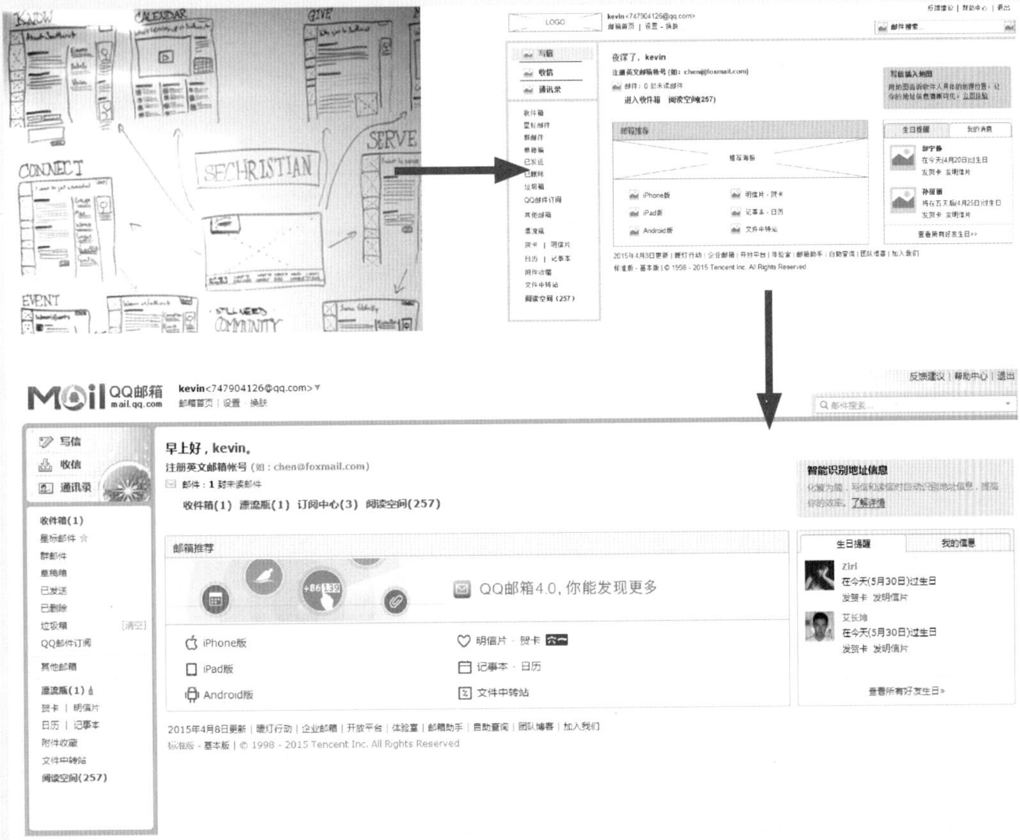

图1.1　通过原型设计预先展示产品效果

1.1 原型

慕课视频

什么是原型

软件产品原型可以理解成软件的Demo（示范），它不是一个最终可以使用的软件，而是通过某种物品（如纸和笔）或者某种工具（如Axure）快速地勾勒出软件的大致结构，并添加一些交互效果，实现模拟软件功能操作的范例。原型大致可以分为3类：草图原型、低保真原型以及高保真原型。

1.1.1 草图原型

草图原型也可以称为纸面原型，作用是描述产品大概需求，记录设计师瞬间灵感，如图1.2所示。

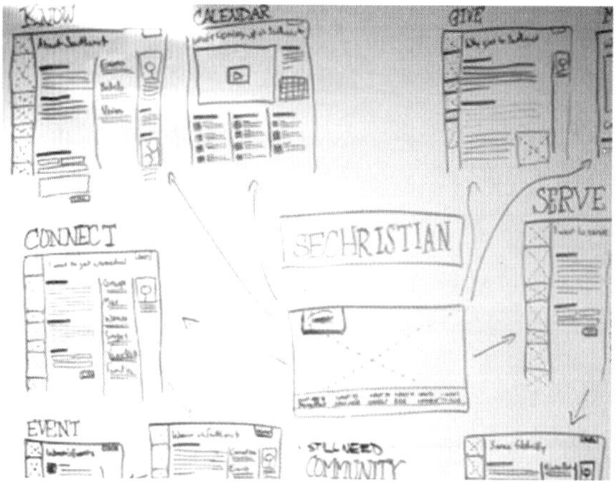

图1.2　草图原型

很多产品经理或者设计师在使用专业原型工具进行原型设计之前，都进行过草图原型的设计。设计师喜欢在白纸上或者白板上勾勒出软件的大致样子，也就是软件的骨架。这种方式可以快速地记录他们的灵感，也方便修改软件的原型。现在市面上也出售进行纸面原型设计的模具，这样更方便设计师进行纸面原型设计。

缺点	产品经理或者设计师在白板上制作的草图，他人难以理解其设计意图，因此与其他成员在沟通上存在障碍。
优点	可以简单、快捷地描述出产品大概的需求，记录瞬间的灵感。这样的原型适用于项目小、工期短、用户需求少的产品。

1.1.2 低保真原型

低保真原型是根据需求或者现存的界面，利用相关原型设计工具进行软件原型的设计，如图1.3所示。

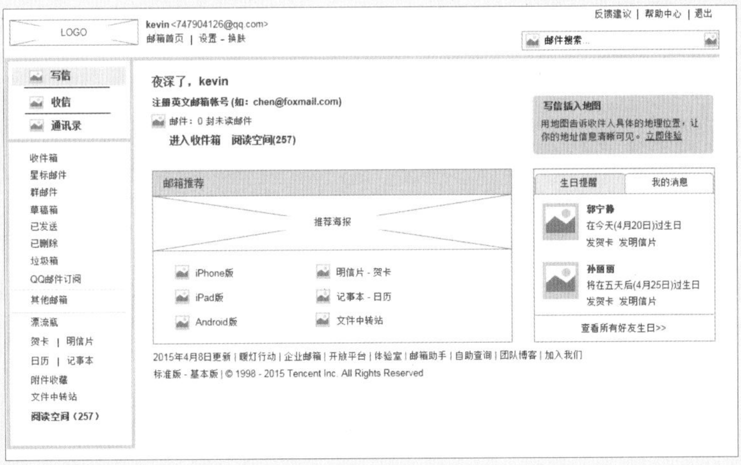

图1.3　低保真原型

低保真原型可以展现软件的大致结构和基本交互效果，但是在界面美观程度和交互效果上还不能与真实软件相比。

缺点	美观度和交互效果上比较欠缺。
优点	能够快速构建产品大致结构，提供基本交互效果，是团队成员间有效的沟通方式。

1.1.3 高保真原型

高保真原型是用来进行产品演示的Demo，在视觉上与真实产品一样，体验上也几乎接近真实软件，如图1.4所示。

图1.4　高保真原型

为达到与真实软件一样的效果，设计者需要在高保真原型的设计上投入很多精力和时间，这种原型一般用来演示，在视觉和体验上征服用户，最终赢得用户的信赖。

缺点	需要投入大量的精力和时间。
优点	可以模拟出真实软件的界面以及交互效果。

注 意

要根据项目的大小、类型、工期以及用户的需求来选择制作哪类原型。如果只是想勾勒软件原型的大致结构，可以采用草图原型；如果想清楚地描述软件原型的功能结构和基本交互效果，同时方便项目组人员沟通交流，可以采用低保真原型；如果想向用户演示软件原型或者展示概念产品的设计，可以采用高保真原型。

1.2 Axure RP 9 软件安装与汉化

慕课视频

Axure RP 9软件安装与汉化

图1.5 Axure RP 9软件图标

Axure RP是一个专业的快速原型设计工具。Axure发音：Ack-sure，代表美国Axure公司，RP则是Rapid Prototyping（快速原型）的缩写。Axure RP Pro是美国Axure Software Solution公司的旗舰产品。该公司于2019年4月26日正式推出Axure RP 9版本，Axure RP 9进行重新架构和设计，使用新的硬件加速渲染引擎，拥有能够更平滑缩放和更快编辑的流线型画布，新的交互构建器已经过全面重新设计和优化，易于使用，它的图标也与以往版本不同，如图1.5所示。

Axure RP作为一个专业的快速原型设计工具，它可以让设计师利用需求、设计功能和程序界面来快速地创建应用软件的线框图、流程图、原型和规格说明文档，并且同时支持多人协作和版本控制管理。

从官网上下载Axure RP 9软件安装包，进行软件的安装，方法如下。

◆ 实战演练

1 双击AxureRP-Setup.exe安装软件开始安装Axure RP 9原型设计工具，安装窗口出现欢迎语：Welcome to the Axure RP 9 Setup Wizard，如图1.6所示，单击“Next”按钮。

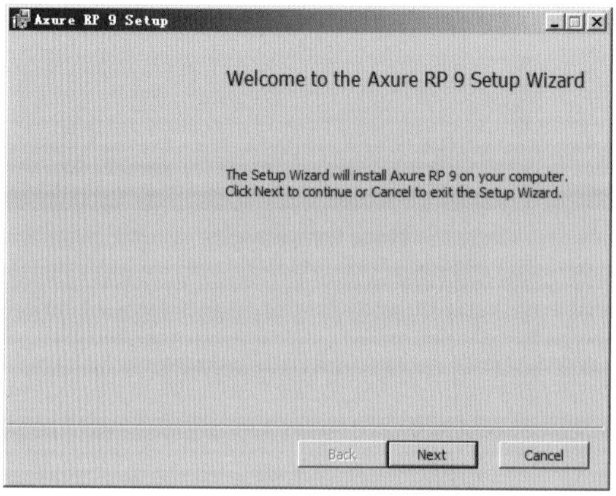

图1.6 Axure RP 9开始安装

2 勾选“I accept the terms in the License Agreement”复选框，同意Axure安装协议，单击“Next”按钮继续安装，如图1.7所示。

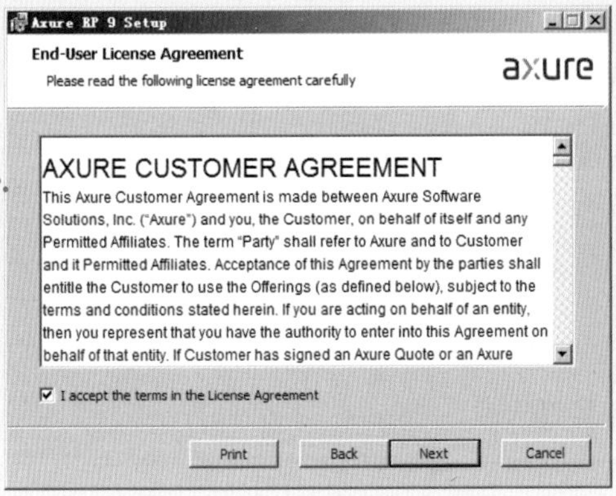

图1.7　同意安装协议

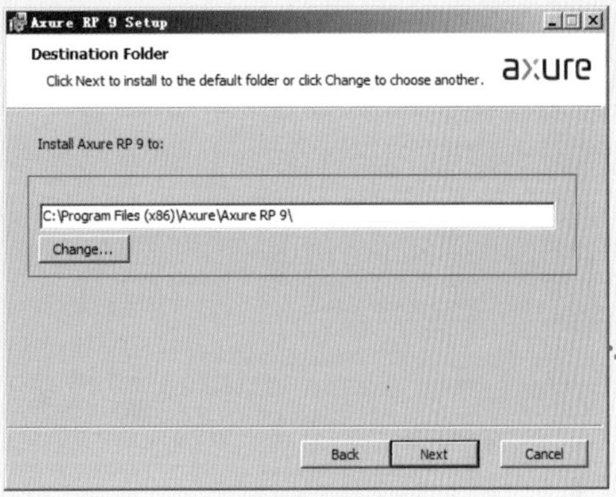

图1.8　选择安装路径

3 选择软件存放路径，可以使用默认的安装路径，也可自定义安装路径，如图1.8所示，之后单击“Next”按钮进行下一步。

4 持续单击“Next”按钮，直至出现图1.9所示的界面。

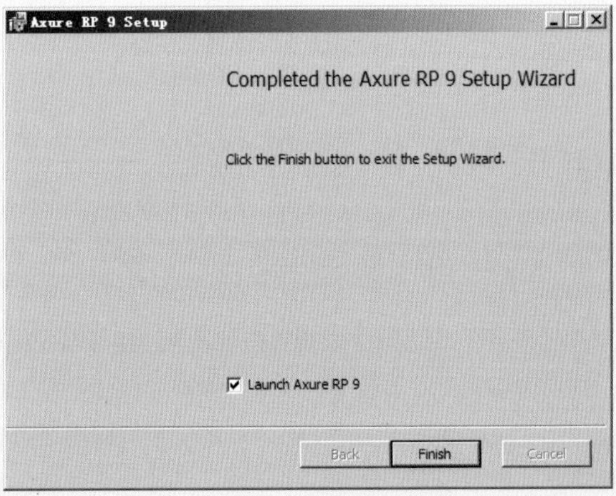

图1.9　完成安装

5 单击“Finish”按钮，打开Axure RP 9 原型设计工具，如图1.10所示。

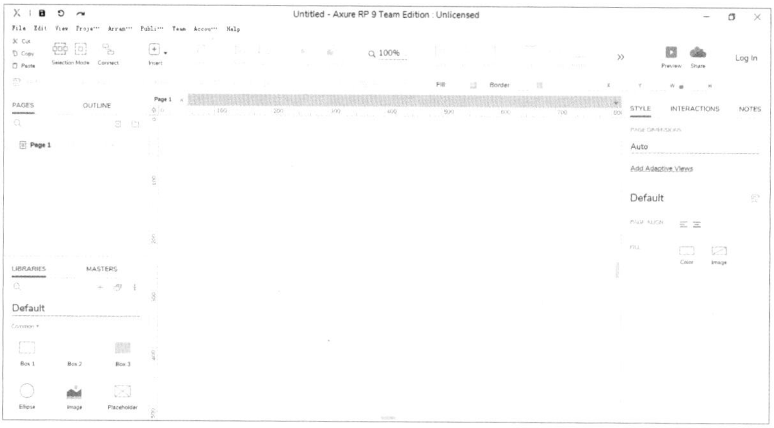

图1.10　Axure RP 9 界面

6 在网络下载Axure RP 9 软件汉化包，软件汉化包会说明如何进行汉化操作，汉化后界面如图1.11所示。

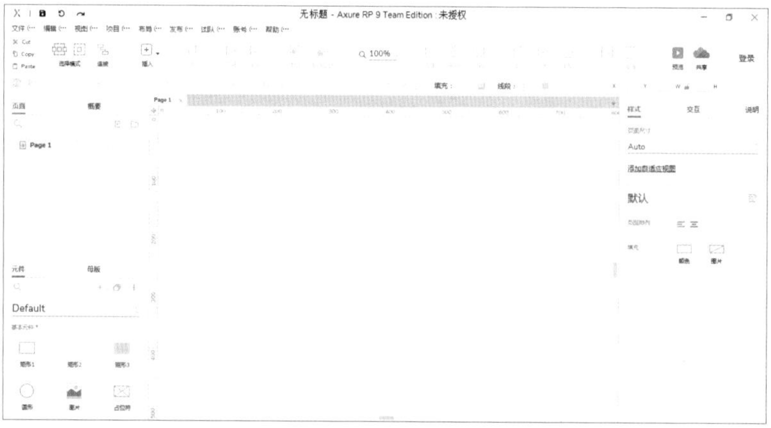

图1.11　Axure RP 9 汉化界面

1.3 Axure RP 9 软件特色

慕课视频

Axure RP 9
软件特色

1. Axure RP 9软件重新设计

Axure RP 9进行了重新架构和设计，使原型规划和原型设计更有趣、更强大，并具有新的硬件加速渲染引擎、能够加快保存和加载的文件结构以及用于平滑缩放和更快编辑的流线型画布。新的交互构建器经过全面重新设计和优化，易于使用，从基本设置到复杂的中继器、函数、条件流，帮助用户在更短的时间内以更少的点击次数将原型变为现实。

2. Axure RP 9细节更完善

Axure RP 9改进了对排版的控制，包括字符间距、删除线和上标；提供了带径向渐变和HSV拾取器的新颜色选择器；更新了图像作为形状背景、图像滤镜的功能以及提供更好的图像质量；能够使用新的原型播放器展示用户的作品。Axure RP 9针对最新的浏览器进行了优化，并针对工作流程进行了设计，能更清晰地呈现具有丰富交互功能的移动和桌面原型，以及针对用户业务解决方案的全面文档。

3. Axure RP 9管理更方便

Axure RP 9能确保用户的解决方案正确、完整地构建，更易于整理笔记；将笔记分配给UI元素，并合并屏幕注释。随着解决方案的发展，现在Axure RP 9比以往更容易维持文档的更新，当用户准备就绪时，更容易向开发人员提供基于浏览器的全面规范。

4. Axure RP 9兼容性

Axure RP 9是向下兼容的，简单来说就是：Axure RP 9可以打开和编辑Axure RP 8保存的文件，包括RP文件和RPLIB文件。但RP 9创建的文件，不能被Axure RP 8打开和编辑，并且被Axure RP 9打开并保存过的Axure RP 8的源文件是不能再被Axure RP 8打开的。所以，之前Axure RP 8的所有资源，包括元件库都可以用到Axure RP 9中。之前的项目也可以移植到Axure RP 9中。

5. Axure RP 9 团队项目

Axure RP 9中只能使用Axure Cloud来进行团队协作，由于Axure Cloud访问速度较慢，所以推荐使用蓝湖的Axure托管平台来托管Axure原型。

1.4 认识Axure软件界面

运行Axure软件，开始认识Axure软件界面。软件界面大致可以分为6个区域，分别为菜单栏区域、工具栏区域、页面与概要区域、元件与母版区域、工作区域和检视区域，如图1.12所示。

慕课视频

认识Axure软件界面

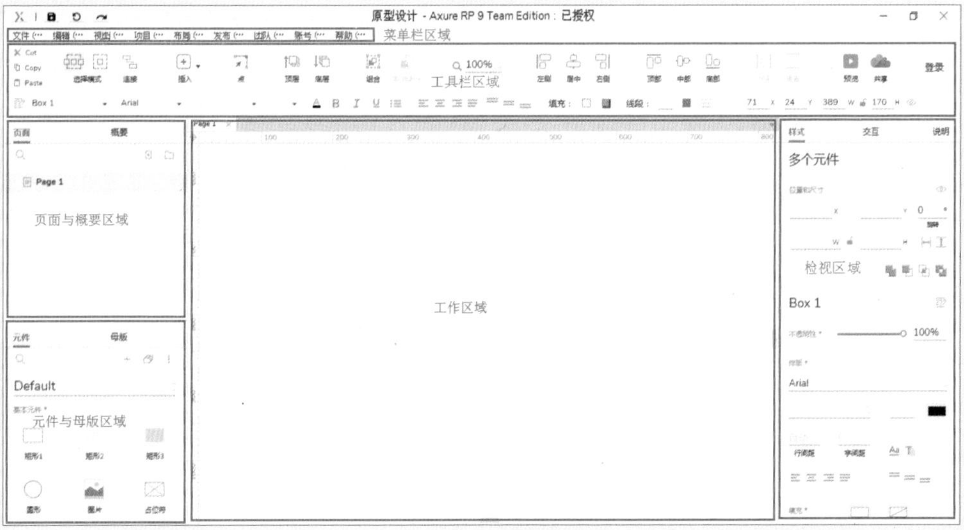

图1.12 软件界面

1.4.1 菜单栏区域

菜单栏区域包括文件、编辑、视图、项目、布局、发布、团队、账号和帮助9个菜单项，提供软件的一些常规操作和功能，如图1.13所示。

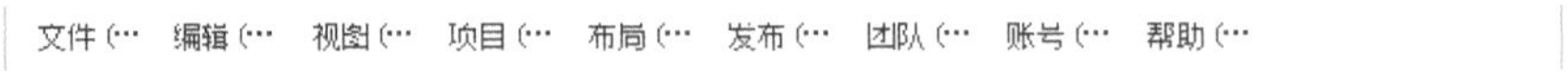

图1.13　菜单栏区域

1. 文件菜单

该菜单可完成的操作如下。

（1）可以新建工程、打开工程、保存工程以及新建元件库，该操作可以使用快捷键或者工具栏快速操作按钮完成。

（2）可以导入RP文件，可以打开团队项目、新建团队项目以及获取团队项目。

（3）可以设置打印纸张尺寸、打印page 1页面、导出page 1图片。

（4）可以备份经常用到的操作，可以设置定时备份软件原型，避免制作过程中软件原型丢失，如图1.14所示。

2. 编辑菜单

该菜单可以完成撤销、重做、剪切、复制和粘贴等操作，由于这些操作可以使用快捷键来完成，所以很少会使用此菜单，如图1.15所示。

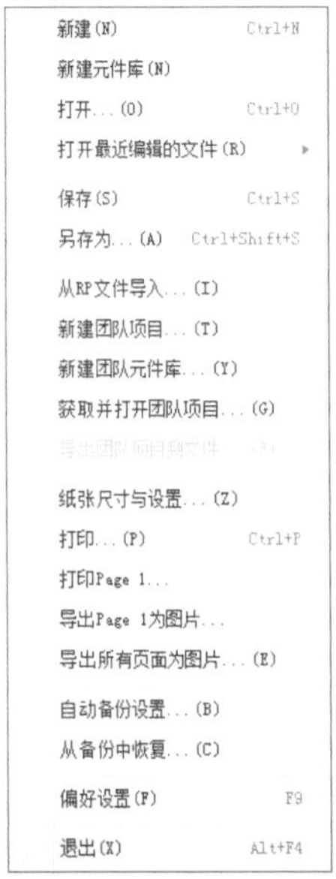

图1.14　文件菜单选项

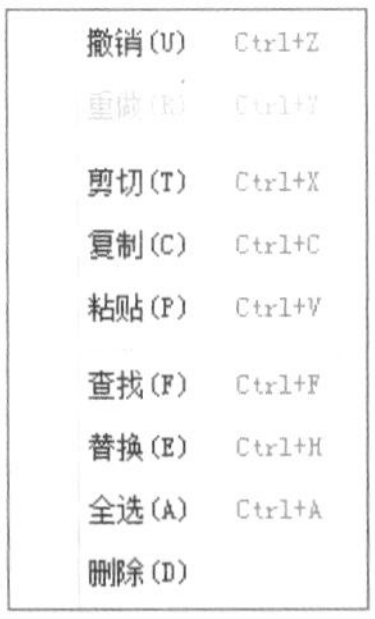

图1.15　编辑菜单选项

3. 视图菜单

视图菜单中常用的选项组有工具栏、功能区和遮罩。工具栏选项组包括基本工具和样式工具。用户可以通过勾选的方式控制工具栏区域内容的显示，同时软件提供自定义工具栏功能，工具栏内容可以自行定义，如图1.16和图1.17所示。

图1.16　视图菜单选项

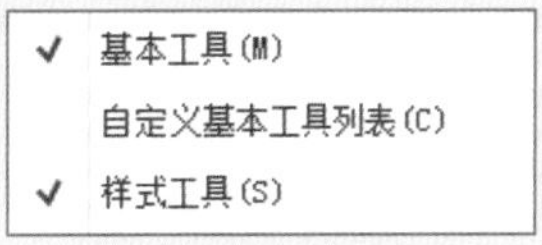

图1.17　工具栏选项

功能区菜单包括7个区域：页面区域、元件区域、母版区域、交互区域、说明区域、样式区域和概要区域。通过勾选的方式可以控制该区域的显示与隐藏效果。Axure还具有开关左侧功能栏和开关右侧功能栏的功能，如图1.18所示。

在遮罩菜单中，用户能够通过勾选的方式控制是否为隐藏对象、母版、动态面板、中继器、文本链接或热区添加遮罩效果，如图1.19所示。

图1.18　功能区选项

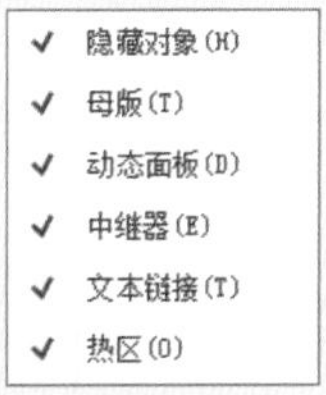

图1.19　遮罩选项

4. 项目菜单

项目菜单可以对元件和页面的样式进行编辑，设置自定义元件字段说明和页面字段说明，添加全局变量，并且自适应视图可以设置页面自适应，根据不同的页面大小显示不同的内容，如图1.20所示。

5. 布局菜单

布局菜单用来处理元件和元件之间的组合关系、对齐方式、分布方式，并包含转换为母版或动态面板等功能，该操作可以通过工具栏区域的快捷操作来完成，很少会进入布局菜单操作元件，如图1.21所示。

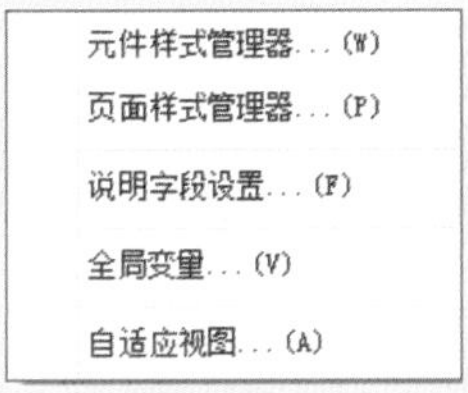

图1.20　项目菜单选项

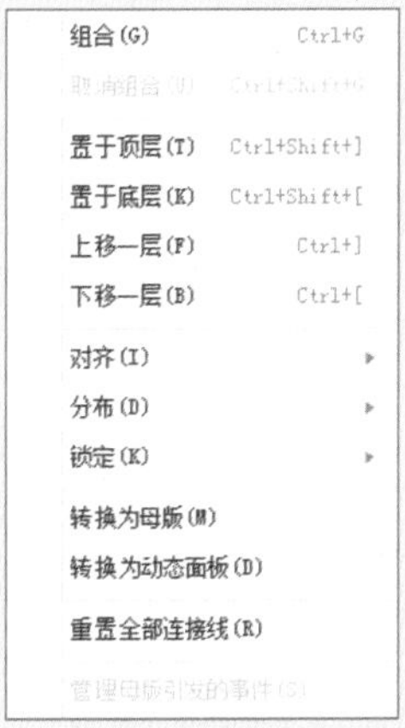

图1.21　布局菜单选项

6. 发布菜单

发布菜单的功能如图1.22所示。

（1）可以进行原型预览，对预览方式进行设置，选择打开浏览器的方式以及对工具栏进行设置。

（2）可以将原型发布到Axure云上面进行托管。

（3）以生成HTML文件的方式进行原型发布。

（4）生成需求规格说明书的Word文档。

（5）预览和生成原型文件。

图1.22　发布菜单选项

7. 团队菜单

团队菜单可用于创建团队项目和获取团队项目，对团队项目工程进行团队协作管理，包括从团队目录获取全部变更、提交所有变更到团队目录、签出全部、签入全部、撤销所有签出等，如图1.23所示。

图1.23　团队菜单选项

8. 账号菜单

账号菜单选项可进行账户登录和代理服务器设置，如图1.24所示。

9. 帮助菜单

帮助菜单选项的功能如图1.25所示。

（1）提供在线培训教学功能以及进入Axure论坛功能。

（2）获得软件使用授权的功能。

（3）软件检查更新功能以及提交软件意见和软件错误。

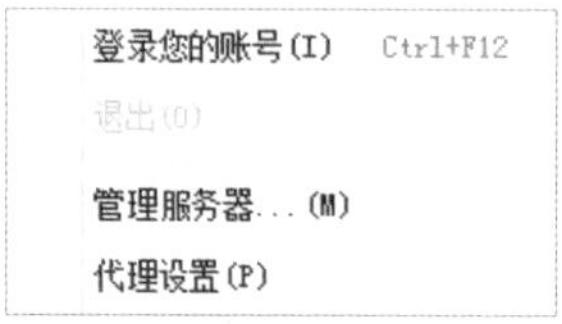

图1.24　账号菜单选项

图1.25　帮助菜单选项

1.4.2 工具栏区域

工具栏是使用频率最高的快捷工具，在原型设计过程中经常会用到快捷操作，理解工具栏的功能并掌握它的使用方法，可以提高原型制作的效率。工具栏区域分为基本工具栏和样式工具栏，Axure还提供自定义工具栏功能，如图1.26所示。下面通过对两个“矩形1”元件的操作，熟悉工具栏的使用方法。

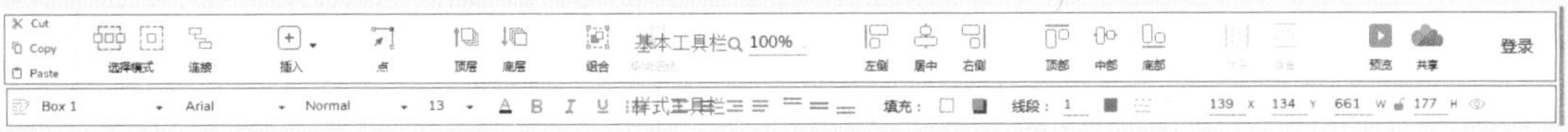

图1.26　工具栏区域

1. 基本工具栏

（1）剪切、复制、粘贴快捷工具

剪切、复制、粘贴快捷工具按钮如图1.27所示。

图1.27　剪切、复制、粘贴快捷工具按钮

剪切快捷工具按钮：单击该快捷工具按钮可以剪切选中的元件，快捷键是Ctrl+X。

复制快捷工具按钮：单击该快捷按钮可以复制选中的元件，快捷键是Ctrl+C。

粘贴快捷工具按钮：单击该快捷按钮，可以把复制的元件粘贴到工作区域，它的快捷键是Ctrl+V。

注　意

在制作原型的过程中，记得修改之后要立刻保存，以免由于断电、计算机死机、软件退出等，造成做好的原型因为没有保存而丢失，导致需要重新设计与返工。

◆ 实战演练

1 在元件库区域，拖曳两个“矩形1”元件到工作区域，在两个元件上分别双击，进行重新命名操作，将一个矩形命名为“矩形一”，另一个矩形命名为“矩形二”，单击保存快捷工具按钮或者使用Ctrl+S组合键保存上面的操作，如图1.28所示。

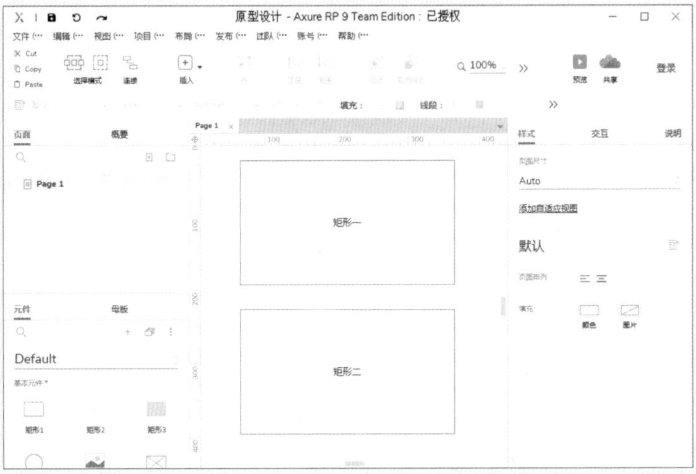

图1.28　拖曳“矩形1”元件

2 选中“矩形一”元件，使用Ctrl+C组合键复制出一个同样的元件，再使用Ctrl+V组合键粘贴，也可以利用工具栏上的快捷工具按钮，如图1.29所示。

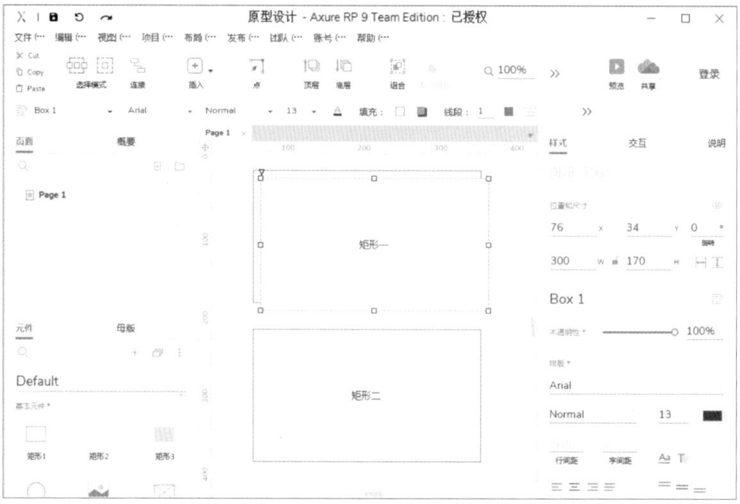

图1.29　复制“矩形一”元件

同样可以使用组合键Ctrl+Z（撤销）、Ctrl+Y（重做）、Ctrl+X（剪切）等功能，实现对矩形元件的操作。

（2）选择模式、连接操作

元件的选择模式、连接方式快捷工具按钮如图1.30所示。

选择模式：包括相交选中选择和包含选中选择。相交选中选择所选择的区域只要和元件有接触、有相交，该元件就会呈现为选中状态；而包含选中选择是只有所选择的区域把元件完全包含进来，该元件才会呈现选中状态。

连接快捷工具按钮：用来连接两个元件，使用连接线把两个元件连接起来，该快捷工具按钮常被用来绘制流程图。

（3）插入操作

插入操作包括对绘画、矩形、圆形、线段、文本、图片和形状等插入操作，如图1.31所示。

图1.30　选择模式、连接

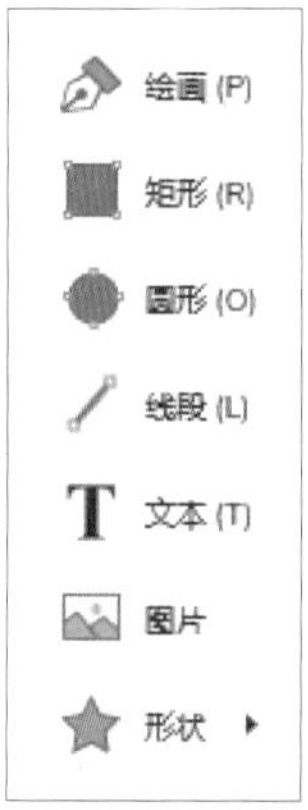

图1.31　插入操作

（4）布局操作

布局操作用于设置页面中元件的布局，包括将元件置于顶层或置于底层、设置组合、取消组合、比例缩放、对齐方式以及进行分布操作，如图1.32所示。

图1.32　布局操作

顶层、底层：可以将工作区域中的元件置于顶层或置于底层。

组合、取消组合：可以将不同元件设置为一个组合，这样在移动时，可以把组合的元件一起移动或者进行其他操作，同时也可以将一个组合拆散为单独的元件。

对齐方式：提供左对齐、居中对齐、右对齐、顶部对齐、中部对齐和底部对齐等方式。

- 左对齐：单击该按钮，元件以靠左对齐。
- 居中对齐：单击该按钮，元件以左右居中方式对齐。
- 右对齐：单击该按钮，元件以右对齐方式对齐。
- 顶部对齐：单击该按钮，元件之间以顶部对齐方式对齐。
- 中部对齐：单击该按钮，元件以垂直居中方式对齐。
- 底部对齐：单击该按钮，元件以底部对齐方式对齐。

分布：包括水平分布和垂直分布两种分布方式。

- 水平分布：单击该按钮，可以让选中的元件横向均匀分布。
- 垂直分布：单击该按钮，可以让选中的元件纵向均匀分布。

（5）预览、共享、登录操作

工具栏还提供预览、共享、登录快捷操作按钮，如图1.33所示。

图1.33　预览、共享、登录操作

预览：通过预览的方式在浏览器中显示原型，不生成本地原型文件。

共享：通过共享的方式创建团队项目，将其发布到Axure云上面，将工程共享起来。

登录：提供登录的快捷按钮。

2. 样式工具栏

样式工具栏可以为文本内容或者元件边框设置样式，包括设置文本的颜色、字号、字体，也可以给元件边框设置样式，如图1.34所示。

图1.34　样式工具栏

Box1选项可以设置不同的标题。

Arial选项可以设置文字的字体。

Normal选项可以设置字体的样式，针对字体可以进行设置字号、颜色、样式等操作。

快捷按钮可以设置文字的对齐方式，包括左对齐、居中对齐、右对齐、两侧对齐、顶部对齐、中部对齐及底部对齐。

快捷操作可以填充背景颜色，单击填充颜色区域，可以选择不同颜色进行填充。

■ 快捷操作可以设置外部阴影，勾选阴影复选框，可以设置阴影的偏移位置以及模糊程度，并且可以设置阴影的颜色。

■ 快捷操作可以设置元件边框的颜色，包括单色、线性及径向不同类型。

快捷操作可以设置元件的线条样式，单击后在弹出的对话框中选择线条样式，线条可以是实心线，也可以是虚线。

快捷操作可以设置水平线元件和垂直线元件的箭头样式。

◆ 实战演练

1 单击“矩形一”元件，编辑“矩形一”元件的边框，将其边框填充为红色（#FF0000），线段选择粗线框、打点式外边框。对“矩形二”的背景进行编辑，将其编辑成蓝色（#0000FF）背景，红色（#FF0000）外部阴影，如图1.35所示。

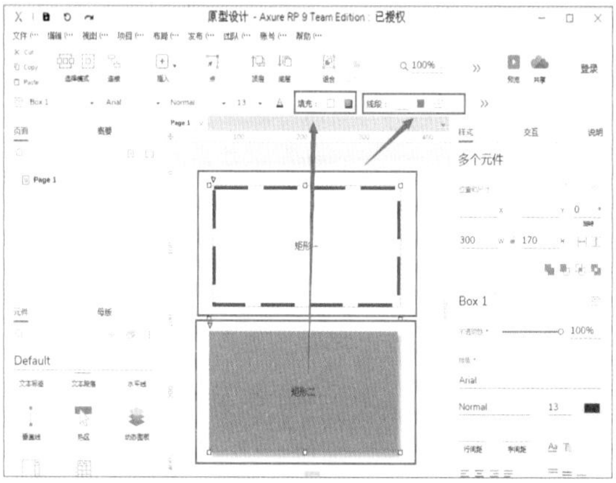

图1.35 编辑“矩形一”和“矩形二”

2 Axure可以设置文本的水平位置和垂直位置，以及字体系列、字体类型、字号、粗体、斜体、下划线和字体颜色，与很多软件对字体编辑功能一样。
将“矩形二”文本的字体类型设置为“Bold”，字号设置为28号，样式设置为“粗体、斜体、下划线”，字体颜色设置为黄色（#FFFF00），水平“左对齐”，垂直“顶部对齐”，如图1.36所示。

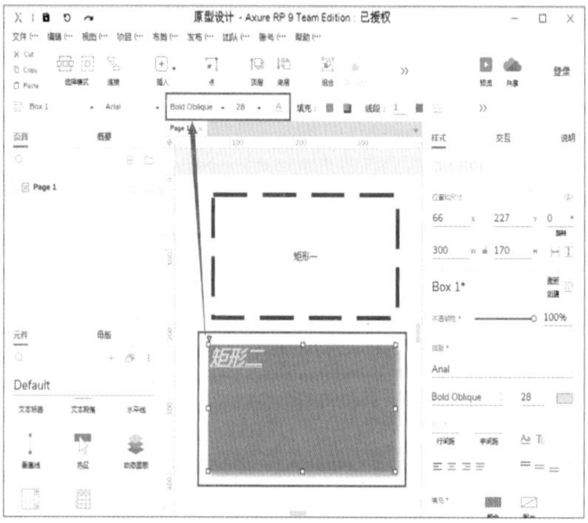

图1.36 “矩形二”字体设置

3 工具栏的快捷按钮可以编辑元件的大小和位置，还可以隐藏元件，“X”“Y”代表元件的坐标位置，即距离左上角原点的水平和垂直位置。“W”“H”分别代表元件的宽度和高度。把“矩形二”元件的X设置为“220”，Y设置为“80”。把宽度W设置为“240”，高度H设置为“100”，如图1.37所示。

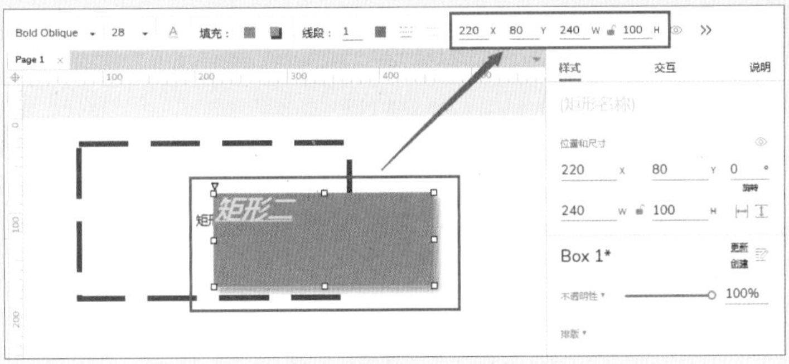

图1.37 编辑“矩形二”元件的位置和大小

注 意

要熟记和理解各个快捷按钮的功能以及使用方法，同时也可以使用相应的快捷键进行操作。因为在制作原型时，快捷键的操作要比单击操作更节省时间，会减少制作原型的时间，提高工作效率。

3. 自定义工具栏

工具栏提供许多的快捷按钮，有一些按钮是经常会用到的，但是有一些按钮可能很久都不会用到一次，这时可以通过自定义工具栏，定义工具栏里显示什么快捷按钮。单击视图菜单的工具栏选项，选择自定义工具栏命令，如图1.38所示。

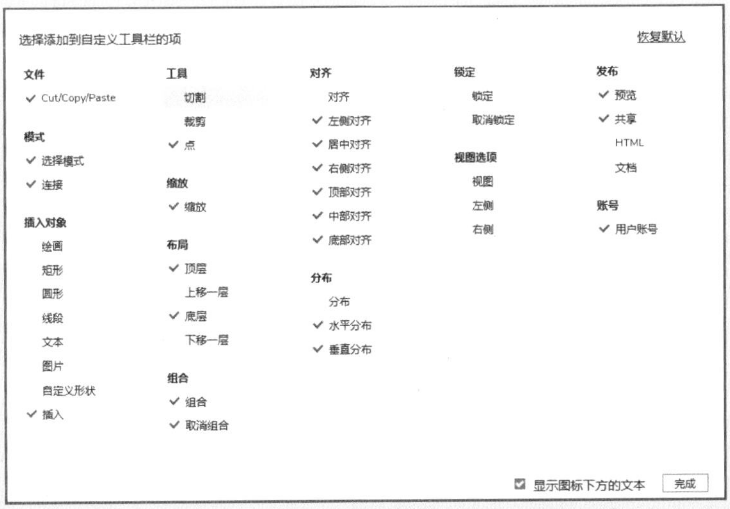

图1.38 自定义工具栏

自定义工具栏可以自定义文件、模式、插入对象、工具、缩放、布局、组合、对齐、分布、锁定、视图选项、发布和账号等快捷工具按钮，可以根据自己的需要来定义。

1.4.3 页面与概要区域

页面与概要区域包含两部分内容。一部分是用来显示软件页面的区域，从这里可以了解到软件的大致结构，有哪些页面，以及页面之间的关系。页面区域采用树状结构来显示页面，以Page1页为树的根节点，可以通过增加、移动、删除页面等操作来管理软件原型的页面。另一部分是概要区域，它用于管理页面上使用的元件，可以查看页面上使用了哪些元件并管理元件，如可以管理动态面板，进行增加动态面板、移动动态面板以及删除动态面板等操作，如图1.39和图1.40所示。

图1.39 页面区域

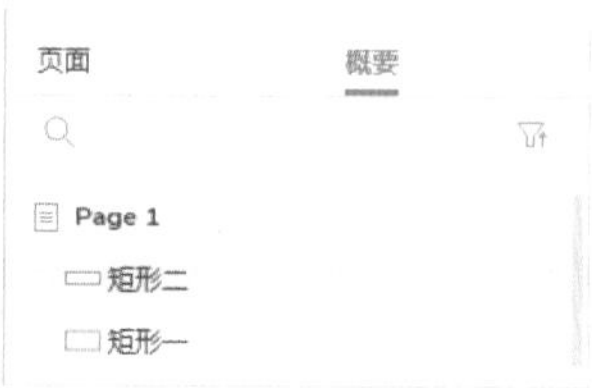

图1.40 概要区域

1.4.4 元件与母版区域

1. 元件区域

元件区域为制作原型提供一些基础元件，Axure RP 9原型设计工具默认线框图元件库、流程图元件库和图标元件库。

线框图元件库里提供了39种线框图元件，分为4类：基本元件、表单元件、菜单|表格和标记元件。常用的有矩形、图片、占位符、文本标签、水平线、垂直线、热区、动态面板、文本框、下拉列表、复选框和单选按钮等元件，如图1.41所示。

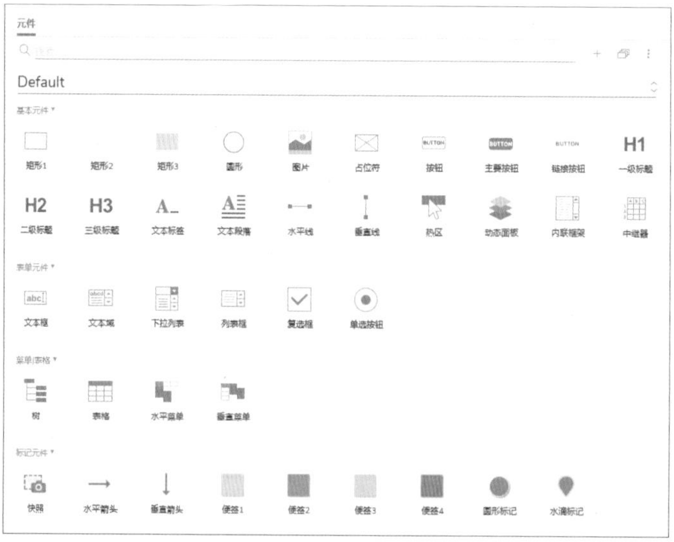

图1.41 线框图元件库

流程图元件库里提供37种流程图元件，有矩形、菱形、文件、括弧、半圆形、三角形、梯形、圆形、六边形、平行四边形、角色、数据库和快照等元件，如图1.42所示。

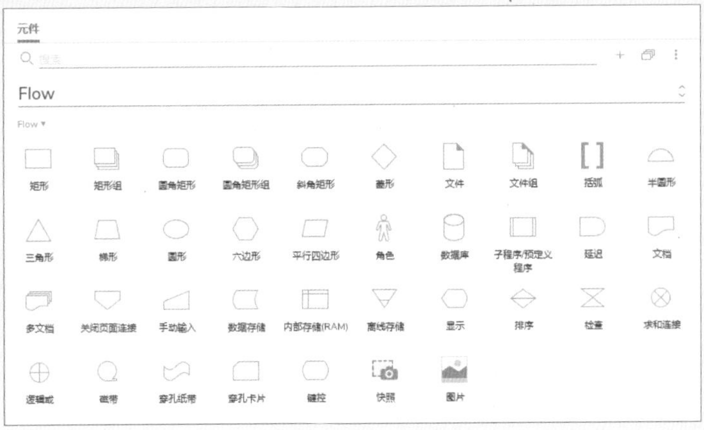

图1.42　流程图元件库

图标元件库里提供了各种各样的图标元件，如箭头图标、电池图标和日历图标等，如图1.43所示。

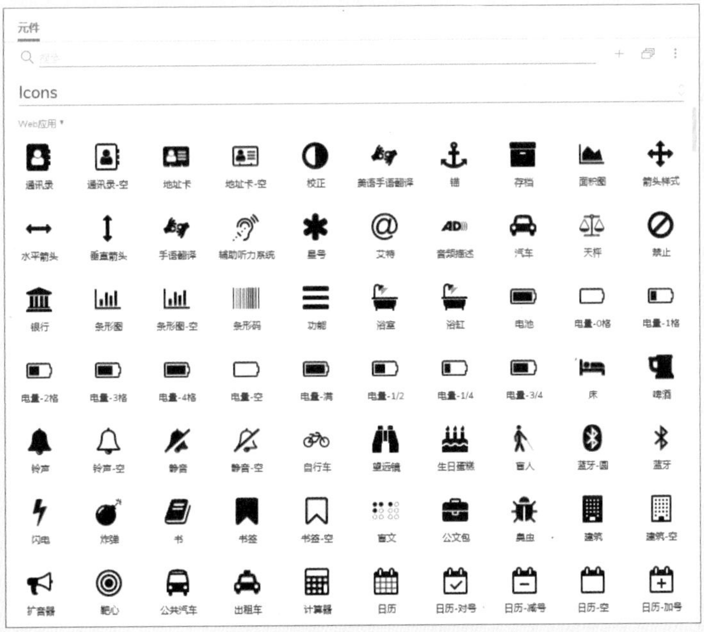

图1.43　图标元件库

2. 母版区域

母版区域用来设计一些共用、复用的区域，如网站尾部版权区域，可能每个页面都会用到版权信息；也可以用来设计导航菜单，特别是移动App的底部标签导航。在母版区域进行一次设计，在其他页面可以直接引用该设计，从而达到共用、复用的效果，如图1.44所示。

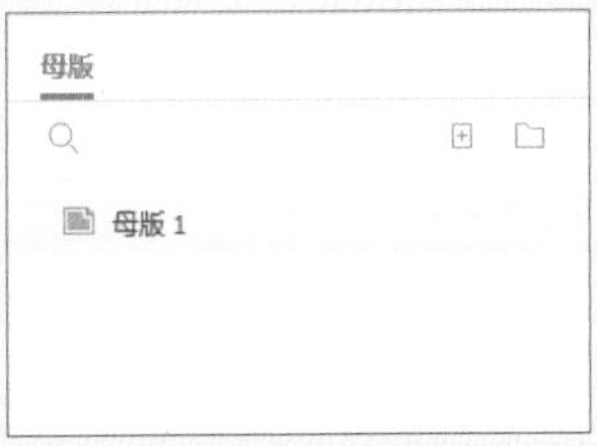

图1.44　母版区域

1.4.5 工作区域

工作区域是用来绘制原型的画布，在该区域里可以完成原型的设计，就像画画时用的画纸，在画纸上可以随意发挥，工作区域就是绘制原型的画纸，如图1.45所示。

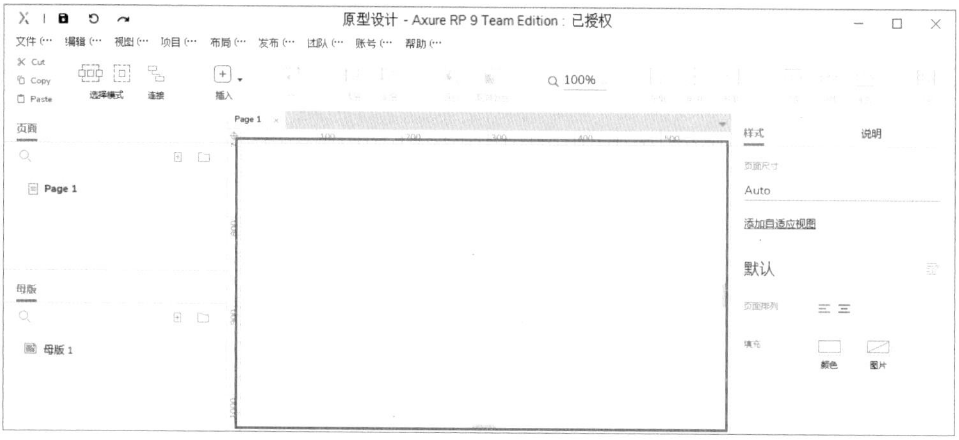

图1.45　工作区域

1.4.6 检视区域

检视区域用于设计页面或者元件的样式、交互效果及说明。

在检视区可以设计页面、元件的样式，如页面在浏览器中的对齐方式是居中对齐还是居左对齐，页面的背景是颜色还是背景图片，还可以根据草图的效果对元件设置禁用、选中等属性，也可以给元件添加样式，设置元件的位置和大小，选择元件的字体、边框线、圆角半径和对齐方式，如图1.46所示。

在检视区可以添加页面交互效果，如添加页面载入时的触发事件、窗口尺寸改变时的触发事件、窗口滚动时的触发事件以及更多其他的事件，如图1.47所示。

在检视区可以填写页面或者元件注释说明，也可以自定义注释的名称，如图1.48所示。

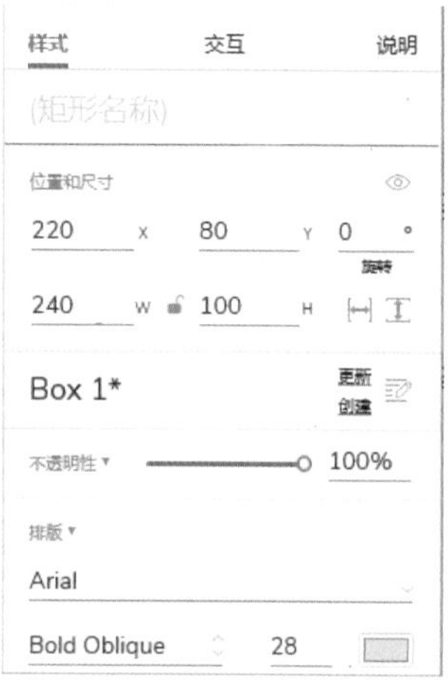

图1.46　样式设置

图1.47　交互设置

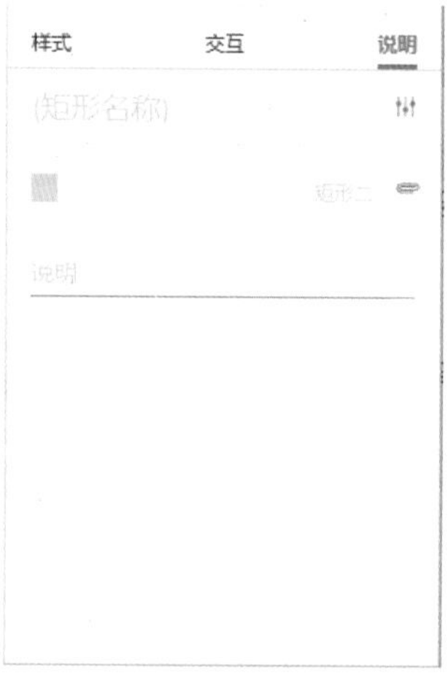

图1.48　说明设置

1.5 原型设计流程

1.5.1 需求分析

慕课视频

原型设计流程

一般情况下，需求分析主要由产品经理或者需求分析师来完成，但是设计师最好也参与到前期需求分析的过程中，这样就可以与产品经理对需求产生一致的理解，达成一致的意见。

如何进行需求分析呢？

（1）通过用户调研的方式获取用户的需求，调研的方式有很多，如调查报告、访谈用户等。

（2）通过竞品分析，分析竞品的界面样式、操作流程、主要任务流程以及用户的需求，但不能直接照搬竞品的设计，其核心竞争力与我们的产品可能不同，解决的用户需求也有可能不同，所以不能直接抄袭。

（3）通过分析用户的反馈和产品的数据，找到用户的需求和痛点，从而通过产品满足用户的需求。

1.5.2 页面架构设计

1. 使用思维导图软件理清逻辑关系

获取到用户需求之后，设计师就可以开始分析用户的需求，使用思维导图软件来理清用户的需求以及产品的各个功能模块、逻辑关系等内容。例如，设计一个猿题库App，如图1.49所示。

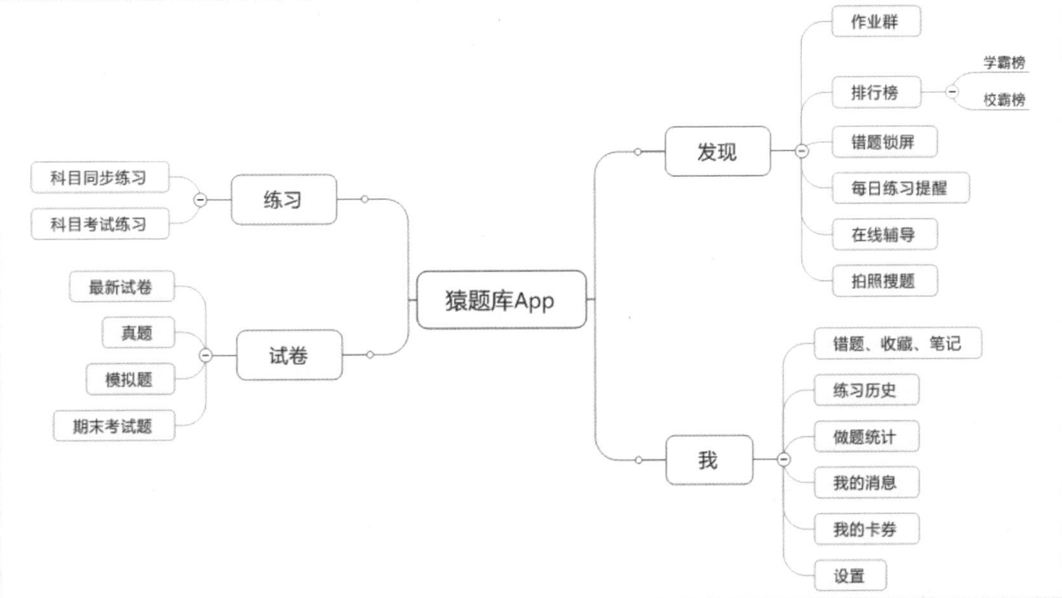

图1.49 猿题库App思维导图

2. 流程图表达主要流程任务

设计师通过分析用户的需求，了解用户使用产品可以完成的主要流程任务，以及要完成此流程任务用户每一步需要怎样操作，从而得到用户的主要流程任务，如图1.50所示。

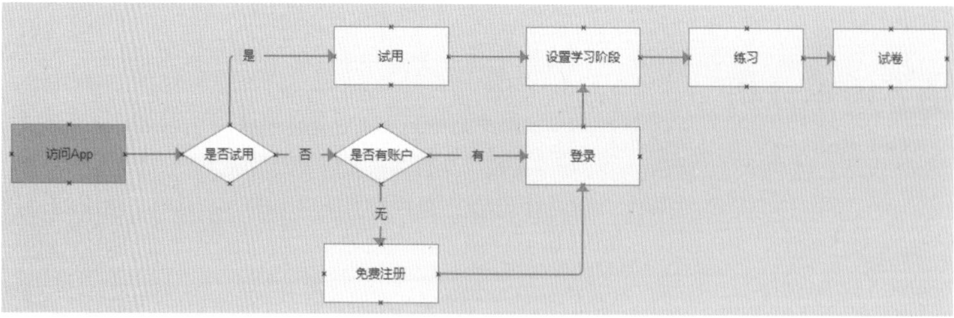

图1.50　猿题库App流程图

3. 产品信息架构设计

通过需求分析以及产品的思维导图、流程图设计，大致可以规划出产品的主要功能点。这些功能点就可以形成产品的初步信息架构。信息架构可以理解成盖房子的地基以及房子的框架。只有确定了地基和框架，才可能继续搭建上层建筑。如要制作猿题库App产品原型，确定了它的“练习”功能、“试卷”功能、“发现”功能以及“我”功能就可以确定该产品的信息架构。

Axure RP 9的页面区域可以对该信息架构进行管理，还能自动生成框架结构图。页面结构菜单采用树形菜单，层级分明，结构清晰，使用非常方便，如图1.51所示。

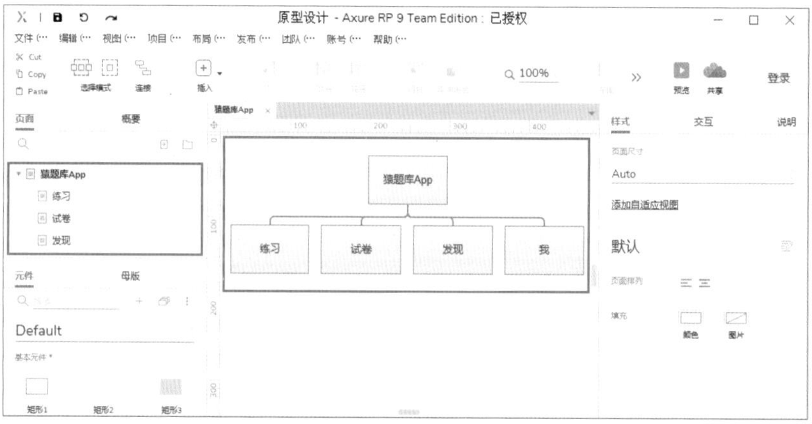

图1.51　猿题库App信息架构设计

4. 页面布局设计

产品信息架构确定之后，综合思维导图及主要流程图，就可以开始页面的布局设计了，设计包括以下内容。

（1）设计页面布局的总体结构，如页面是采用一列布局、两列布局还是多列布局以及页面采用几行布局等。

（2）设计页面的导航，网站的导航是采用水平导航、垂直导航或是其他的导航方式？移动App的导航栏是放置在顶部还是底部？采用几个导航标签？如猿题库App采用的是水平导航，导航栏放置在页面底部，使用4个导航标签，如图1.52所示。

（3）根据思维导图和流程图规划出来的内容，细分到具体页面结构来设计，需要对每一个内容块的展示位置进行布局，如猿题库App的练习模块就是根据内容的展示位置来安排布局的。对页面内容结构的设计取决于设计人员对内容编排的把握，不同的布局会产生不同的效果。可以参照已有成熟产品的内容布局，因为已有产品有足够的运营数据支持，具有较多的用户反馈，如图1.53所示。

图1.52 猿题库App标签导航

图1.53 猿题库App布局

1.5.3 低保真原型设计

理解用户的主要需求，完成主要任务流程设计，通过思维导图软件确定产品的大致内容，实现页面架构设计，即确定页面总体布局、导航菜单以及各个模块后，就可以针对各个页面进行内容设计，也就是低保真原型设计。低保真原型设计就是需要遵循产品的总体结构，利用Axure原型设计工具进行设计，如图1.54所示。

图1.54 猿题库App低保真原型设计

1.5.4 原型评审

低保真原型设计之后，需要进行原型评审，各个部门会针对产品的需求对产品原型进行评审。每个人都有不同的偏好和侧重点，开发人员可能更关注于设计可行性，运营人员希望有足够的预留推广区域，视觉设计师注重美观性，产品经理希望产品尽快上线，这就需要设计师在原型评审前考虑全面，让设计方案有足够的说服力。

1.5.5 高保真原型设计

原型设计不仅可以制作低保真原型，同时也可以制作高保真原型，即视觉设计师通过制图、切图把低保真原型制作为高保真原型。这种原型可以用于汇报或者设计概念性产品。

1.6 小结

本章主要理解什么是软件原型以及认识Axure RP 9的软件界面，读者应当掌握以下知识。

（1）了解什么是软件原型以及软件原型的分类：草图原型、低保真原型、高保真原型，理解它们的优缺点以及适用的场合。

（2）学会Axure RP 9软件的安装。

（3）认识Axure的软件界面，了解软件界面上的6个区域以及它们的含义和功能。

（4）理解原型设计流程，掌握需求分析、页面架构设计、低保真原型设计、原型评审以及高保真原型设计的概念和方法。

1.7 练习

（1）导入一个RP文件到工程里。

（2）通过设置功能将原型设计软件界面某些区域隐藏起来，如把母版区域或者其他区域隐藏起来。

（3）拖曳一个矩形元件到工作区域，将矩形元件背景色填充为灰色（#666666），文本内容命名为"我是矩形元件"，字体设置为红色（#FF0000），顶部对齐，边框颜色设置为黄色（#FFFF00），边框线框加粗。

第2章　用页面区域管理页面

页面区域位于软件界面的左上方，用于管理页面、显示页面，如图2.1所示。

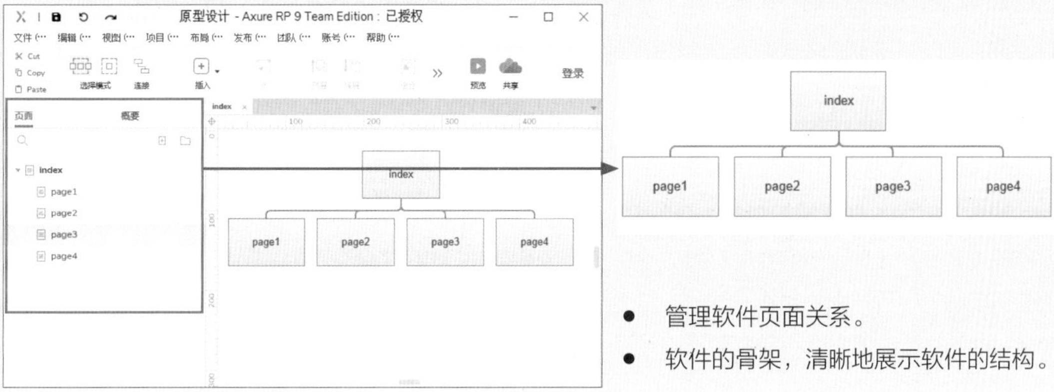

图2.1　管理页面层级

本章案例：“蓝月亮”官网栏目规划，效果如图2.2所示。

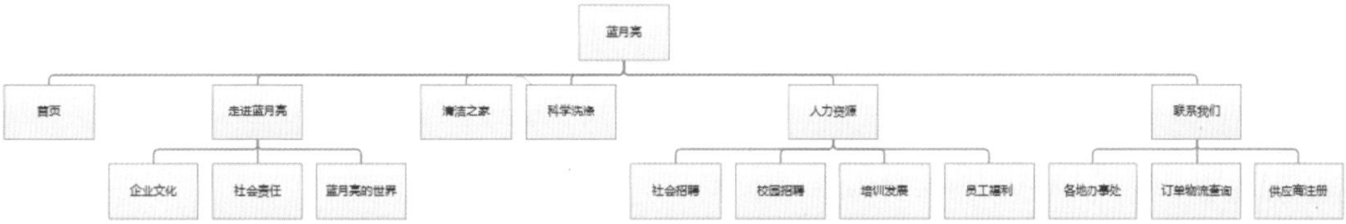

图2.2　“蓝月亮”官网栏目规划效果

2.1　页面区域

慕课视频

页面区域是什么

2.1.1　页面区域的定义

页面区域由两部分组成，一部分是针对页面的操作按钮，页面区域提供3个操作按钮，页面右键选项里提供更多操作按钮，称为功能菜单；另一部分是页面，呈现树状结构，其与Windows系统文件存放目录结构相一致，通过父与子的页面关系，兄弟和兄弟的页面关系，把设计的产品页面关系整合起来，形成产品的文档关系，如图2.3所示。

图2.3　页面区域的结构和功能

通过建立页面关系，形成产品文档关系，从而对产品的功能模块、不同栏目有一个清晰的展示，这样就可以让开发者和使用者清晰地理解设计者的思路。

2.1.2 页面区域的意义

1. 页面区域可以用来规划软件的功能单元或者软件的结构

开始软件原型设计时，设计人员手里拿到的可能只是一份需求说明书，甚至有时连需求说明书都没有，这时可以利用页面区域先大致地规划所要设计的软件结构，然后根据不同功能模块进行深化设计。这样可以有一个清晰的思路，而不是把所要设计的东西融合在一起，不知道先设计什么，再设计什么。

2. 页面区域可以让使用者快速地了解软件的结构

设计原型的人可能是产品经理也可能是交互设计师，但是使用原型的人除了这两类，还有可能是项目经理或者开发人员，他们并没有参与原型设计，而当他们想要了解软件时，他们就可以通过页面区域快速地了解软件的结构与功能。试想，如果没有页面区域，他们只能通过猜测理解各个页面想要表达的功能，这样很可能扭曲设计者的意图。

3. 页面区域方便使用者快速地找到想要的页面

如果设计的软件很复杂，页面非常多，没有页面区域来管理页面，想要寻找某个页面或者修改某个页面，都需要花费大量的精力。如果有页面区域，通过页面区域的树形结构，很快就可以定位到想要修改的页面。

这三方面就是页面区域提供的主要功能。

2.1.3 使用页面区域的注意事项

1. 制作软件原型时要规划软件的功能菜单或者栏目结构

制作原型时要规划软件的功能菜单或者栏目结构，不要随意地在页面区域上新建页面，否则容易导致页面结构混乱，根本看不出软件的功能结构。

设计一个功能比较复杂、页面比较多的原型时，需要多人协作开发设计，如果每个人都是随意地新建页面，那么最终的产物有可能就像一锅粥，一团乱麻，所以在原型设计前要想清楚软件的结构，或者利用页面区域梳理出软件的大致结构。

2. 页面的命名要有意义

页面的命名要有意义，这样使用者能够马上知道某个页面所要表达的含义，要做到见名思意，不仅页面命名要有意义，元件命名也要有意义。

2.2 页面区域功能的使用方法

慕课视频

页面区域的功能使用

页面区域的功能使用包括两方面内容。

（1）功能菜单的使用方法。

（2）页面管理。

先来看一看功能菜单的使用，如图2.4所示。

检索页面：可以按页面名称进行页面区域检索。

当制作的原型比较大，页面比较多时，想通过页面区域找到某个页面，可以使用搜索按钮来搜索页面。例如，想找到“index”页面，输入“index”时，就可以把“index”页面找出来，所以页面的命名一定要有意义，便于快速地找到想要的页面。

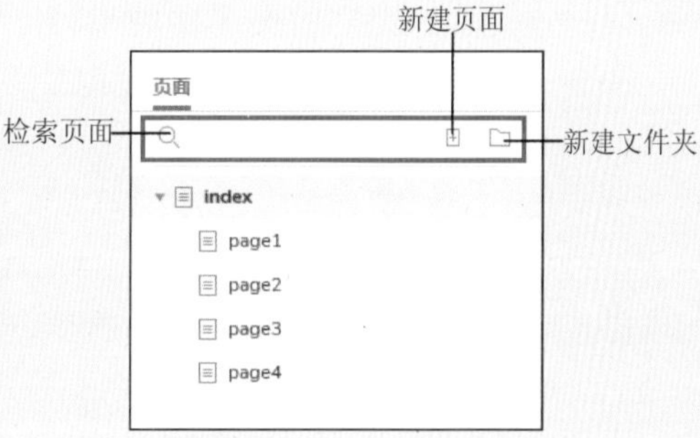

图2.4 页面的功能菜单

新建页面：为所选择的节点页面创建一个新的同级页面。

如果想给page1页面新建一个兄弟页面，首先选中page1页面，然后单击“新建页面”按钮，就可以创建一个同级页面。

新建文件夹：可以为所选择的节点页面创建一个新的同级文件夹，文件夹可以把页面管理起来，如同Windows文件夹一样，把相关文件放置在一起。

除了使用功能菜单来管理页面，也可以在页面上使用右键菜单选项来管理页面，如图2.5所示。

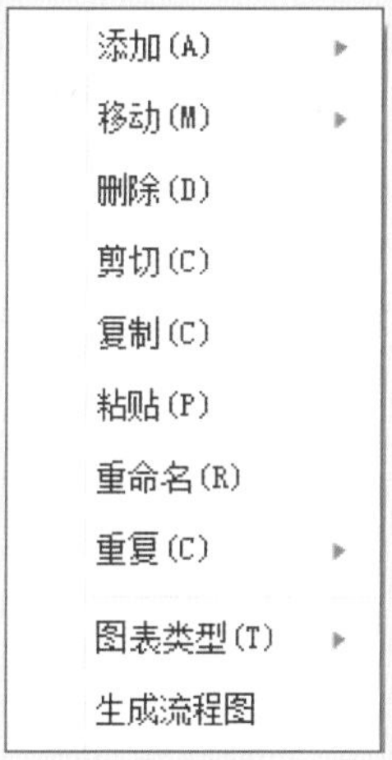

图2.5 页面右键菜单选项

添加：可以新增页面后的同级页面、新增文件夹、新增子页面以及新增同级页面；它的使用方法和功能与菜单上的新增页面和新增文件夹是一样的。

移动：可以移动页面，调整页面的前后顺序和层级关系，其功能与功能菜单上的移动操作一致。

可以实现同等级页面的顺序调整。如果想把page2页面放置在page1前面，单击鼠标右键page2页面，在弹出菜单中选择向上移动命令，就可以调整页面的前后顺序。如果想把page1页面放置在page2后面，单击鼠标右键page2页面，在弹出菜单中选择向下移动命令，就可以调整页面的前后顺序。

可以实现页面层级降级，如将所选页面的层级降级排列在上方的原等级页面的子页面。

如果想把page2页面作为page1页面的子页面，单击鼠标右键page2页面，在弹出菜单中选择降级命令，就可以把page2移到page1页面下，使其成为page1页面的子页面。

可以实现页面层级升级，将所选页面的层级升级，升级为原父页面的同等级页面。如果想把page1页面与index页面同级，单击鼠标右键page1页面，在弹出菜单中选择升级命令，就可以把page1页面和index页面设置成同一个层级。

删除：将所选页面删除，同时删除其子页面，如果当前页面下含有子页面，Axure会自动提示当前页面有子页面，单击“提示”对话框中的“确认”按钮后会同时删除所有子页面。

不想要的页面或者文件夹可以通过删除命令来进行删除。

剪切、复制、粘贴：可以对文件夹和页面进行剪切、复制、粘贴操作。

在制作软件原型时，很多页面布局或者交互效果会比较相似，这时就可以通过复制菜单命令来复制页面或者复制页面及其分支，然后在该页面的基础上进行修改，可以避免把一样的东西制作多次，从而减少工作量，提高制作原型的效率。

重命名：页面重新命名的方式有3种。

（1）双击页面，可以对页面进行重新命名。

（2）通过右键菜单里的重命名命令来重新命名。

（3）通过快捷键F2进行页面的重新命名。

重复：重复包括文件夹重复和分支重复，当选中文件夹或者页面时，使用重复操作可以复制文件夹、页面或者分支。

图表类型：通过图表类型菜单选项可以修改页面或者流程图的图表类型，图表类型的更改并不会影响页面的内容，它仅仅是更改一个图标，便于对页面的管理。

生成流程图：通过生成流程图菜单选项，可以生成纵向或者横向的流程图，选中index页面，单击右键，在弹出菜单中选择生成流程图命令，生成纵向流程图，如图2.6所示。

从流程图可以了解软件的功能结构以及从属关系，生成横向的流程图，也可以根据个人需求来选择生成流程图的类型。

在页面区域中，可以通过功能菜单来管理页面，也可以通过右键菜单命令来管理页面，它们的功能是一致的。

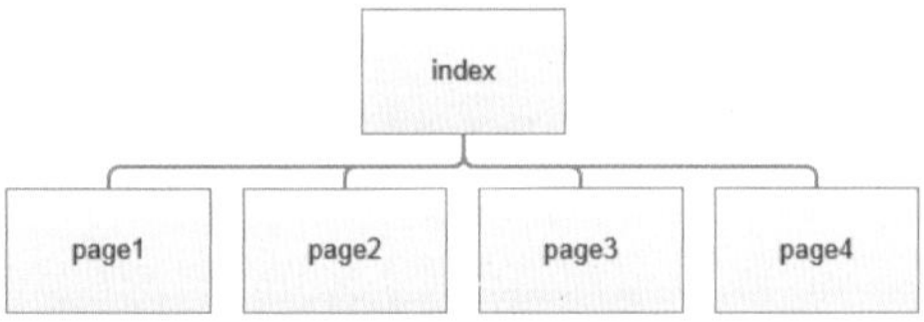

图2.6　纵向流程图

2.3　实战——“蓝月亮”栏目规划

慕课视频

“蓝月亮”栏目规划

结合前两节学习的内容，做一个“蓝月亮”栏目的规划，通过本节内容的练习，学会规划软件的页面结构，并且进一步加深对页面区域使用的理解。

打开浏览器，搜索蓝月亮官网，如图2.7所示。

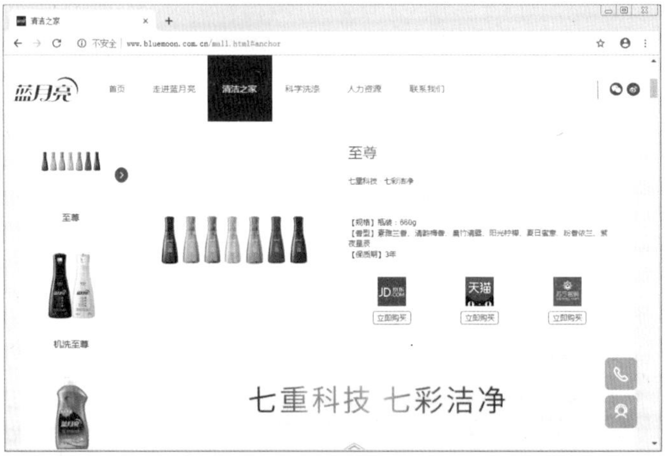

图2.7　蓝月亮官网

之所以选择蓝月亮官网作为实例，是因为它很有代表性。在制作软件原型时，特别是门户和应用系统软件，通常可以将软件的功能作为导航菜单划分的依据，即在制作原型时可以按导航菜单来建立页面区域的栏目结构。

蓝月亮官网可以看作企业门户的典型代表，它有6个一级菜单，也就是被划分为6个大的功能模块。

- 首页：是很多网站都存在的模块，用于展示网站的综合信息。

- 走进蓝月亮：也就是企业介绍，也是必有的一个模块。
- 清洁之家：用于展示公司产品，该模块可以根据实际情况来选择。如果有产品，可以划分出产品模块，如果没有，可以去掉该模块。
- 科学洗涤：发布科普文章，可以看作网站的新闻发布模块，也可以根据实际情况来考虑。
- 人力资源、联系我们：是很多门户网站都存在的两个功能模块。

经过上面的分析，在蓝月亮官网的页面区域上需要建立6个一级菜单，在一级菜单下面有二级菜单，并且一级菜单默认显示的内容是二级菜单的第一个菜单内容。

- “首页”一级菜单没有二级菜单，不需要建立子页面。
- “走进蓝月亮”一级菜单下面，有“关于我们”“企业文化”“社会责任”“蓝月亮的世界”，“走进蓝月亮”默认显示的内容是“关于我们”。
- “清洁之家”一级菜单下面没有二级菜单，不需要建立子页面。
- “科学洗涤”一级菜单下面没有二级菜单，不需要建立子页面。
- “人力资源”一级菜单下面有“用人理念”“社会招聘”“校园招聘”“培训发展”“员工福利”5个二级菜单，“人力资源”默认显示的内容是“用人理念”。
- “联系我们”一级菜单下面有“公司总部信息”“各地办事处”“订单物流查询”“供应商注册”4个二级菜单，“联系我们”默认显示的内容是“公司总部信息”。

可以依据二级菜单建立相应的子页面，但是需要注意，可以使用父页面来显示二级菜单的第一个菜单内容，所以第一个菜单不需要建立子页面，而其他二级菜单需要建立相应的子页面并进行原型设计。

下面打开Axure软件，开始“蓝月亮”栏目规划设计。

1 将page1页面重新命名，命名为“蓝月亮”，在蓝月亮下面建立6个页面，分别命名为“首页”“走进蓝月亮”“清洁之家”“科学洗涤”“人力资源”和“联系我们”，如图2.8所示。

图2.8 蓝月亮一级菜单

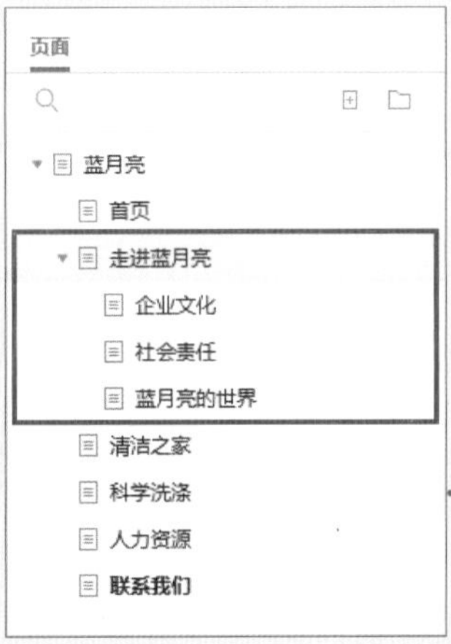

图2.9 “走进蓝月亮”二级菜单

2 在“走进蓝月亮”页面新增3个子页面，可以通过两种方式新增页面，一种是通过功能菜单新增页面，另一种是通过右键菜单选项新增页面，分别将新增子页面命名为“企业文化”“社会责任”和“蓝月亮的世界”，如图2.9所示。

3 在“人力资源”页面新增4个子页面，分别将其命名为“社会招聘”“校园招聘”“培训发展”“员工福利”，可以把暂时不需要展示的子页面收缩起来，如图2.10所示。

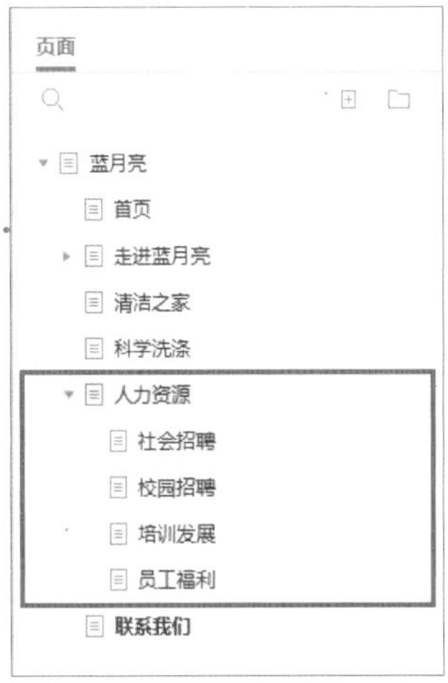

图2.10 “人力资源”二级菜单

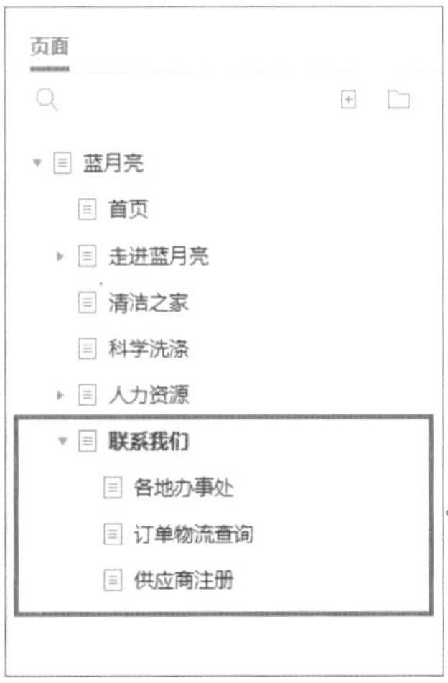

图2.11 “联系我们”二级菜单

4 在“联系我们”页面新增3个子页面，分别将其命名为“各地办事处”“订单物流查询”“供应商注册”，如图2.11所示。

这样蓝月亮官网的栏目结构就建立完成了，然后可以按照各个功能模块进行原型设计，可以根据栏目结构生成流程图，从而看出软件的大致结构以及从属关系，如图2.12所示。

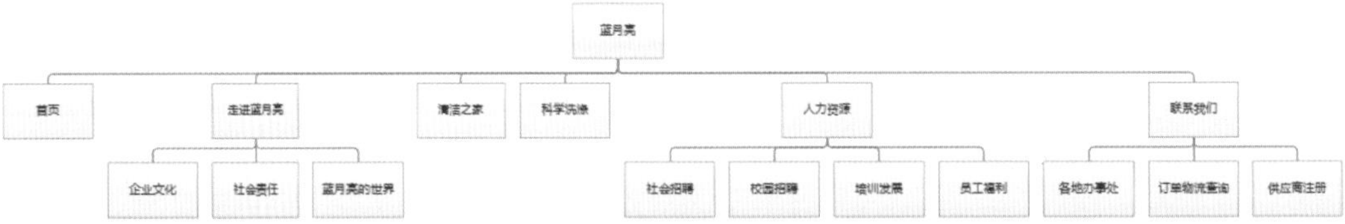

图2.12 蓝月亮官网流程图

通过该案例的学习，可以学会规划软件的栏目结构或者功能模块的方法。从导航菜单入手，划分软件的功能模块。在制作原型时，把软件的栏目结构规划出来，方便对软件的原型进行设计，同时也可以避免在页面区域上随意地新建页面，导致软件结构混乱，设计思路不清晰。如果要清晰地理解软件的功能模块，可以按功能模块逐一进行原型设计。

2.4 小结

本章主要学习页面区域的使用方法，通过页面区域管理页面，应当学会以下知识。

（1）了解什么是页面区域。页面区域是由功能菜单和页面两部分组成的，可以通过页面区域管理软件的页面关系。

（2）通过功能菜单和右键菜单选项来管理页面，包括新增页面、移动页面、删除页面以及搜索页面等操作。

（3）学会如何规划软件栏目结构。

2.5 练习

通过页面区域规划“清华大学门户”网站栏目。

导航菜单包括首页、清华新闻、学校概况（校长致辞、学校沿革、历任领导、现任领导、组织机构、统计资料）、院系设置、师资队伍、教育教学（本科生教育、研究生教育、留学生教育、继续教育）、科学研究（科研项目、科研机构、科研合作、科研成果与知识产权、学术交流）、招生就业（本科生招生、研究生招生、留学生招生、学生职业发展）、人才招聘（招聘计划、招聘信息、我要应聘）、图书馆、走进清华（校园生活、校园风光、实用信息）。

注　意

括号里的是当前菜单的二级菜单。

第3章　用Axure元件库搭积木

小时候大家都玩过积木，积木的形状、大小、长短各不相同，有长方体、正方体、圆柱体等形状，使用一个个积木，发挥自己的想象力，就可以拼出想要的东西，如一座桥、一座城堡、一座大楼。Axure一样提供了很多“积木”，也就是元件，只不过元件要比玩具积木复杂得多，但同样可以使用元件，加上设计、经验、想象力，绘制想要的软件原型，如图3.1所示。

Axure RP 9默认内置了线框图元件库、流程图元件库、图标元件库，除了使用内置的元件库，也可以载入第三方元件库以及自定义元件库。

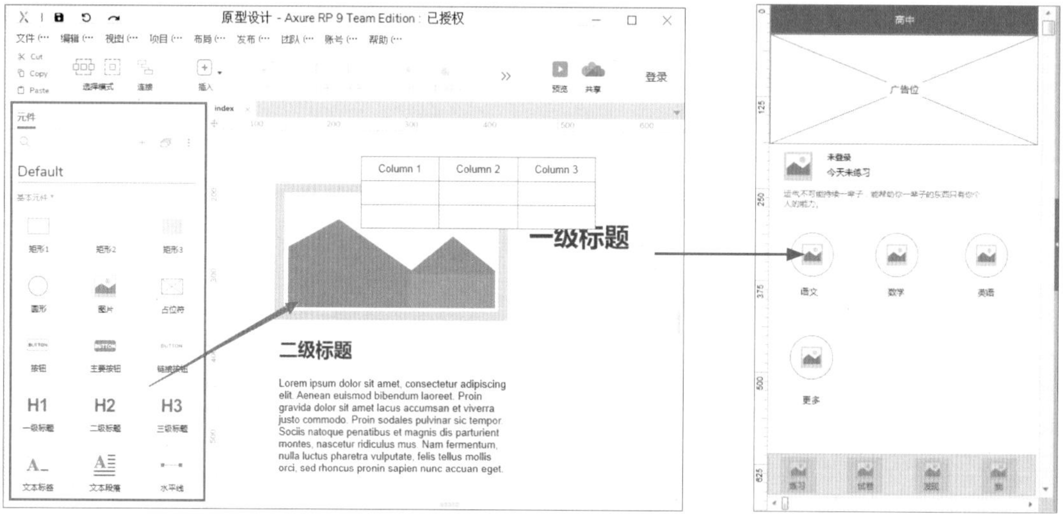

图3.1　用元件“搭积木”

本章案例：制作“个人简历表”，效果如图3.2所示。

图3.2　制作“个人简历表”效果

3.1 绘制线框图所用的元件

慕课视频

绘制线框图所用的元件

Axure RP 9原型设计软件里默认内置39种线框图元件，分为4类：基本元件有20种，表单元件有6种，菜单|表格元件有4种，标记元件有9种，如图3.3所示。

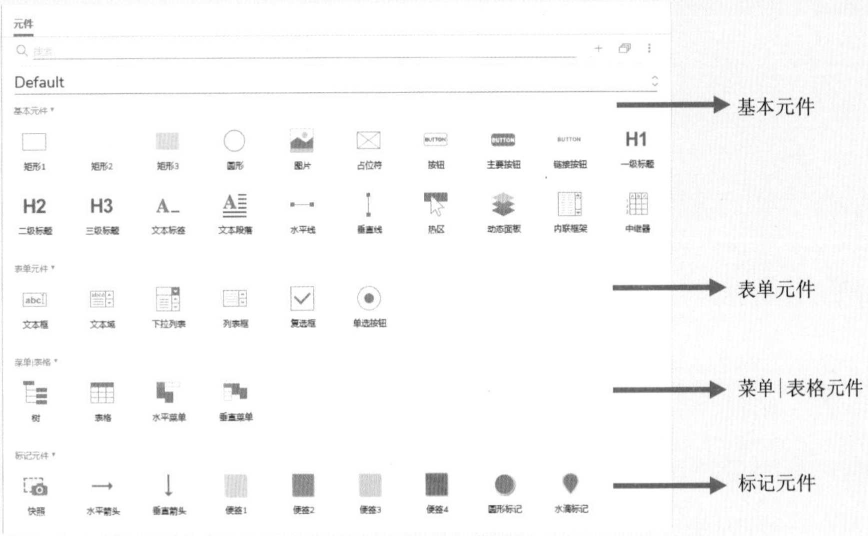

图3.3 线框图元件库

3.1.1 基本元件的使用

基本元件包括矩形1元件、矩形2元件、矩形3元件、椭圆形元件、图片元件、占位符元件、按钮元件、主要按钮元件、链接按钮元件、一级标题元件、二级标题元件、三级标题元件、文本标签元件、文本段落元件、水平线元件、垂直线元件、热区元件、动态面板元件、内联框架元件和中继器元件。最后3个元件，由于使用情况比较复杂，交互效果丰富，使用频率非常高，后面的章节将详细介绍，如图3.4所示。

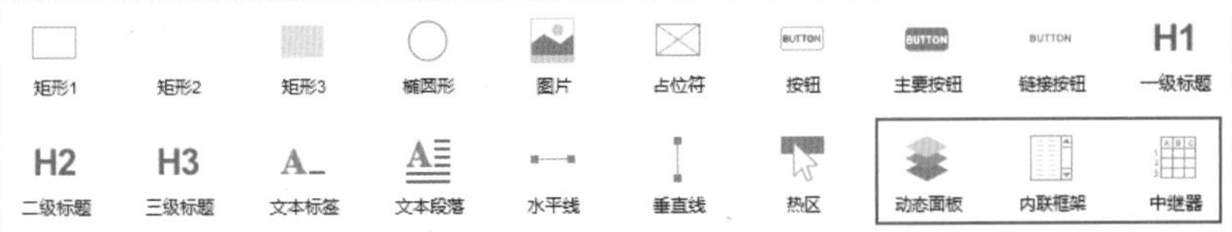

图3.4 基本元件

1. 矩形元件和占位符元件、椭圆形元件的使用

矩形元件和占位符元件可以用来做很多工作，在本质上这两种元件没有太大的区别，都可以用来制作一个横向、纵向的菜单，或者制作一个背景图。这两种元件的区别在于占位符元件更强调占位作用，

如果想表达页面区域某个位置放什么，可以放一个占位符，清晰明了表达该区域的含义。椭圆形元件的使用和矩形元件的使用方式一样，只不过形状不同。

◆ 实战演练

1 “矩形1”元件是白色（#FFFFFF）背景，“矩形2”元件是浅灰色（#F2F2F2），“矩形3”元件是灰色（#E4E4E4）背景，根据不同背景颜色需求，使用不同矩形元件。拖曳“矩形3”到工作区域，将其高度设置为300，“矩形3”元件可以作为背景图使用，如图3.5所示。

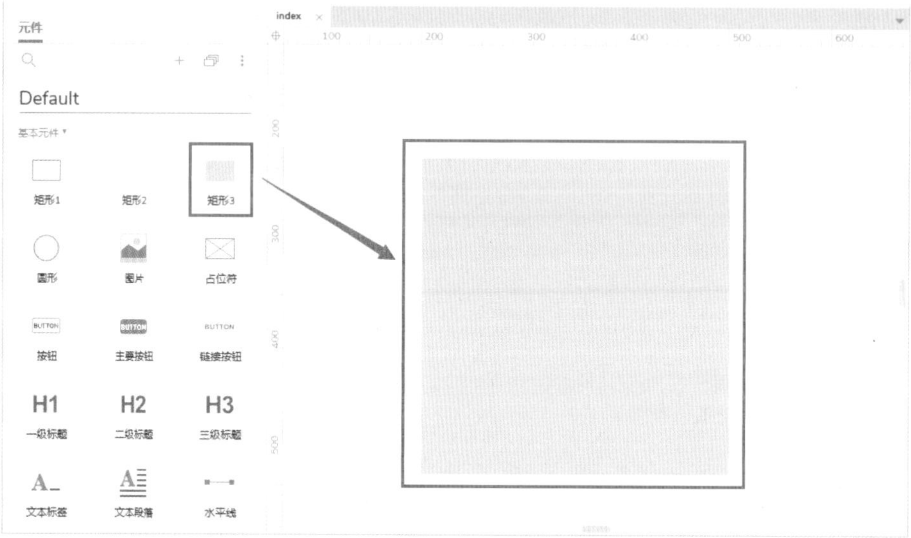

图3.5　制作灰色背景图

2 矩形元件可以设计成各种各样的形状，如果想把图3.5中的正方形灰色背景，制作成圆形的灰色背景，在正方形背景图上单击鼠标右键，在弹出的快捷菜单中选择形状命令，会弹出用矩形可以制作的各种形状，如图3.6所示，选中圆形图标，原正方形背景就变为一个圆形灰色背景。

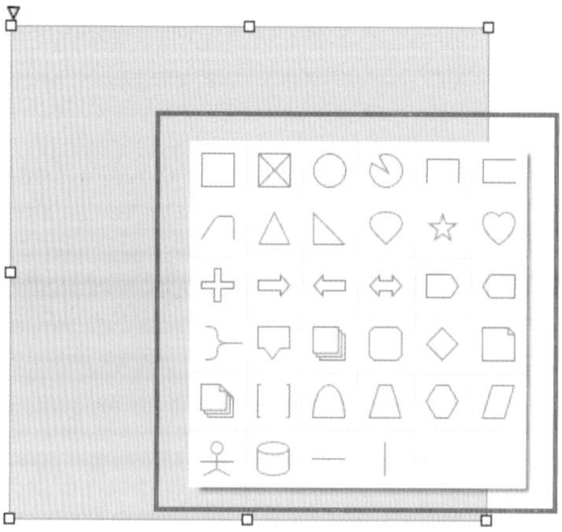

图3.6　调整形状

除了圆形，可以根据自己的需要，把矩形元件调整为其他形状，如向上三角形、五角星、方括号等。

3 利用“矩形1”元件制作导航菜单，拖曳4个“矩形1”元件到工作区域，将其水平放置，分别双击4个元件重命名为“菜单一”“菜单二”“菜单三”“菜单四”。使用Ctrl+A组合键，全选4个矩形元件，通过工具栏按钮设置每个矩形元件的高度为40，宽度为100，如图3.7所示。

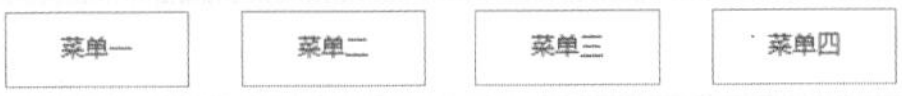

图3.7　用矩形元件制作导航菜单

注 意

由于矩形元件和占位符元件的功能差不多，占位符元件可以参照矩形元件的操作方式来使用。直接选择椭圆形元件，不需要通过矩形元件来绘制椭圆。

2. 图片元件的使用

图片元件可以用来进行图片占位。在设计软件原型时，往往会包含一些图片的展示，包括图标或者某个商品图片，但是还没有想好应该放什么图片，或者等待UI设计人员来设计图片，这时可以使用图片元件，来表达在软件的某个区域要放置图片。

◆ 实战演练

1 拖曳图片元件到工作区域，双击图片，选择要插入的图片，如果插入的图片过大，Axure会弹出提示对话框“图片太大会导致程序运行缓慢，是否进行优化？”，如图3.8所示。

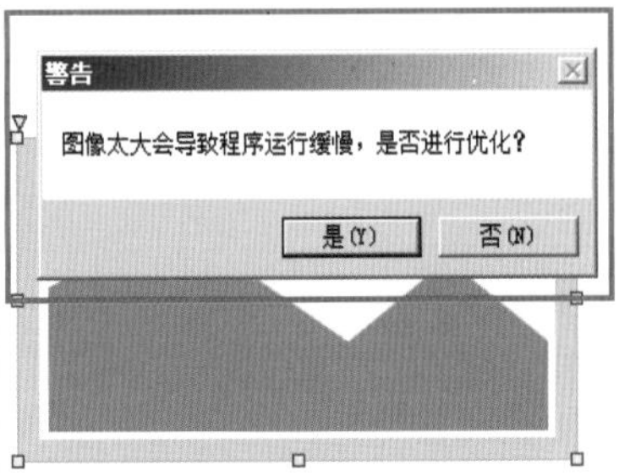

图3.8　图像太大提示

图3.9　插入图片

2 在对话框中单击“是”按钮，对图片进行优化，降低图片的画质。否则图片将以原质量显示，如图3.9所示。

3 调整图片的尺寸大小有两种方式：一种方式是在图片上单击，图片出现边框，通过上下左右拖曳边框调整图片尺寸；另一种方式是在工具栏的W和H框里设置图片的大小，调整其他元件的尺寸大小也是用同样的方式，如图3.10所示。

图3.10　调整图片尺寸大小

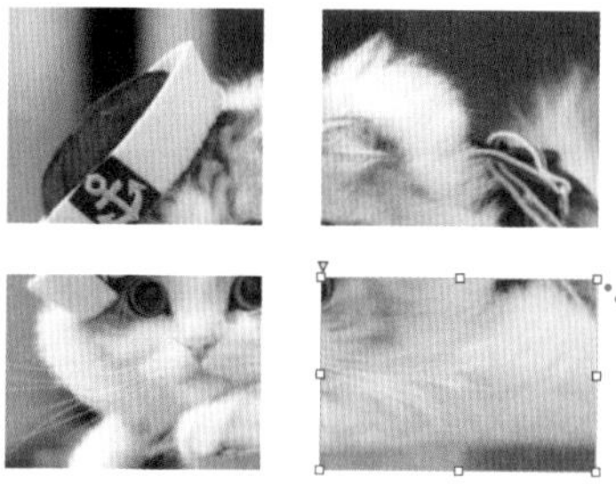

图3.11　分割图像

4 Axure提供分割图像功能，在图片上单击鼠标右键选择分割图像命令，可以对选中的图片进行分割操作，包括十字切割、横向切割和纵向切割3种切法，如图3.11所示。

当仅需要图片的某一区域或者某一部分时，可以使用分割图像功能，把想要的区域分割出来。

3．按钮元件的使用

按钮元件分为按钮元件、主要按钮元件以及链接按钮元件，根据需求在不同页面使用不同按钮元件，如图3.12所示。

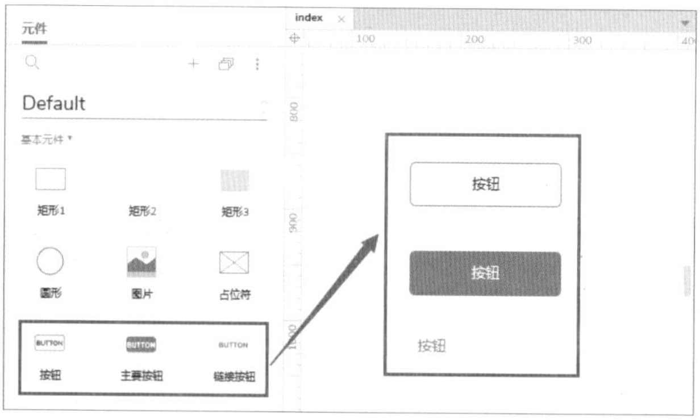

图3.12　按钮元件

4．标题元件的使用

标题元件可以用来制作一段文字的标题，也可以用来制作某个区域的说明文字。一般设计简历时，常把个人信息、教育经历及工作经验这类文字加粗起强调作用，这时就可以使用标题元件。

Axure提供一级标题、二级标题和三级标题3个元件，一级标题元件是32号字、加粗、黑色（#333333）；二级标题元件是24号字、加粗、黑色（#333333）；三级标题元件是18号字、加粗、黑色（#333333），如图3.13所示。

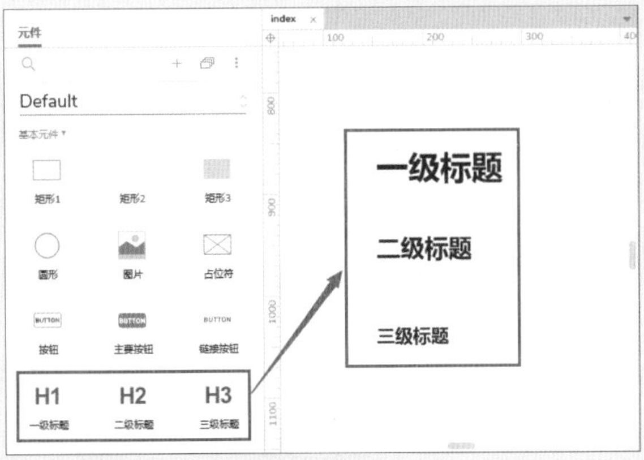

图3.13　一级标题、二级标题和三级标题元件

5. 文本标签元件和文本段落元件的使用

文本标签元件是单行文本元件，文本段落元件是文本域元件，如果只有一行文本可以选择文本标签元件，如果有多行文本可以使用文本段落元件，如图3.14所示。

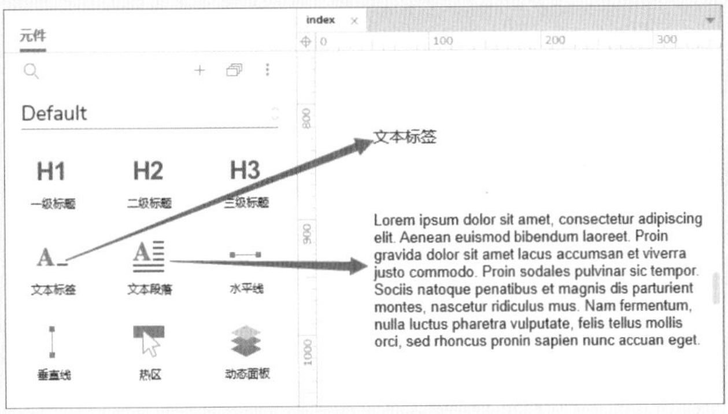

图3.14　文本标签和文本段落元件

6. 水平线元件和垂直线元件的使用

水平线元件和垂直线是两个很灵活的元件，用它们可以设置一条水平线或者垂直线，可以利用工具栏快捷按钮编辑这两个元件的颜色、线框、线条样式和箭头方向，如图3.15所示。

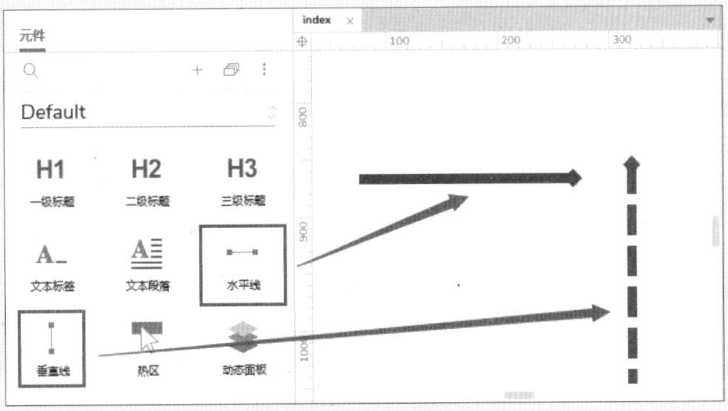

图3.15　水平线元件和垂直线元件

7. 热区元件的使用

在购物网站上，经常可以看到组合装或者套装的商品，它们是一体图片，单击商品图片显示的是整体的商品信息，如果只想知道上衣的商品信息，或者裤子的商品信息，可以使用热区元件。

分别在上衣和裤子上添加热区元件，也就是增加两个单击的锚点，单击热区元件就可以显示不同的商品信息，如图3.16所示。

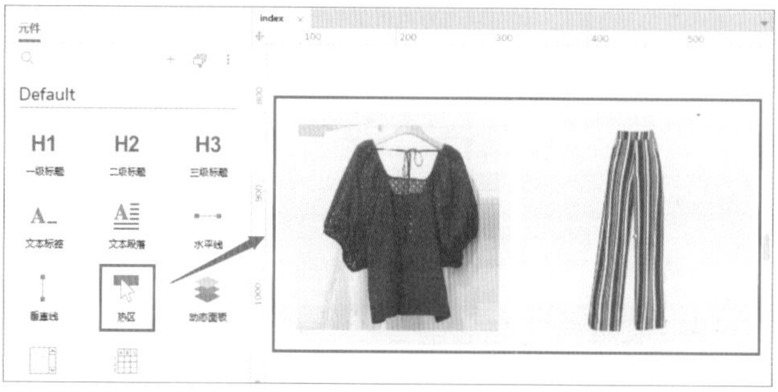

图3.16 热区元件

热区元件用到的频率非常高，特别是在做一些移动App的时候。

3.1.2 表单元件的使用

表单元件是在设计表单时经常用到的元件，如设计登录表单、注册表单等，就可以使用表单元件来设计表单。表单元件包括文本框元件、文本域元件、下拉列表元件、列表框元件、复选框元件和单选按钮元件，如图3.17所示。

图3.17 表单元件

1. 文本框元件和文本域元件的使用

文本框元件用于收集表单内容，其形式为单行输入文本框。文本域元件，可以实现多行文本的输入，如图3.18所示。

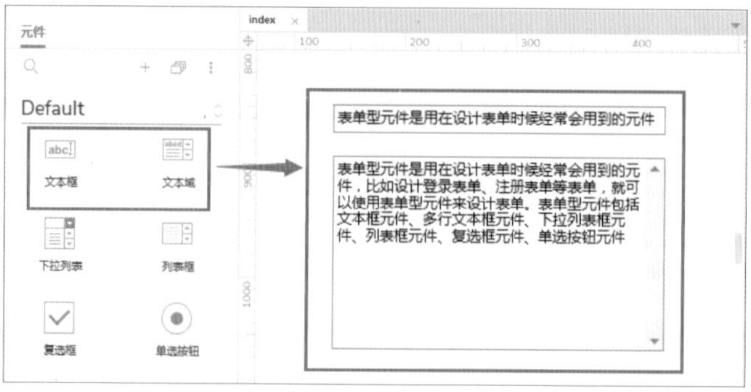

图3.18 文本框元件和文本域元件

在登录网站时，经常会在输入框里看到“请输入用户名、手机号或者邮箱”等提示信息。文本框元件同样可以填写提示信息，在文本框输入内容时，提示文字会自然消失。单击鼠标右键文本框元件，在弹出的菜单里可以设置文本框的输入类型，可以设置成文本、密码、邮箱和数字等类型，如图3.19所示。

图3.19　文本框类型

在文本框里可以设置提示文字的样式，如提示文字为“请输入用户名”，字体颜色为浅灰色（#CCCCCC），可以在检视区域选择交互面板，在提示选项组中设置文字样式，在提示属性里设置提示文字，如图3.20所示。

图3.20　提示样式及提示文字

可以设置文本框元件可以输入的最大文字数，同时也可以设置文本框为只读或者禁用，可以根据自己的需要来设置，如图3.21所示。

图3.21　文本框属性

注　意

通过设置文本框的不同输入类型，可以看到不同的显示效果，当输入密码时，使用*号，可以保护密码安全，同时丰富原型的显示效果。

在检视面板同样可以设置文本域元件的提示文本、只读属性和禁用属性，但是不能设置文本域内的输入类型以及最大文字数，如图3.22所示。

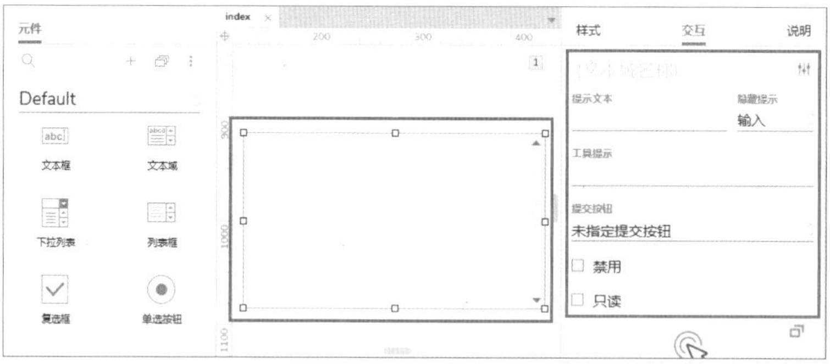

图3.22　文本域元件设置

2. 下拉列表元件和列表框元件的使用

下拉列表元件是经常用到的下拉菜单，它只能显示一个下拉菜单选项。而列表框元件是可以显示多个下拉菜单选项的元件。如果页面区域有限，可以使用下拉菜单元件。如果页面区域比较大，仅放置一个下拉列表，会空留很多地方，页面整个布局不美观，就可以使用列表框元件，如图3.23所示。

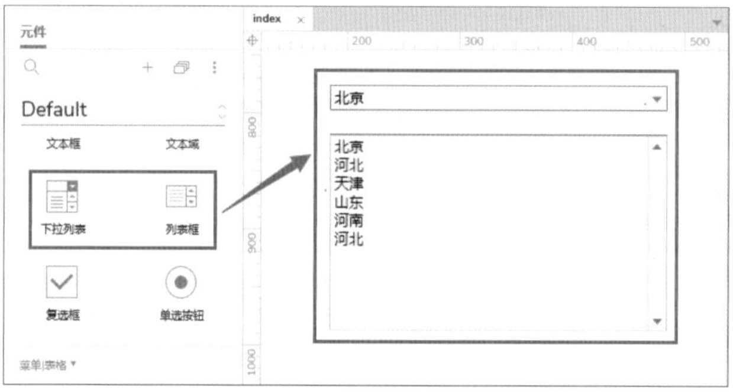

图3.23　下拉列表元件和列表框元件

◆ 实战演练

1 拖曳一个“下拉列表”元件到工作区域，双击此元件，弹出“编辑下拉列表”对话框，单击“添加”按钮新增一个菜单选项，单击菜单选项可以对其重新命名，将其命名为“北京”，再新增一个下拉选项，命名为“上海”，如图3.24所示。

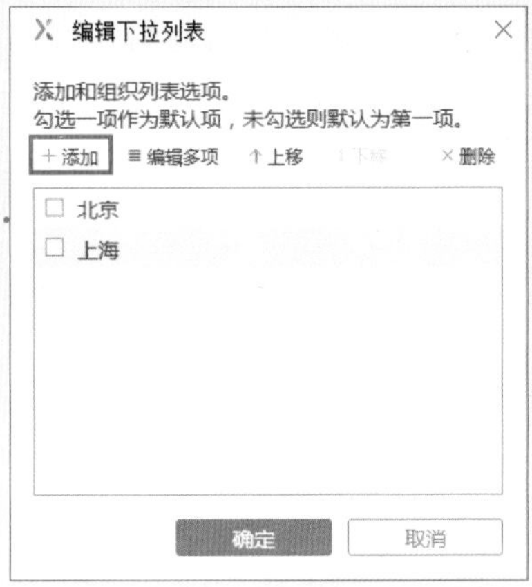

图3.24　编辑下拉列表对话框

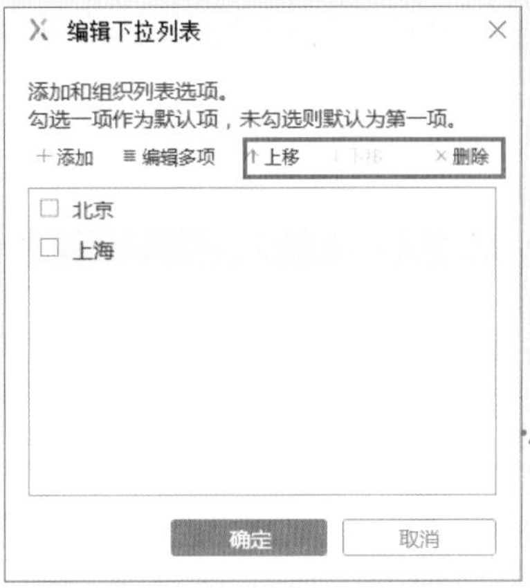

图3.25　调整选项顺序和删除选项

2 单击“上移”和“下移”按钮可以调整下拉菜单选项的顺序，单击“删除”按钮可以删除选项，如图3.25所示。

3 单击“编辑多项”按钮，弹出“编辑多项”对话框，每行代表一个下拉菜单选项，如图3.26所示。

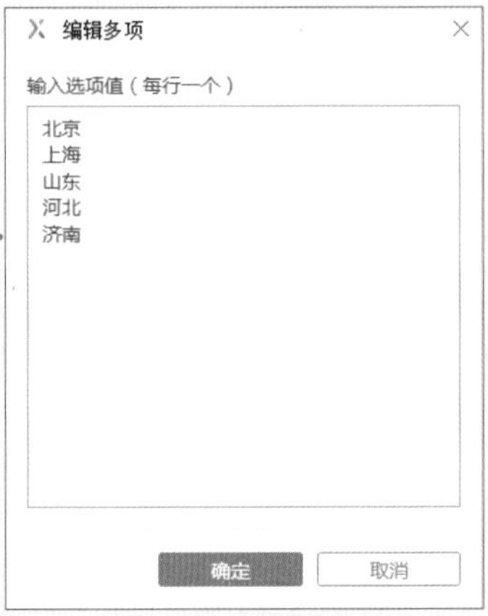

图3.26　添加多个选项

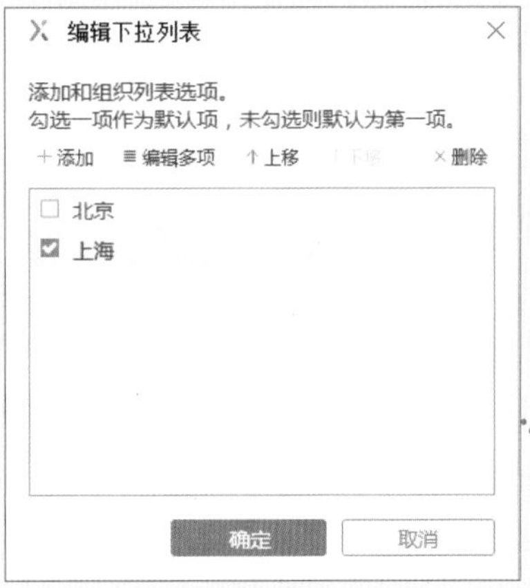

图3.27　设置默认选项

4 如果想把某个选项作为默认显示的选项，只需要在复选框前面勾选，默认显示的就是当前勾选的下拉菜单选项，如图3.27所示。

5 列表框的操作方式和下拉列表的操作方式一样，单击“添加”按钮同样可以新增菜单选项，可以向上移动、向下移动、删除一个或者多个下拉菜单选项，但是它默认允许选中多个选项，如图3.28所示。

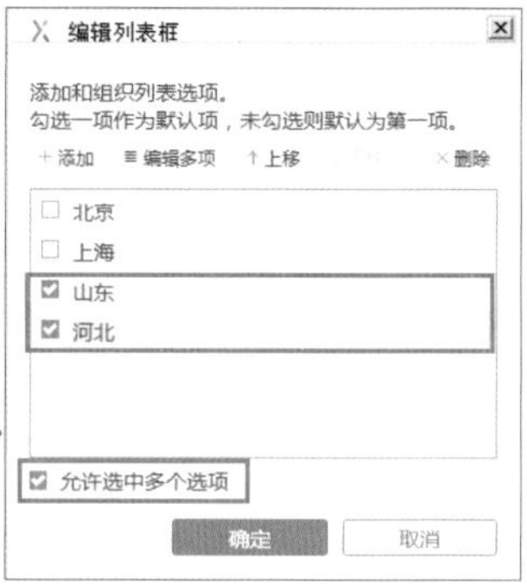

图3.28 列表框设置默认选项

3. 复选框元件和单选按钮元件的使用

如果希望允许选择多个选项，这时可以使用复选框元件，如果每次只想选择一个选项，可以使用单选按钮元件，如图3.29所示。

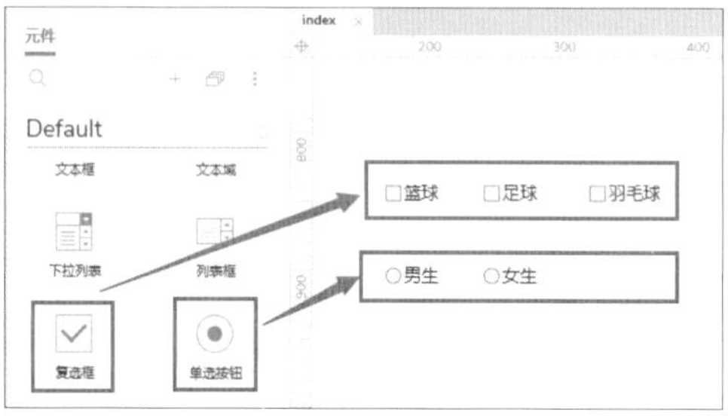

图3.29 复选框和单选按钮元件

3.1.3 菜单|表格元件的使用

菜单|表格元件包括树元件、表格元件、水平菜单元件和垂直菜单元件，如图3.30所示。

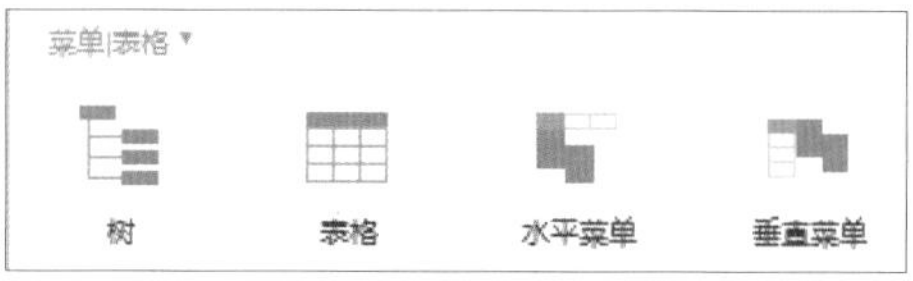

图3.30 菜单|表格元件

1. 树元件的使用

可以用树元件来设计树结构或其他有层次的结构，如页面区域的页面结构。新增子节点、调整树的层级关系以及删除子节点等操作都是通过右键菜单里的选项来设置的，如图3.31所示。

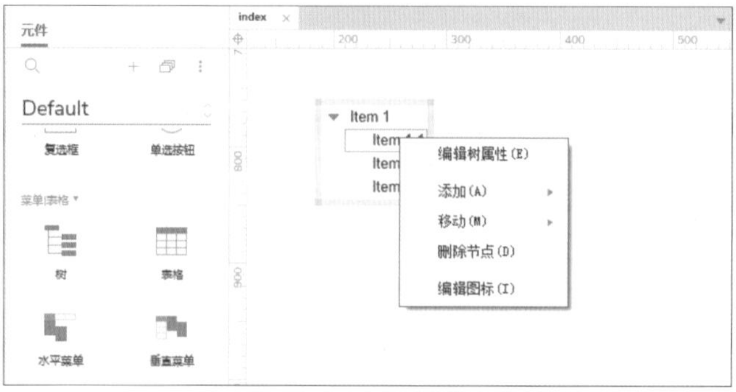

图3.31 树元件

2. 表格元件的使用

表格元件用来记录数据，是使用频率比较高的一个元件，它通过右键菜单里的选项进行设置，如图3.32所示。

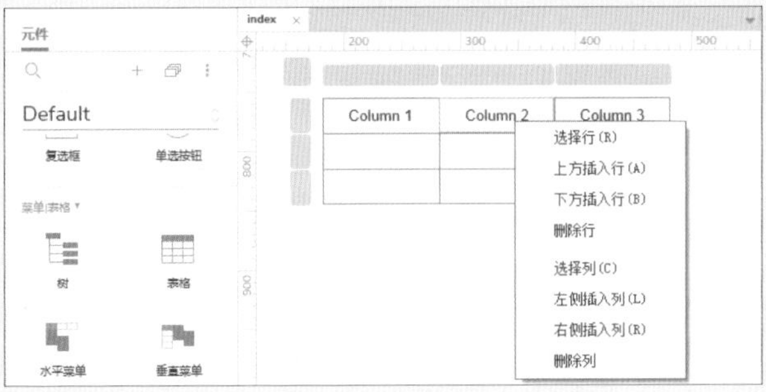

图3.32　表格元件

3. 水平菜单元件和垂直菜单元件的使用

水平菜单元件和垂直菜单元件用于制作导航菜单，可以制作横向或纵向的菜单元件，它通过右键菜单里的选项来进行设置，如图3.33所示。

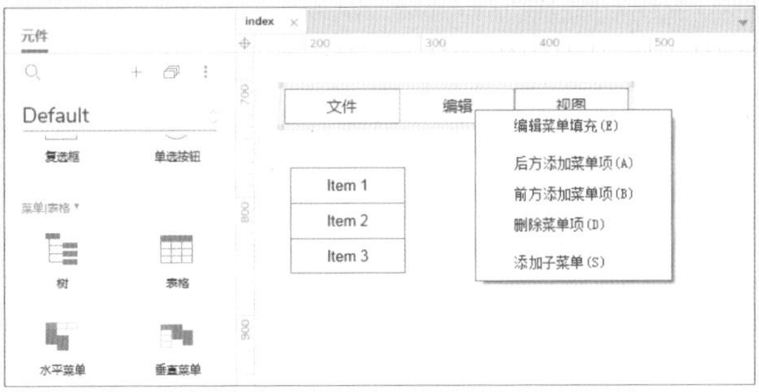

图3.33　水平菜单元件和垂直菜单元件

以上就是绘制线框图时会用到的元件，包括通用型元件、表单型元件以及菜单|表格元件，每个元件都有自己的含义和功能，掌握这些元件的使用方法，有利于提高制作原型的效率。

3.1.4 标记元件的使用

标记元件包括快照元件、水平箭头元件、垂直箭头元件、便签1元件、便签2元件、便签3元件、便签4元件、圆形标记元件和水滴标记元件，如图3.34所示。

图3.34　标记元件

快照元件可把页面通过快照的方式完整地显示出来。如在index页面上，分别添加一级标题元件、二级标题元件、三级标题元件，然后在page1页面里拖曳快照元件并双击，引用index页面，可以看到快照元件里显示的是index页面的内容，并且可以调整快照元件显示的页面大小，如图3.35所示。

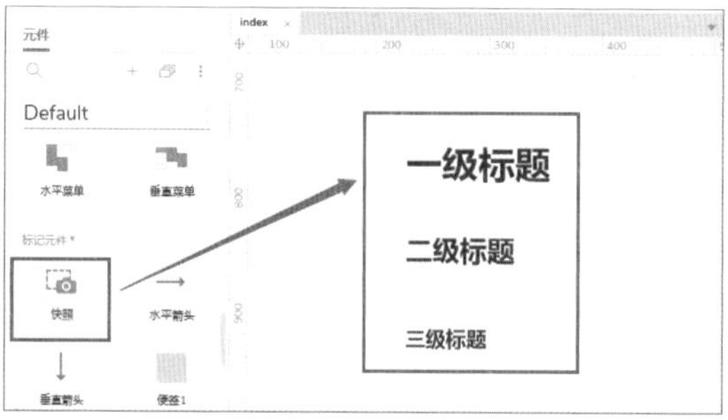

图3.35 快照元件

注 意

快照元件引用的页面不能包含快照元件。

水平箭头元件和垂直箭头元件经常被用作水平或垂直方向上的箭头。便签元件经常用来给页面添加便签说明。圆形标记元件和水滴标记元件常被用作标记。

3.2 绘制流程图所用的元件

慕课视频

绘制流程图所用的元件

Axure RP 9原型设计软件默认内置37种流程图元件，如矩形、菱形、文件、括弧、半圆形、三角形、梯形、圆形、六边形、平行四边形、角色、数据库和快照等元件，如图3.36所示。

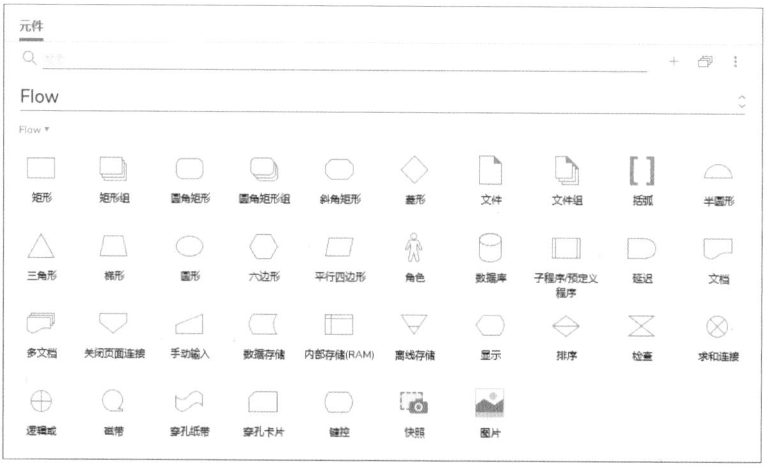

图3.36 流程图元件库

每个流程图元件都代表着自己的特点和意义，在使用流程图元件之前，要知道常用的元件所代表的意思，才能画出规范的流程图。

- 矩形元件：代表要执行的处理动作，用作执行框。

- 圆角矩形元件：代表流程的开始或者结束，用作起始框或者结束框。
- 菱形元件：代表决策或者判断，用作判别框。
- 文件元件：代表一个文件，用作文件的输入或者输出。
- 括弧元件：代表说明一个流程的操作或者特殊行为。
- 平行四边形元件：代表数据的操作，用作数据的输入或者输出操作。
- 角色元件：代表流程的执行角色，角色可以是人也可以是系统。
- 数据库元件：代表系统的数据库。
- 快照元件：用来显示其他页面内容。

◆ 实战演练

大家在上学的时候，经常会参加一些在线考试，下面使用流程图元件来绘制考试的过程，如图3.37所示。

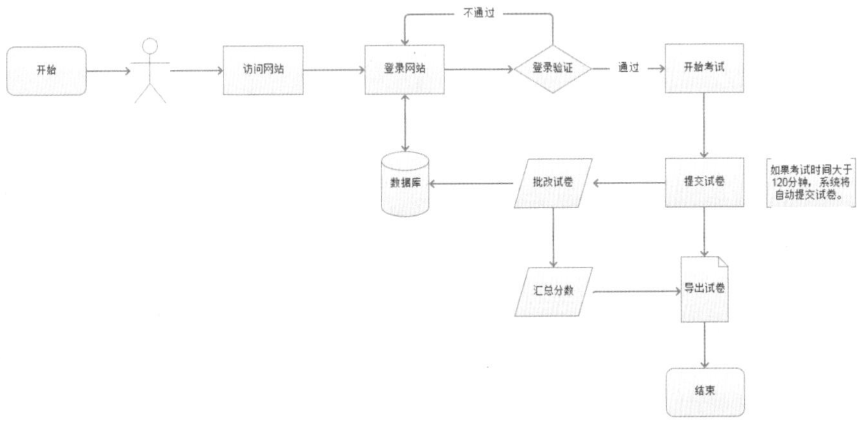

图3.37　在线考试系统流程图

1 把当前工程保存起来，将其命名为“在线考试系统流程图”，把index页面重新命名为“在线考试系统流程图”，删除其他页面。选择流程图元件库，拖曳一个“圆角矩形”元件作为流程的开始，将圆角矩形的文本内容重新命名为“开始”，如图3.38所示。

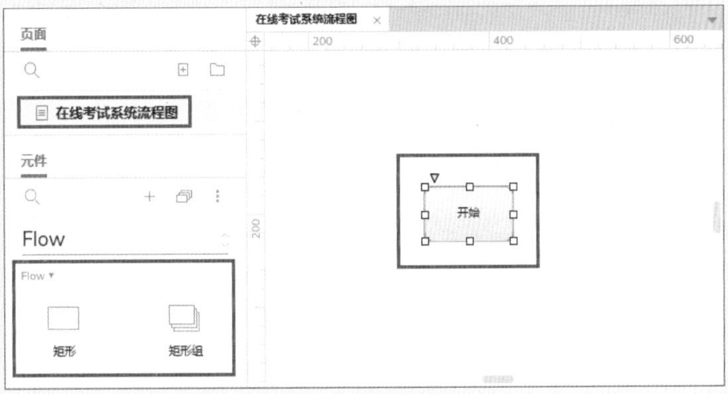

图3.38　选择流程图元件库

2 拖曳一个“角色”元件到工作区域，代表参加考试的人员。选择连接模式，将圆角矩形元件和角色元件连接起来，可以给连接线添加向右的箭头并设置样式。然后拖曳一个“矩形”元件到工作区域，将其文本内容重新命名为“访问网站”，用连接线把角色元件与矩形元件连接起来，如图3.39所示。

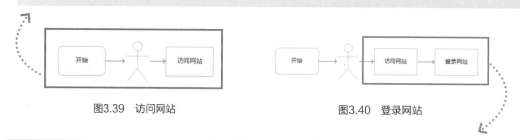

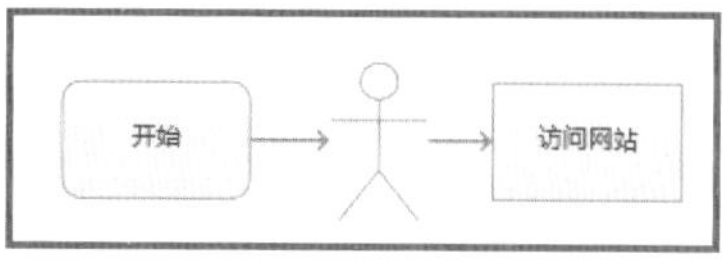

图3.39　访问网站

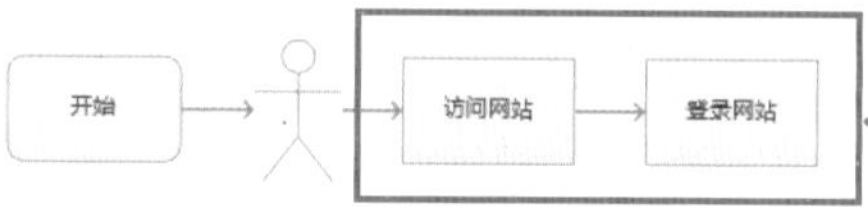

图3.40　登录网站

3 接着进行登录网站设置。拖曳一个“矩形”元件到工作区域，将其命名为“登录网站”，登录时需要输入用户名和密码，系统会将用户名和密码与数据库里的信息进行比对，来决定用户是否能登录到系统里，用连接线把“访问网站”和“登录网站”连接起来，如图3.40所示。

4 拖曳一个“数据库”元件到工作区域，用其来代表数据库。将登录时输入的用户名和密码与数据库进行比对，比对完成后数据库会返回用户能否登录的信息，这是一个双向的操作，需要一个双向箭头，如图3.41所示。

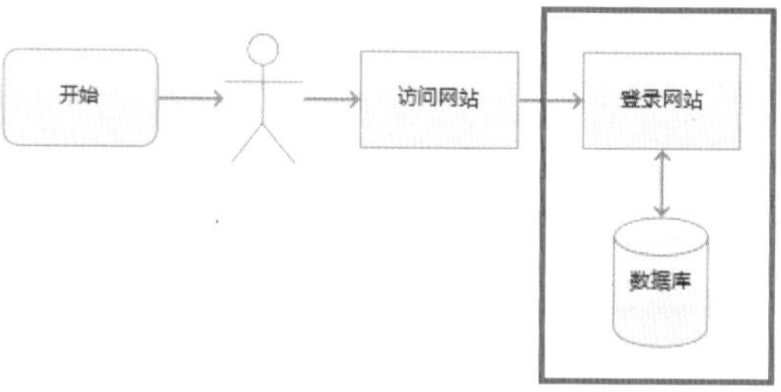

图3.41　数据库

5 拖曳一个“菱形”元件到工作区域，用作登录的验证入口。登录验证有两种情况，验证通过和验证不通过。如果用户名和密码都输入正确，就可以登录到系统里进行在线考试，拖曳一个“矩形”元件，将其文本内容重命名为“开始考试”。如果登录校验失败，就需要重新登录，如图3.42所示。

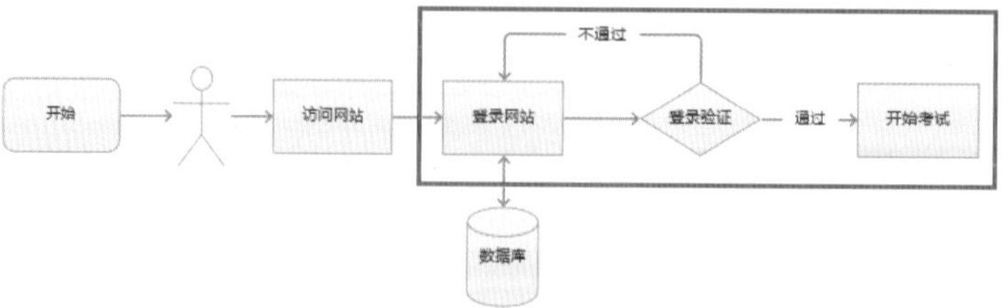

图3.42　登录验证

注 意

连接线上的文字命名，如“通过”“不通过”这些文字，需要先选中连接线，然后再输入文字内容。

6 考试完需要提交试卷。拖曳一个“矩形”元件到工作区域，将其文本内容重命名为“提交试卷”，然后添加一段说明文字，使用“括弧”元件加以说明：“如果考试时间大于120分钟，系统将自动提交试卷”，如图3.43所示。

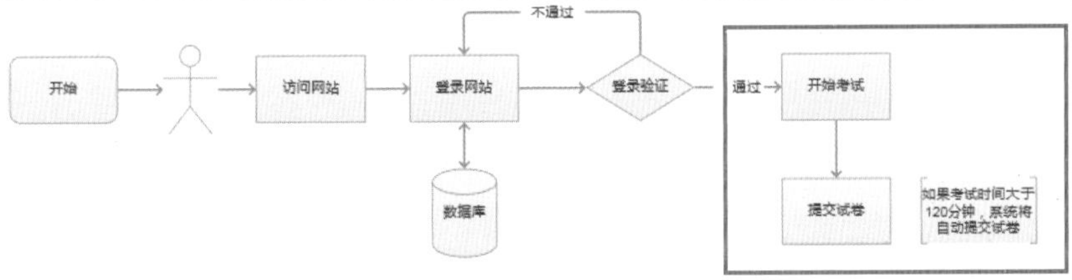

图3.43　提交试卷

7 提交完试卷，系统会进行批改。拖曳一个“平行四边形”元件到工作区域，将其作为数据的输入入口，批改时也需要与数据库打交道，因此其与数据库的连接线也是双向的，如图3.44所示。

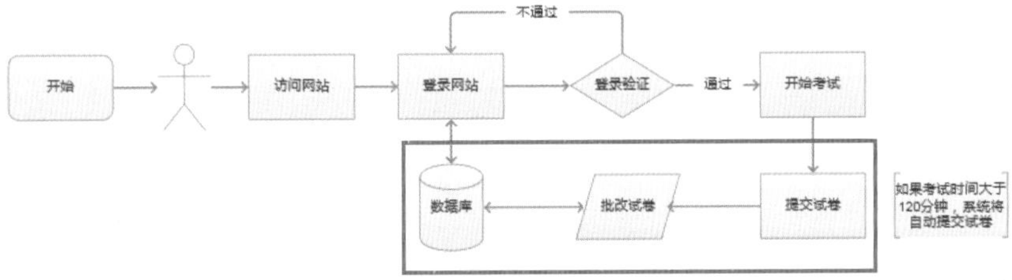

图3.44　批改试卷

8 提交试卷后导出试卷。批改完试卷之后，需要输出汇总的分数，同样拖曳一个“平行四边形”元件，将其作为数据的输出口，把它重命名为“汇总分数”，汇总分数后可以导出试卷，使用“文件”元件来代表导出的试卷，最后拖曳一个“圆角矩形”元件到工作区域，结束流程，如图3.45所示。

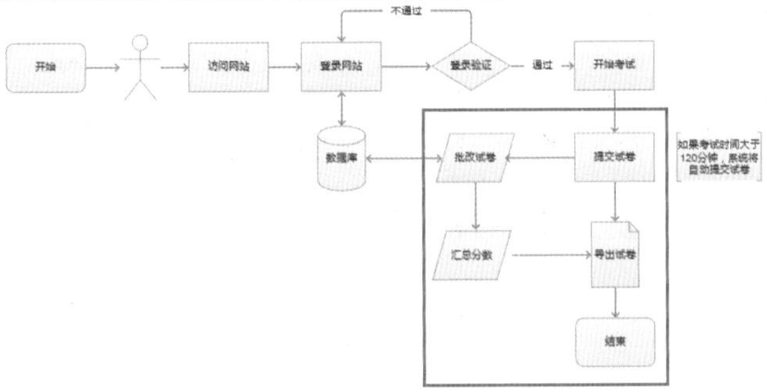

图3.45　结束流程

9 按F5键发布原型，通过绘制在线考试系统的流程图，就可以清晰地表述在线考试系统的操作流程，这样在绘制线框图时，设计思路就会很清晰，可以高效、快速地绘制原型，如图3.46所示。

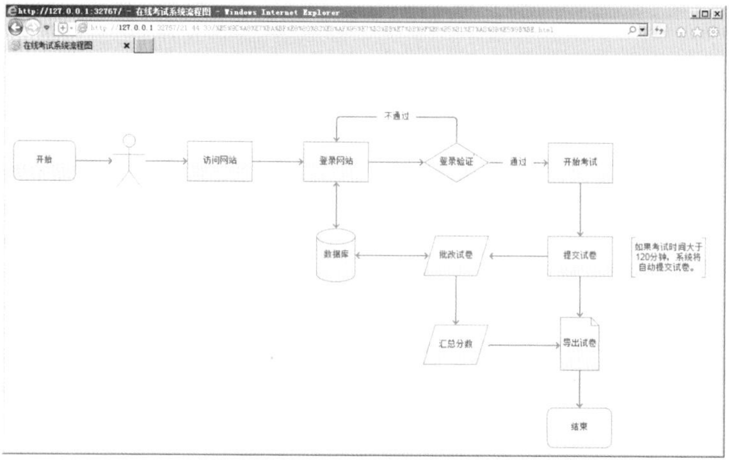

图3.46　发布原型

3.3　丰富的图标元件库

图标元件库把常用的元件图标放置在图标元件库里，包括通讯录图标、箭头指向图标和电池电量图标等。在绘制原型时，可以使用该元件库里的图标，而不需要到其他地方去寻找，如图3.47所示。

慕课视频

丰富的图标元件库

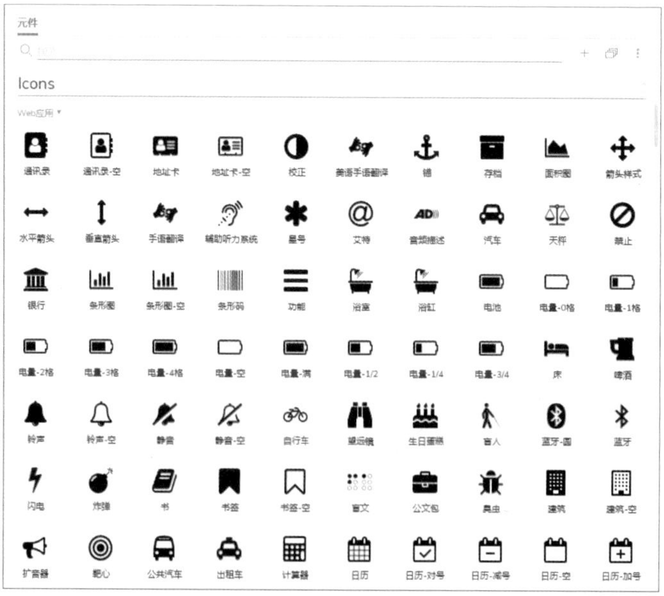

图3.47　图标元件库

3.4 载入元件库和自定义元件库

Axure在元件管理区域默认提供线框图元件库、流程图元件库和图标元件库，但是在制作原型的过程中，这3类元件库并不能完全满足设计原型的需求。如果设计移动应用软件，则需要使用Andriod元件库或者iOS元件库。设计其他的软件，可能需要使用其他的元件库。有时甚至现成的元件库还是不能满足需求，需要自己来制作元件库，即自定义元件库。

慕课视频

载入元件库和自定义元件库

3.4.1 载入元件库

在Axure元件区域，单击选择元件库，可看到默认的线框图元件库、流程图元件库和图标元件库，部分元件库的名称翻译并不是很完善，如图3.48所示。

如果设计移动应用软件，要用到Andriod元件库，就需要添加一个Andriod元件库到软件里。

图3.48 元件库

◆ 实战演练

1 寻找元件库有3种方式：第1种是到Axure官网上下载，官网上提供的元件库都是以“.rplib”为后缀名的；第2种是网上搜索，很多原型论坛或者原型爱好者都会发布一些元件库；第3种是自己制作元件库，制作自己想要的、常用的元件。

2 单击“添加元件库”按钮，弹出“文件选择库”窗口，找到事先准备好的元件库，单击打开，就可以将元件库载入软件里，如图3.49和图3.50所示。

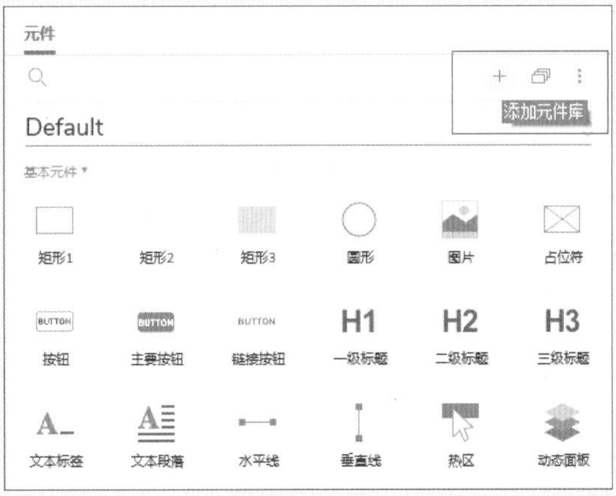

图3.49 添加元件库

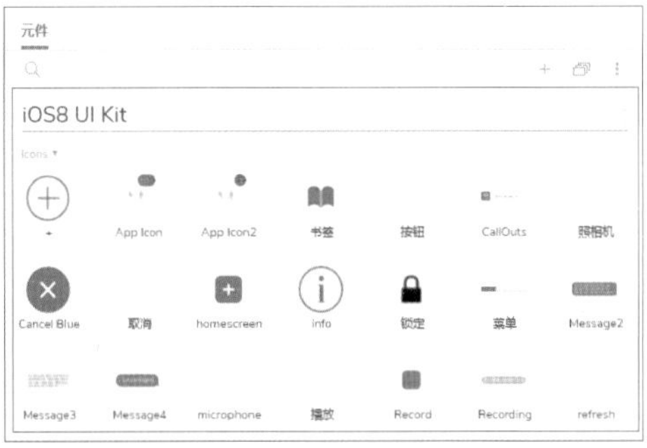

图3.50 iOS8 UI Kit元件库

3 还有一种载入元件库的方式是先关闭Axure软件，然后打开Axure的安装目录，找到Libraries文件夹，把需要载入的元件库直接复制到Libraries文件夹里，重新打开Axure软件，可以看到iOS7_icon元件库被载入到软件中，如图3.51和图3.52所示。

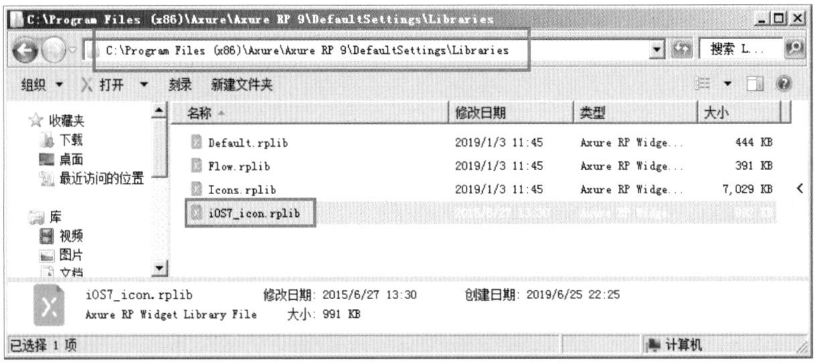

图3.51 元件库路径

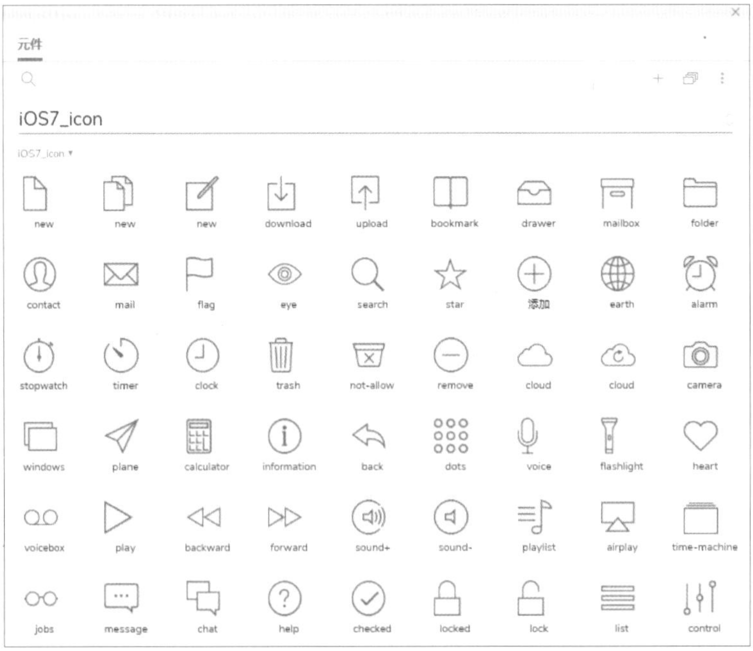

图3.52 iOS7_icon元件库

3.4.2 自定义元件库

在设计原型时，如果在现有元件库中没有找到需要的元件，可以自定义元件库。设计一些特别的或者常用的元件，如增加、删除、修改、搜索、红灯、黄灯、绿灯图标，然后把它们放在自定义元件库里。

◆ 实战演练

1 选中iOS8 UI Kit元件库，选择“编辑元件库”命令，进入元件的编辑区域，在这里可以自定义元件，如图3.53和图3.54所示。

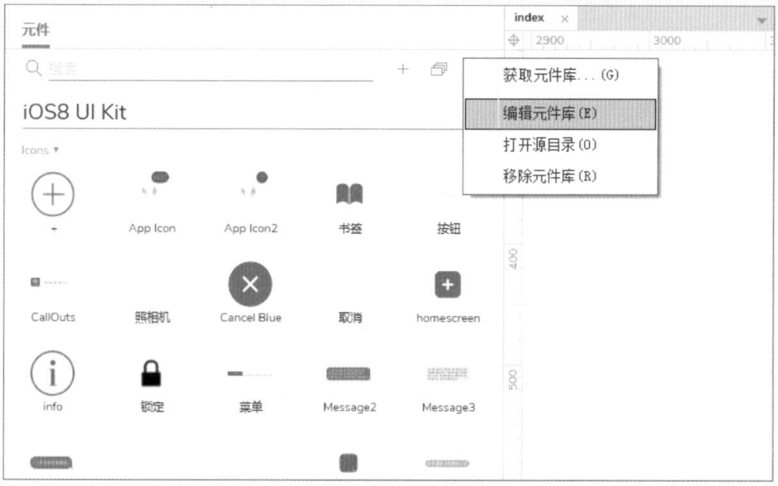

图3.53 编辑元件库

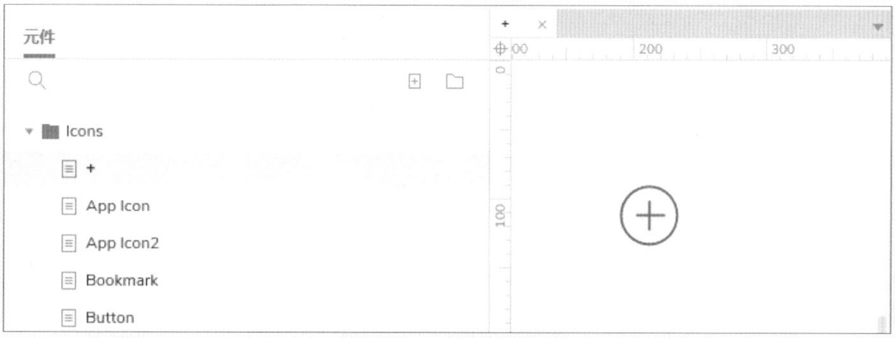

图3.54 元件编辑区域

2 设计一个登录的按钮。新建“自定义元件库”文件夹，在文件夹中建立一个名为“登录”页面，拖曳一个“矩形1”元件到工作区域，将其高度设置为50，圆角半径设置为10，填充设置为绿色（#008000），文本内容为“登录”，文字颜色设置为白色（#FFFFFF），加粗，字号为20号，如图3.55所示。

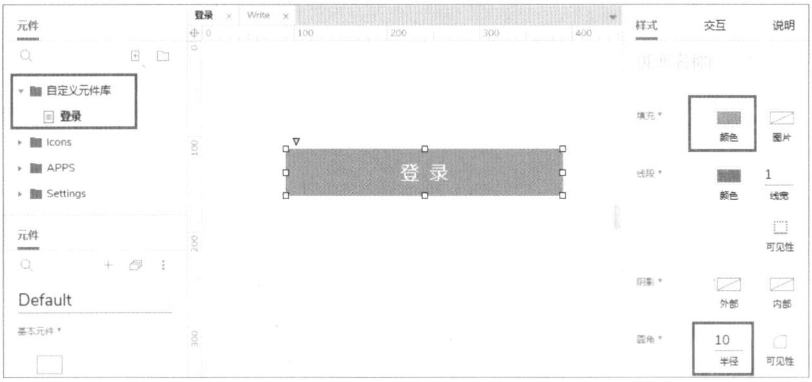

图3.55　自定义登录按钮

> **3** 再制作一个“搜索”元件，一般使用放大镜来代表搜索。拖曳一个“圆形”元件到工作区域，将其高度和宽度都设置为30。再拖曳一个“矩形1”元件到工作区域，将其作为放大镜的把手，调整矩形元件的大小，将其旋转45°，并将矩形1元件置于圆形元件的下层，如图3.56所示。

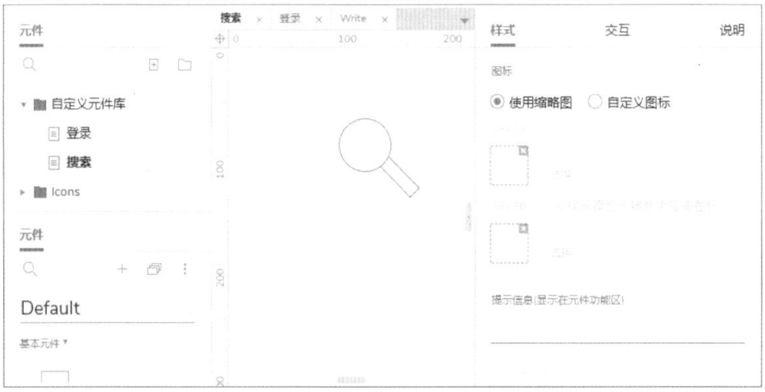

图3.56　自定义搜索按钮

> **4** 制作完两个自定义元件后，关闭制作元件的页面，制作好的元件就在自定义元件库中显示出来了，如图3.57和图3.58所示。

图3.57　自定义元件库

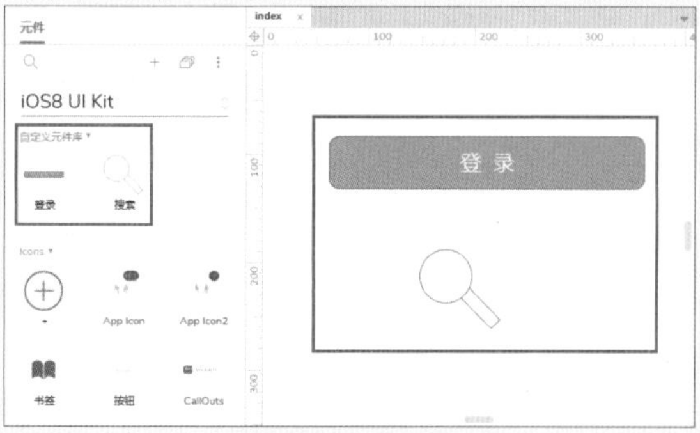

图3.58　自定义元件使用

自定义元件库与其他元件库一样，可以继续编辑，也可以被卸载，但线框图元件库、流程图元件库和图标元件库不可被卸载。

3.5　实战——制作“个人简历表”

找工作时需要投递简历，现在很多网站都支持在线投递简历，如前程无忧和智联招聘。各个网站都需要专门的界面接收用户的个人信息。下面制作“个人简历表”，来设计简历的个人信息模块，如图3.59所示。

慕课视频

制作“个人简历表”

图3.59　个人简历

1 打开Axure RP 9原型设计工具软件，将当前工程保存为“个人简历表单”，将index页面修改为“个人简历”。拖曳一个“矩形1”元件到工作区域，将其宽度设置为704，高度设置为42，颜色填充为灰色（#D7D7D7），文本内容命名为“个人简历”，字号为32号，加粗，如图3.60所示。

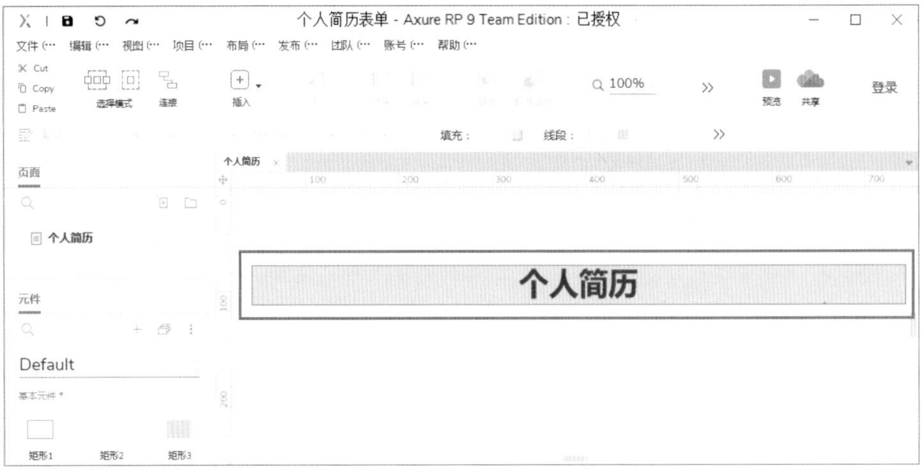

图3.60　个人简历标题

2 拖曳一个“矩形1”元件到工作区域，将其宽度设置为704，高度设置为483，作为边框。拖曳一个“标题2”元件到工作区域，将其文本内容重新命名为“个人信息”，作为个人信息的标题。拖曳一个“水平线”元件到工作区域，将其宽度设置为704，线条样式设置为第4个样式，效果如图3.61所示。

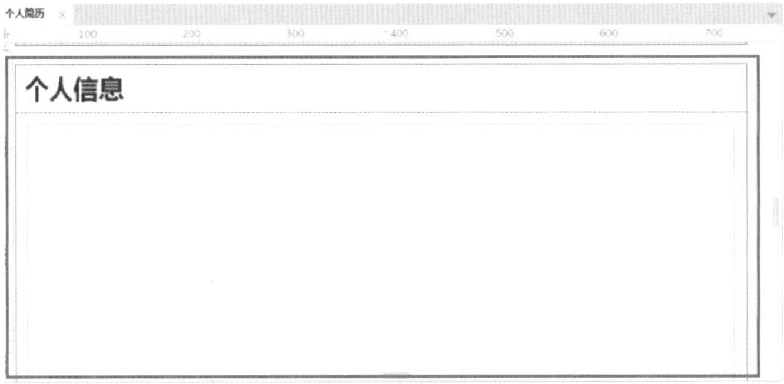

图3.61　个人信息标题以及边框

3 拖曳一个“矩形1”元件到工作区域，将其宽度设置为680，高度设置为416，颜色填充为灰色（#D7D7D7），作为个人信息的背景。拖曳一个“文本标签”元件到工作区域，将其文本内容命名为“姓名”，字号为16号。拖曳一个“文本框”元件到工作区域，将其宽度设置为260，高度设置为25，作为姓名的输入框，如图3.62所示。

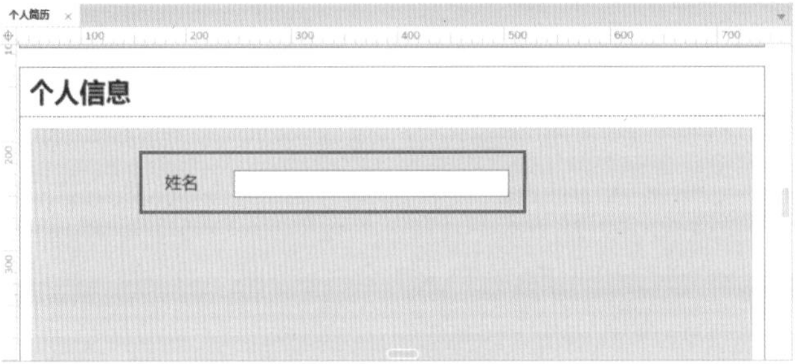

图3.62　姓名输入框

4 拖曳一个“标签”元件到工作区域，将其文本内容命名为“性别”，字号为16号。拖曳两个“单选按钮”元件到工作区域，将其分别命名为“男”和“女”，同时选中这两个单选按钮，单击鼠标右键，在弹出的快捷菜单中选择“指定单选按钮的组”命令，在弹出的“选项组”对话框的组名称文本框中输入“性别组”，这样每次只能选中一个性别，如图3.63所示。

图3.63 性别设置

5 拖曳一个“文本标签”元件到工作区域，将其文本内容命名为“出生日期”，字号为16号。拖曳3个“下拉列表”元件到工作区域，分别双击，添加年、月、日下拉选项，如图3.64所示。

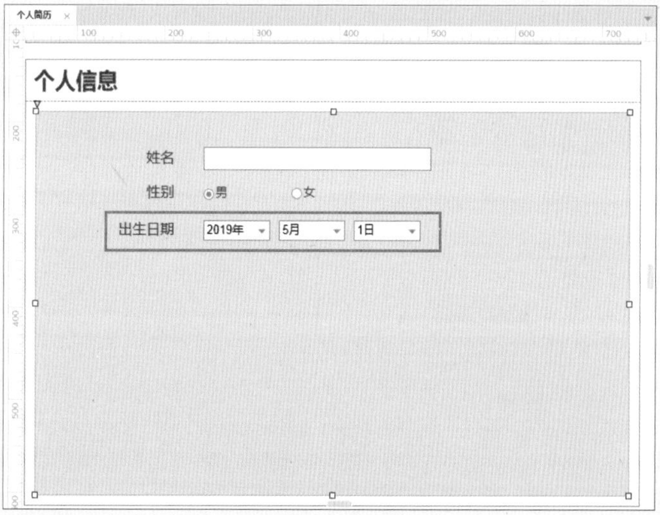

图3.64 出生日期

6 拖曳3个“文本标签”元件到工作区域，将其分别命名为“电子邮箱”“手机号码”和“现居住地”，字号为16号。拖曳3个“文本框”元件到工作区域作为输入框，宽度均设置为260，高度均设置为50，如图3.65所示。

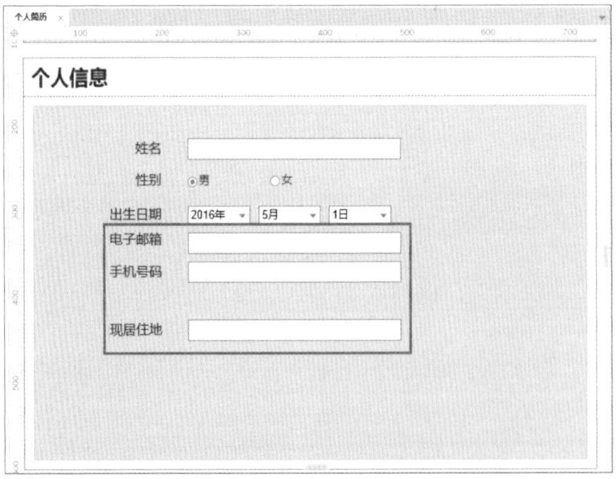

图3.65 电子邮箱、手机号码、现居住地输入框

7 拖曳一个“文本标签”元件到工作区域，将其文本内容命名为“工作年限”，字号为16号。拖曳一个“下拉列表”元件到工作区域，将其宽度设置为200，高度设置为22，添加如图3.66所示的下拉选项。

图3.66 工作年限

8 拖曳一个“文本标签”元件到工作区域，将其文本内容命名为“期望工作性质”，字号为16号。拖曳3个“复选框”元件到工作区域，将其分别命名为“全职”“兼职”“实习”，如图3.67所示。

图3.67 期望工作性质

9 拖曳一个“文本标签”元件到工作区域，将其文本内容命名为“期望月薪”，字号为16号。拖曳一个“下拉列表”元件到工作区域，将其宽度设置为200，高度设置为22，添加如图3.68所示的下拉选项。

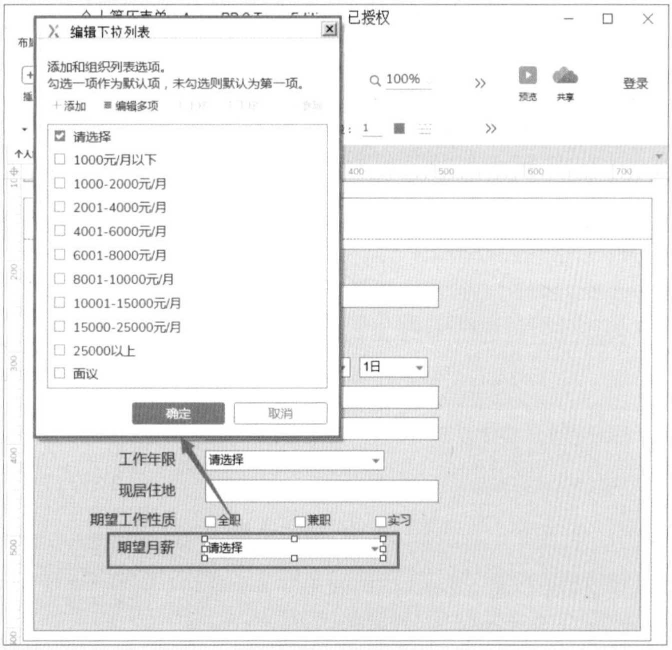

图3.68 期望月薪

10 拖曳一个“按钮”元件到工作区域，将其宽度设置为200，高度设置为30，文本内容命名为“保存”。拖曳一个“文本标签”元件到工作区域，文本内容为“重置”，为其添加下划线，字号为16号，如图3.69所示。

图3.69　保存按钮

11 拖曳一个“文本标签”元件到工作区域，将其文本内容命名为“*”，字号设置为20号，字体颜色设置为红色（#FF0000），复制该元件8次，分别将其放置在表单标签的前面，作为必填项的提示。拖曳一个“图片”元件到工作区域，将其宽度设置为125，高度设置为122，作为头像照片，如图3.70所示。

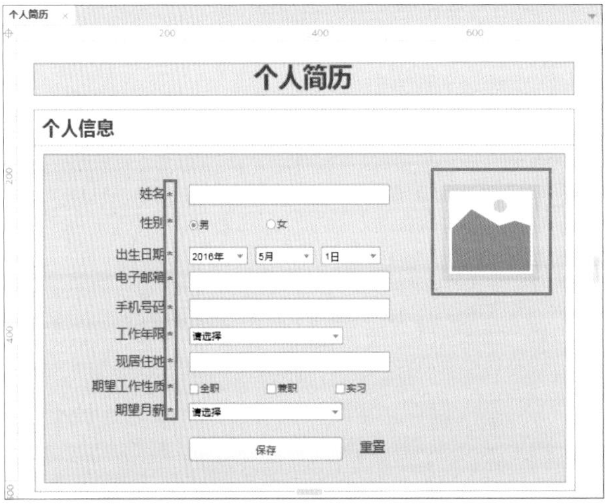

图3.70　必填项和头像

这样就设计完个人信息表单页面，本例利用线框图元件来绘制个人信息表单，使用文本标签元件、文本框元件、单选按钮元件、下拉列表元件、复选框元件以及图片元件，综合应用这些元件，就可以完成个人简历表单的制作。

3.6　小结

本章主要学习Axure元件库的使用方法，使用元件库绘制软件界面原型，应当学会以下知识。

（1）掌握线框图元件的含义和使用方法，包括通用元件、表单元件、菜单表格元件以及标记元件的使用方法。

（2）掌握流程图元件的含义和使用方法，学会使用流程图元件绘制流程图。

（3）学会载入元件库和自定义元件库。

3.7 练习

个人简历表除了个人信息模块内容，还有教育经历和工作经验等模块内容，通过使用Axure元件库，绘制教育经历和工作经验表单内容，如图3.71和图3.72所示。

图3.71　教育经历

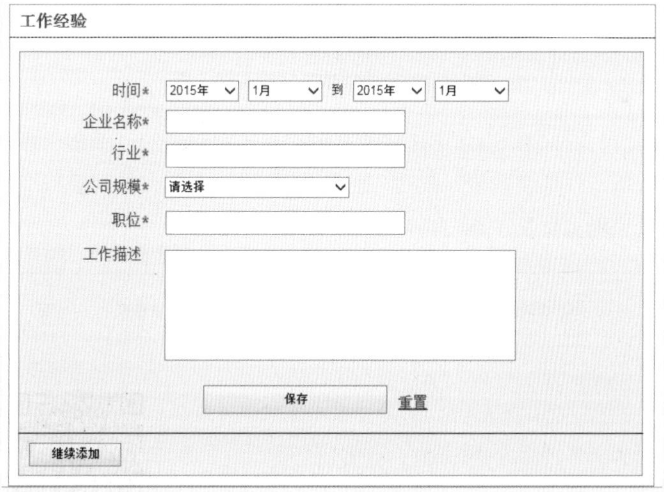

图3.72　工作经验

第4章　用Axure动态面板制作动态效果

动态面板元件是一个动态的、由面板组成的元件。它可以让原型呈现动态的效果，而不是沉闷的静态页面，并且它能实现软件的高级交互效果。

动态面板元件是Axure模拟很多动态效果的主要工具，如要模拟淘宝的广告轮播，可以将几张图摞在一起，轮流移动到最上面来显示，单击某一个圈，就把对应的图移动到最上面，如图4.1所示。

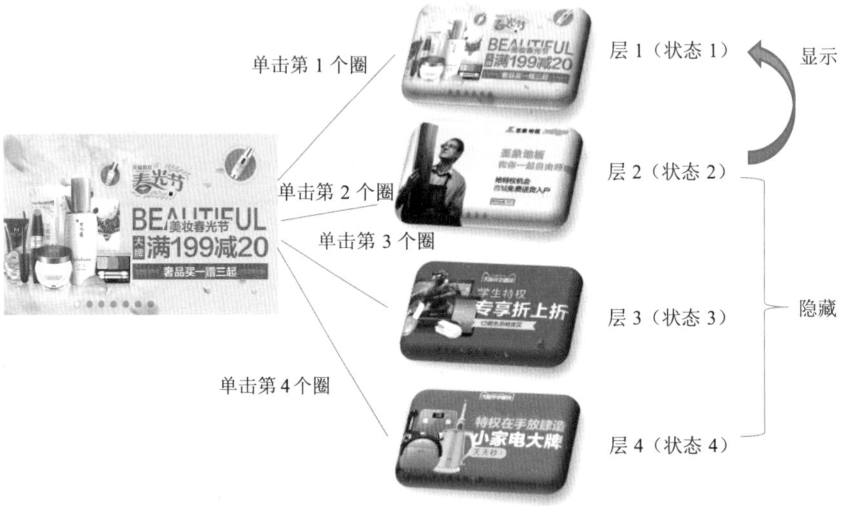

图4.1　动态面板模拟海报轮播效果

本章案例：淘宝登录页签的切换效果是将两张图摞在一起实现的，单击“账户密码登录”按钮，图4.2被移动到上层，单击“快速登录”按钮，图4.3被移动到上层，从而模拟淘宝登录页签的切换效果。这就是动态面板元件模拟交互效果的基本应用。

图4.2　账户密码登录

图4.3　快速登录

4.1 动态面板的使用

动态面板元件是怎样实现动态效果的呢？动态面板元件里包含多种状态，可以把动态面板理解为装载这些状态的容器。

我们在学生时期，经常把作业本摞成一摞，只能看到最上面一本的封面。这一摞作业本就相当于动态面板，每本作业就是动态面板中的一个状态，只有最上面的一个状态是可见的，其他状态都是隐藏的，如图4.4所示。动态面板的图标形象地表达了动态面板元件的功能。

慕课视频

动态面板的使用

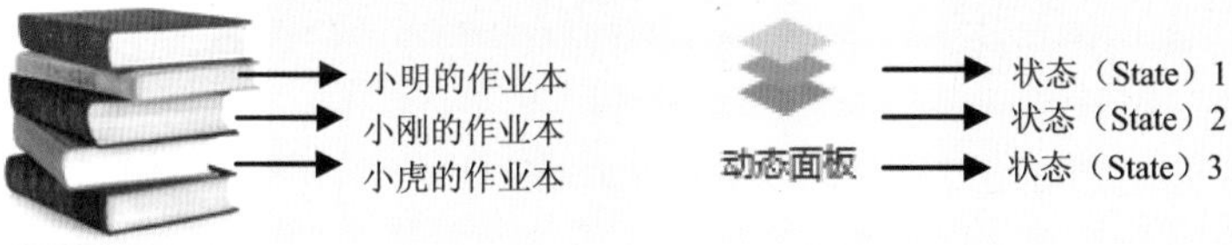

图4.4 作业本和动态面板图标

下面就以学生作业本为例，来学习动态面板的使用方法。

4.1.1 创建动态面板并命名

◆ 实战演练

1 打开Axure RP 9软件，将工程保存并命名为“动态面板演示操作”，拖曳一个“动态面板”到工作区域，如图4.5所示。

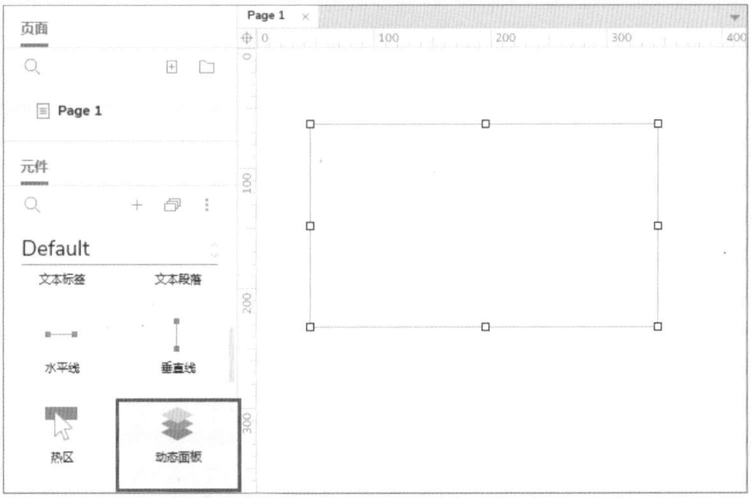

图4.5 拖曳动态面板

2 在检视区域的说明面板输入动态面板的名称“一摞作业本”，这样方便对动态面板元件进行查找，如图4.6所示。

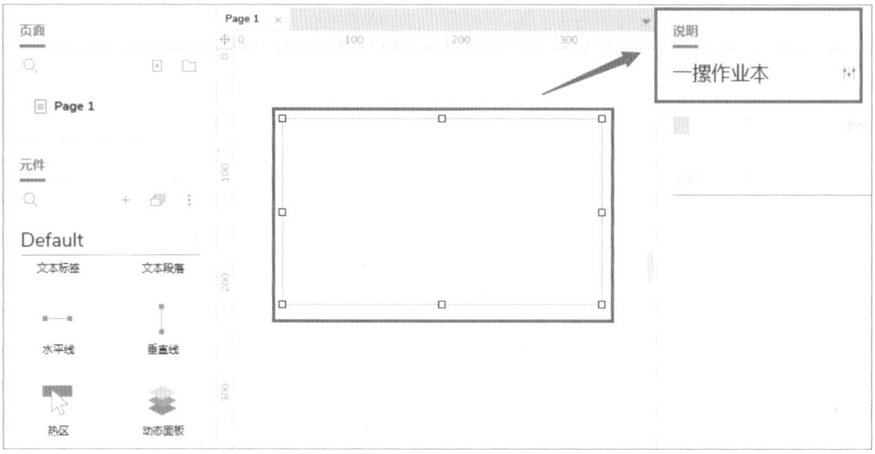

图4.6 动态面板名称

4.1.2 编辑动态面板状态

◆ 实战演练

1 双击动态面板，弹出动态面板编辑框，它默认提供一种状态State1（State为动态面板默认的状态名称），就像一摞作业本里至少有一个作业本，一个动态面板至少有一种状态，如图4.7所示。

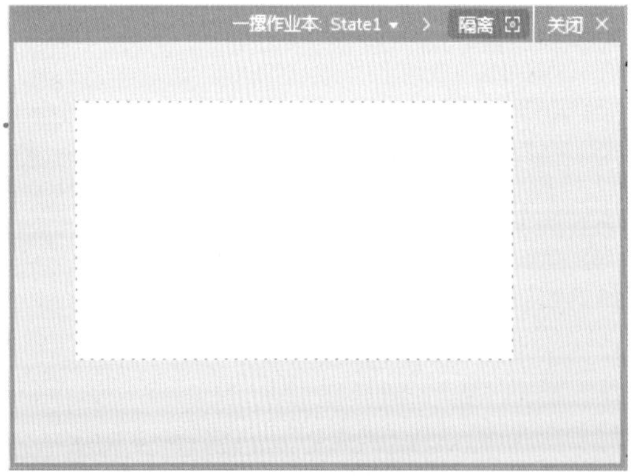

图4.7 动态面板编辑框

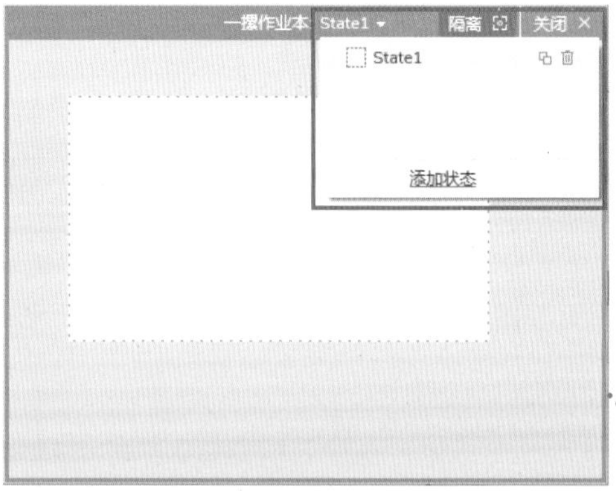

图4.8 动态面板状态管理

2 单击State1状态，弹出动态面板状态管理对话框，在这里可以添加动态面板状态、复制面板状态以及删除面板状态，如图4.8所示。

3 单击添加状态选项，可以新增一个动态面板的状态，单击相应状态名称就可以对状态进行重新命名，把两个状态分别命名为“小明的作业本”和“小刚的作业本”，如图4.9所示。

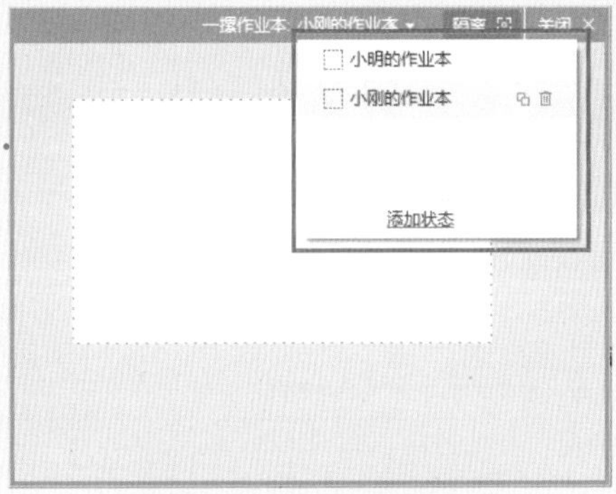

图4.9　新增动态面板状态

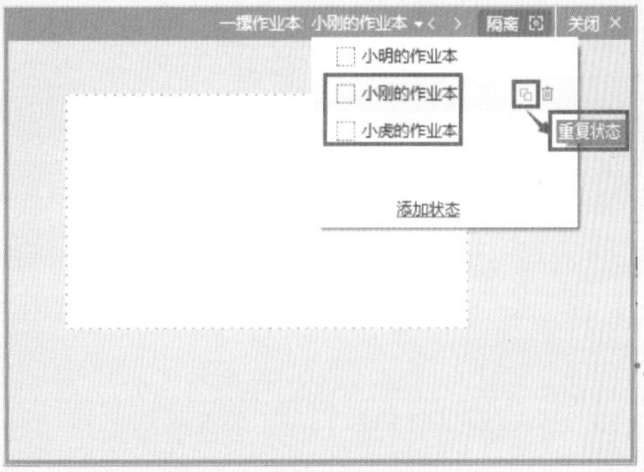

图4.10　复制动态面板状态

4 对于已经创建的动态面板，可以单击“重复状态”按钮来复制动态面板的状态。如果两个状态内容相差不是很多，可以先复制出一个状态，在复制出的状态的基础上进行修改。如图4.10所示。

5 动态面板状态显示操作顺序，可以通过选中要移动的动态面板状态，按住鼠标左键向上拖动。如果老师想看小刚的作业本，使用该操作就可以把小刚的作业本状态向上移动，一直移动到第一层，如图4.11所示。

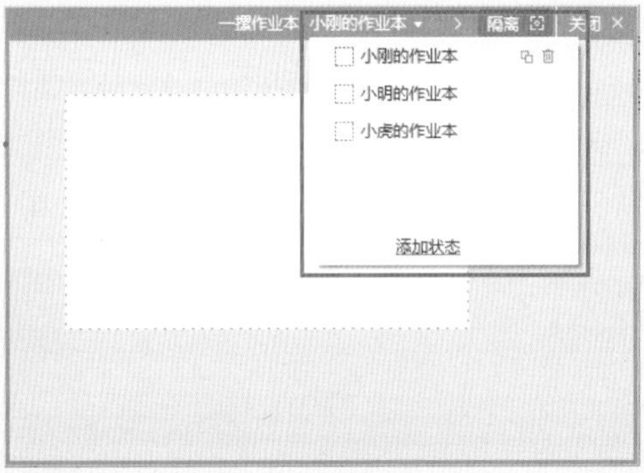

图4.11　向上移动操作

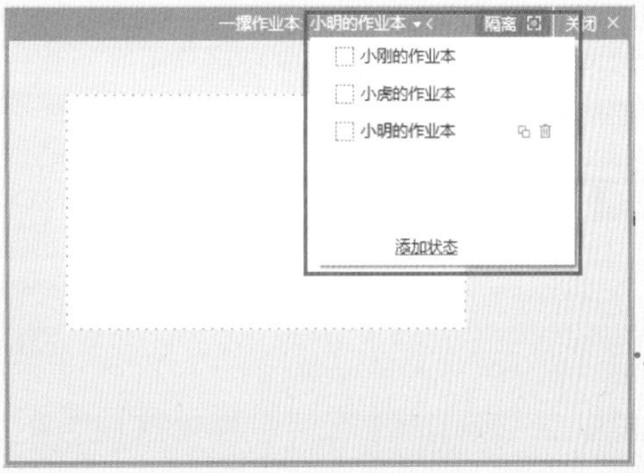

图4.12　向下移动操作

6 按住鼠标左键也可以向下移动动态面板状态，如果老师想把小明的作业本放在最下面，这时可以使用下移操作，把小明的作业本移动到最下层，如图4.12所示。

7 如何通过编辑状态来修改作业本里的内容呢，虚线白色的区域就是用来编辑当前状态的内容的，如图4.13所示。

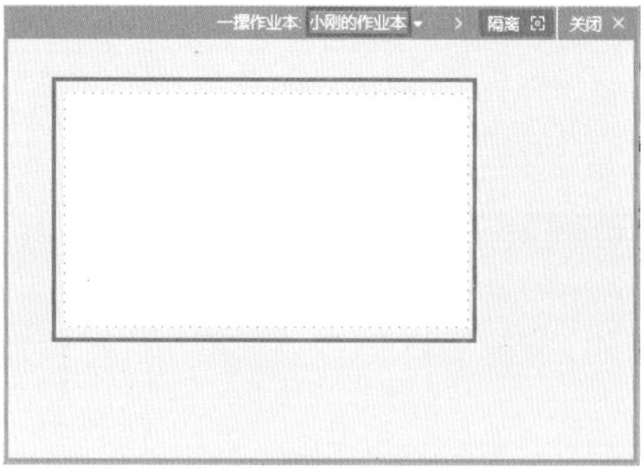

图4.13 编辑状态

8 在编辑状态区域，可以对动态面板进行状态内容编辑，虚线框的白色区域代表内容的显示区域，在虚线框里的内容可以显示出来，超出该区域范围的内容将被隐藏起来。先添加一个不超出显示区域的内容，拖曳一个“矩形1”元件，将文本内容重新命名为“小刚90分”，如图4.14和图4.15所示。

图4.14 拖曳“矩形1”元件

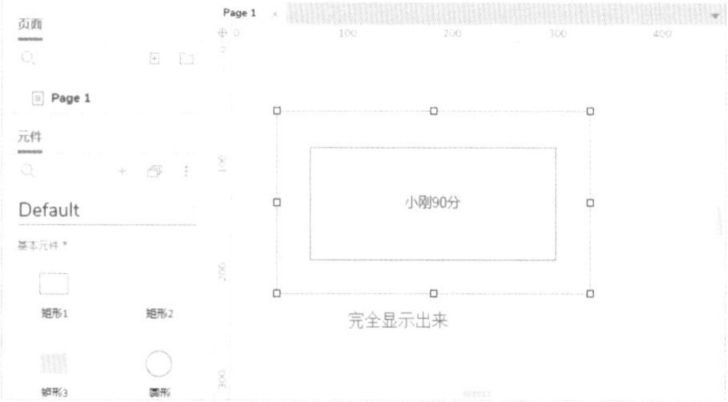

图4.15 完全显示出来

9 双击“一摞作业本”动态面板，打开“状态管理”对话框，单击“小虎的作业本”状态，拖曳一个“矩形1”元件到工作区域，将矩形框放置在页面右下角，部分内容超出虚线框显示区域，文本内容重新命名为“小虎98分”，如图4.16和图4.17所示。

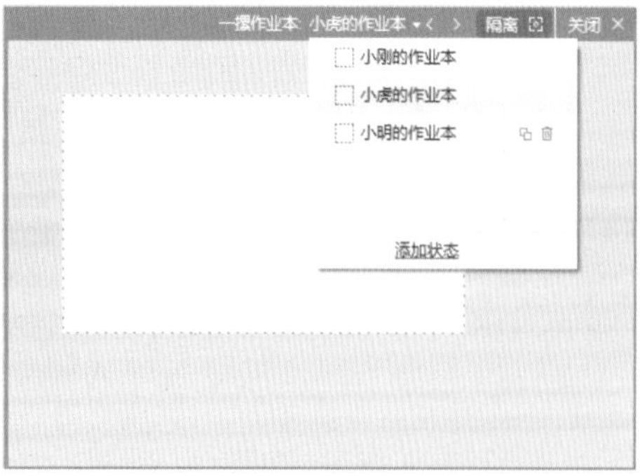

图4.16 编辑“小虎的作业本”状态

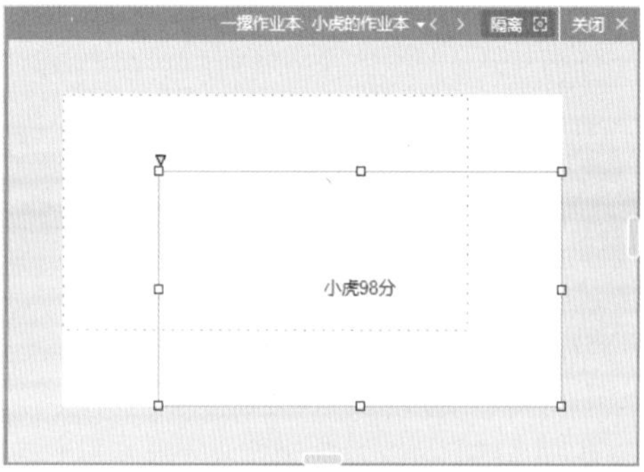

图4.17 拖曳“矩形1”元件

10 回到动态面板所在页面，页面显示的仍然是小刚的分数，如图4.18所示。

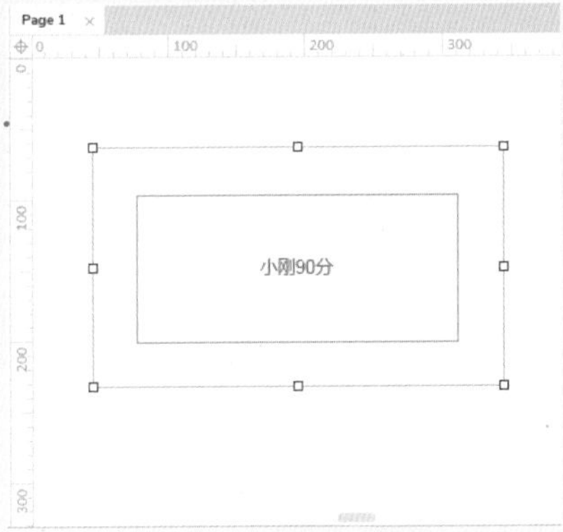

图4.18 小刚的分数

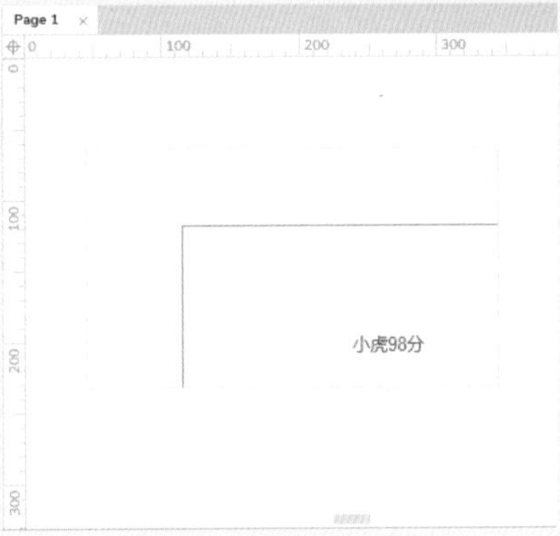

图4.19 没有完全显示出来

11 双击“一摞作业本”动态面板元件，选中小虎的作业本，按住鼠标左键将它移动到第一层，会发现这次显示的是小虎的作业本的内容，并且超出显示区域的内容，没有被显示出来，如图4.19所示。

12 选中“一摞作业本”动态面板，通过拖曳的方式，调整动态面板的大小，让内容完全显示出来，如图4.20所示。

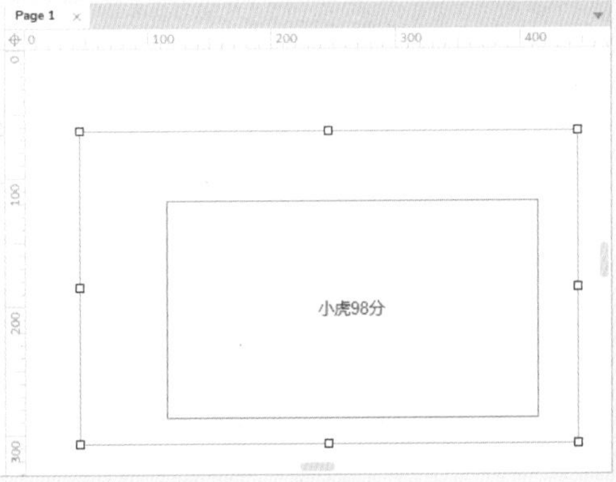

图4.20 完全显示出来

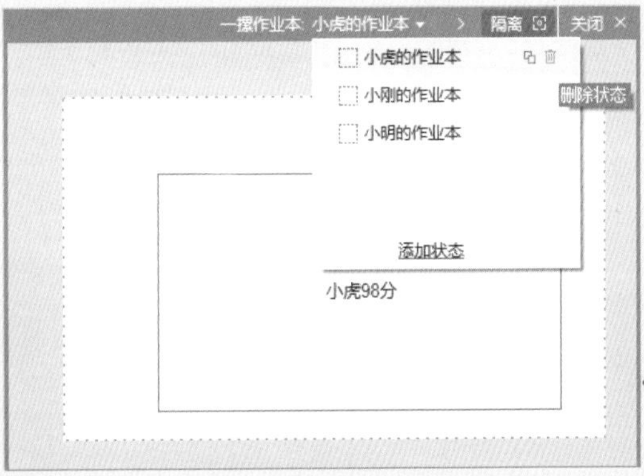

图4.21 删除状态

13 不用的状态可以删除掉，选中要删除的状态，出现删除状态图标，单击“删除状态”图标，就可以把该状态删除掉，如图4.21所示。

4.1.3 通过页面概要区域管理动态面板

◆ 实战演练

1 细心的人会发现页面概要区域发生了变化，页面概要区域显示的是之前设计的动态面板元件以及元件的各种状态，在Axure RP 8版本的软件中，该区域被放在右侧区域，而Axure RP 9版本的软件将其放在左侧，如图4.22和图4.23所示。

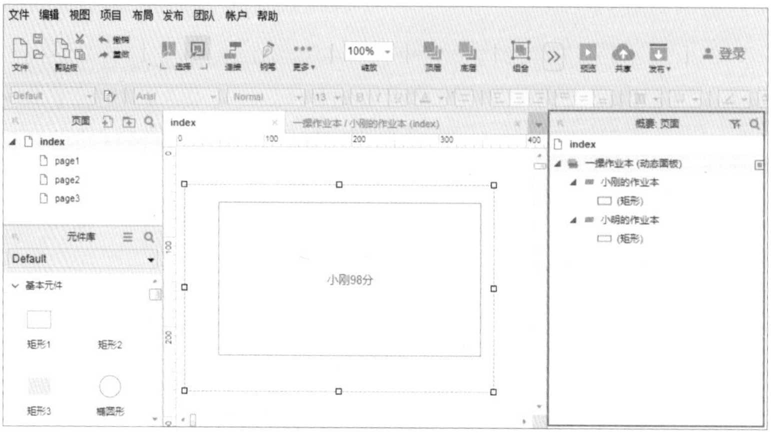

图4.22　Axure RP 8页面概要区域

图4.23　Axure RP 9页面概要区域

下面详细介绍Axure RP 9页面概要区域的使用方法。

▤：代表当前页面，在该页面里可以添加各种元件以及为元件添加交互操作。

≋：代表动态面板元件，在该元件里可添加各种状态。

⬚：代表动态面板元件下的各种状态。

2 在Axure RP 9版本的软件中，该区域被称为页面概要区域，在页面概要区域可以对所有的元件进行管理，动态面板很多神奇的功能也被赋予给了其他元件，其他元件也可以实现动态的效果。但是使用比较多的还是动态面板元件，通过动态面板元件可以制作出丰富的交互效果。

3 如果想为动态面板添加一个状态，可以在动态面板的状态上单击“添加状态”按钮，可以给动态面板元件新增一个状态，如图4.24所示。

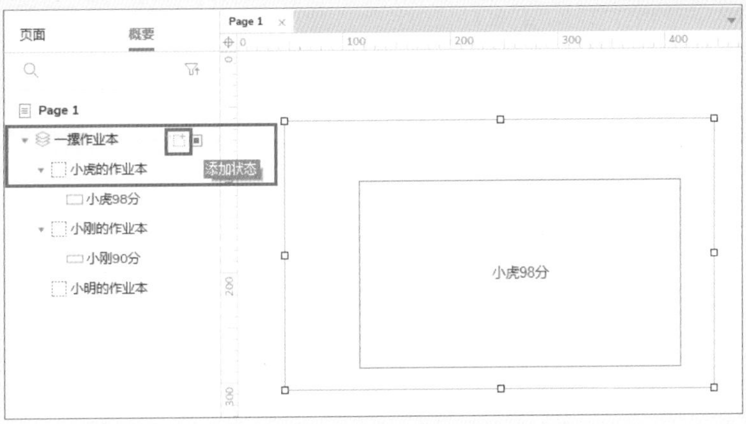

图4.24　添加状态

4 还可以复制状态，单击小刚的作业本状态右侧的“重复状态”按钮，复制出一个新的状态，双击将其命名为“小红的作业本”，它的状态内容与小刚的作业本的内容是一样的，如图4.25和图4.26所示。

5 在页面概要区域单击动态面板的状态就可以打开状态进入其编辑页面，单击动态面板，弹出动态面板动态管理的对话框，单击放置动态面板元件的页面，就可以进入相应的页面。

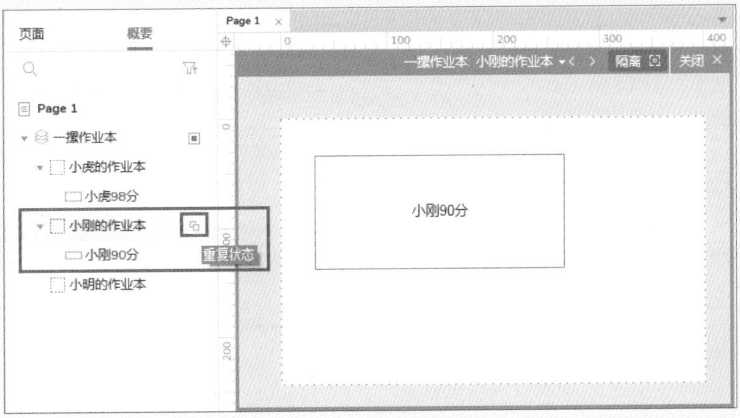

图4.25　复制状态

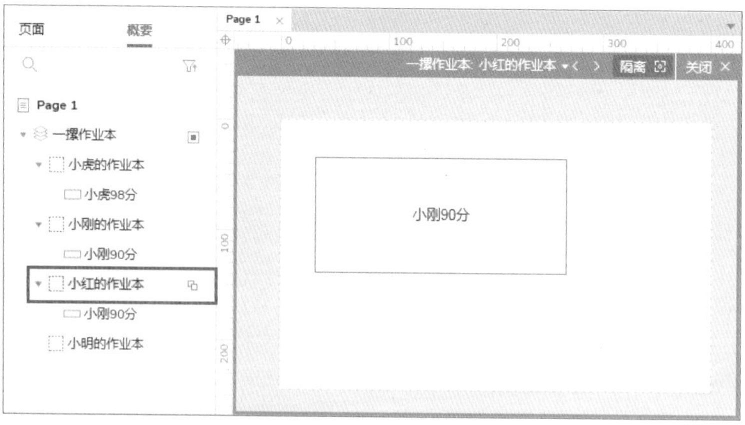

图4.26 重新命名小红的作业本状态

6 在页面概要区域可以调整动态面板状态的顺序，通过按住鼠标左键向上或者向下拖动，动态面板的显示内容也会发生变化，除了这种方式外，也可以在要移动的状态上单击鼠标右键，在弹出的快捷菜单里选择“向上移动”或“向下移动”命令，把“小刚的作业本”状态移动到第一个位置，如图4.27所示。

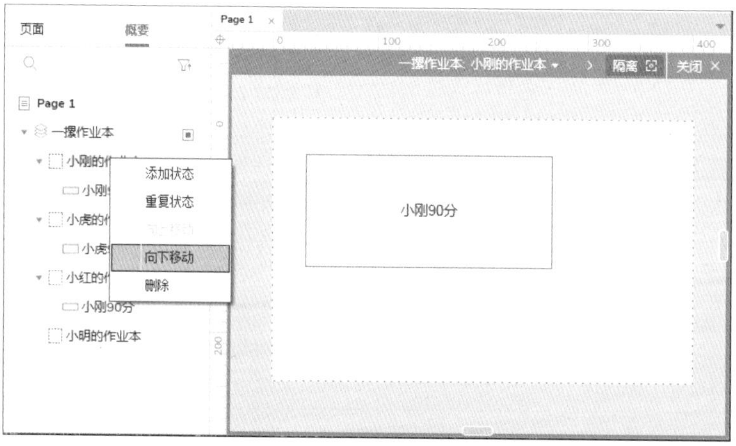

图4.27 调整状态顺序

7 选择要删除的动态面板状态，单击鼠标右键，在弹出的快捷菜单中单击“删除”命令即可删除状态，如图4.28所示。

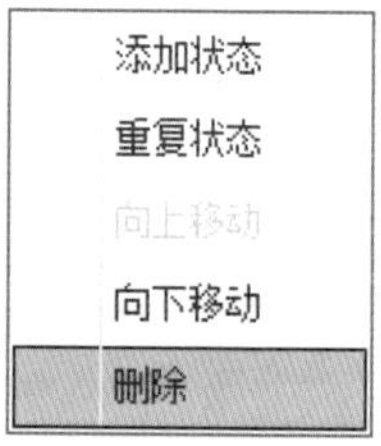

图4.28 删除状态

8 漏斗一样的按钮图标，被称为元件过滤器。单击“元件过滤器”按钮，会弹出很多选项，它用于设置元件管理区域的显示情况，默认勾选了3个选项，如图4.29所示。

9 勾选“母版”选项，会发现刚才显示的动态面板被隐藏起来了。单击勾选“动态面板”选项，元件管理区域就会把动态面板的内容显示出来。该元件过滤器可以根据自己的需求，来设置显示什么、不显示什么，如图4.30所示。

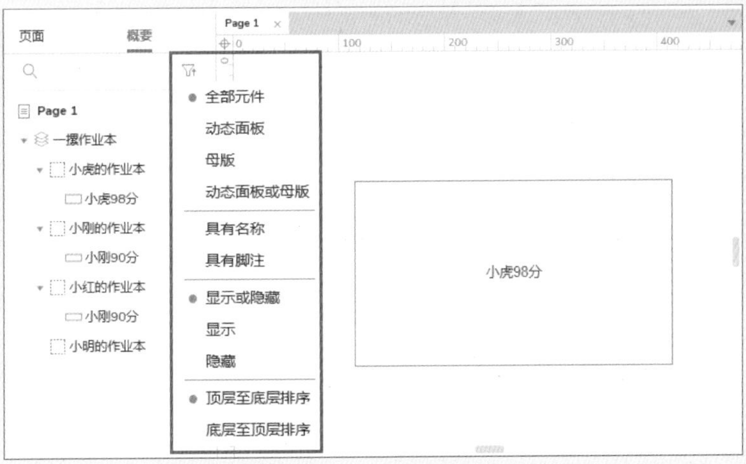

图4.29　元件过滤器

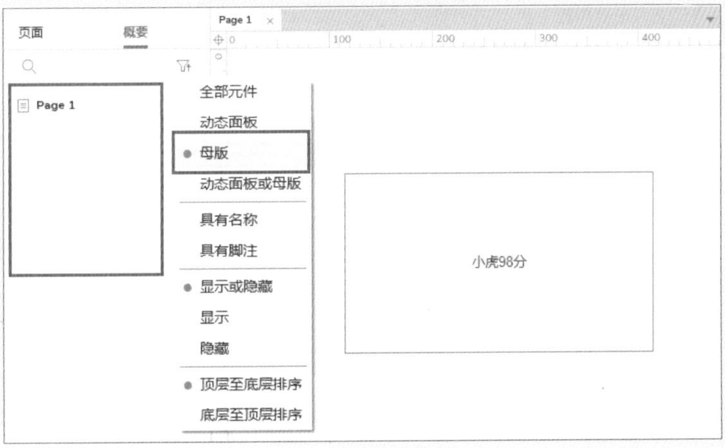

图4.30　只显示母版

10 使用放大镜按钮可以进行检索操作，如图4.31所示。

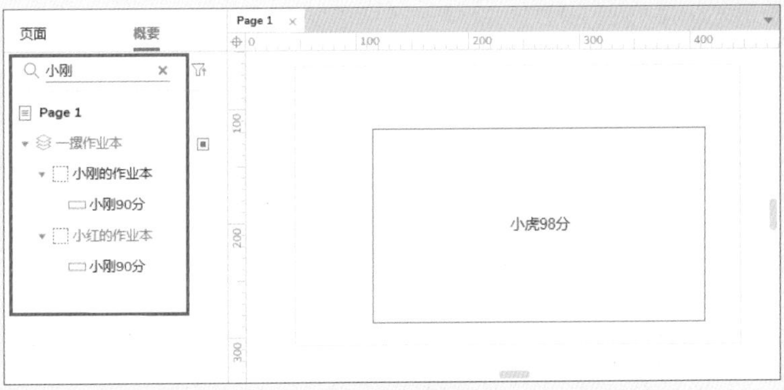

图4.31　元件检索

11 可以把动态面板的状态收缩起来，也可以展现出来。还可以把动态面板从视图中隐藏起来，在设计的时候，也经常会用到此功能，如图4.32所示。

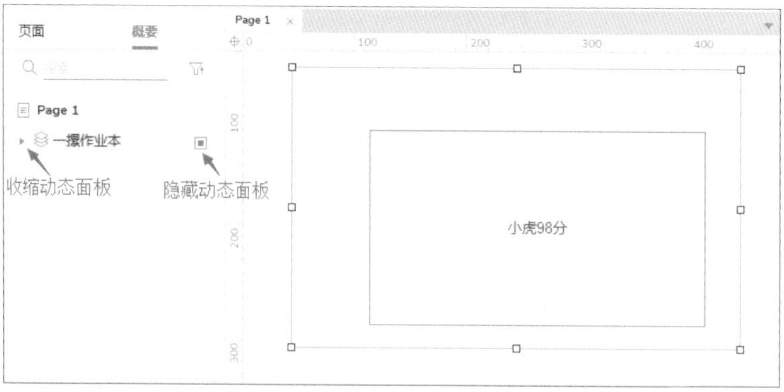

图4.32 收缩、隐藏动态面板

这些就是动态面板和页面概要区域的基本使用方法，动态面板元件是使用很频繁的一个元件，也是制作交互效果用到最多的元件，需要熟练掌握其用法。

4.2 动态面板的常用功能

慕课视频

动态面板的常用功能

动态面板元件是制作交互效果的主力军，那么动态面板可以实现哪些交互效果呢？动态面板有8个常用的功能：显示与隐藏效果、调整大小以适合内容、滚动栏设置、固定到浏览器、100%宽度、从动态面板脱离、转换为母版以及转换为动态面板，这些常用功能是制作原型过程中不可缺少的8个功能。

4.2.1 显示与隐藏效果

动态面板的显示与隐藏效果：通过动态面板的显示与隐藏效果的切换，完成动态的交互效果。

◆ 实战演练

1 先保存当前工程，将Page1页面重新命名为“动态面板的常用功能”，添加子页面并将其命名为“显示与隐藏效果”，如图4.33所示。

图4.33 页面命名

2 进入“显示与隐藏效果”子页面，拖曳两个“按钮”元件到工作区域，将其分别命名为“显示”和“隐藏”，拖曳一个“动态面板”元件，将其名称为“显示与隐藏”，把State1重新命名为“内容”，如图4.34所示。

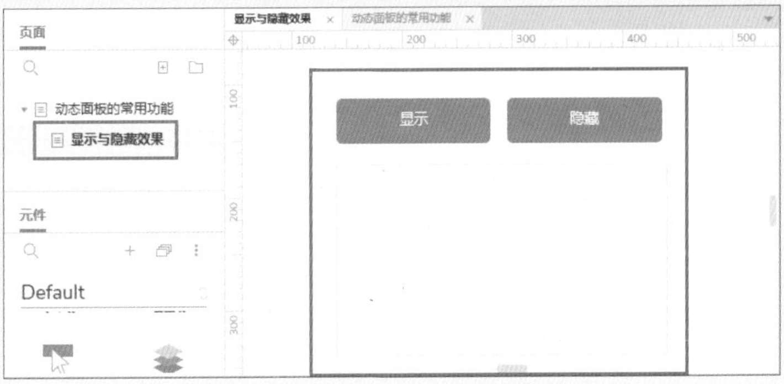

图4.34　拖曳按钮元件和动态面板元件

3 编辑“内容”状态，拖曳一个“矩形1”元件，编辑其文本内容为“我是显示与隐藏效果页面内容”，回到“显示与隐藏效果”页面，如图4.35所示。

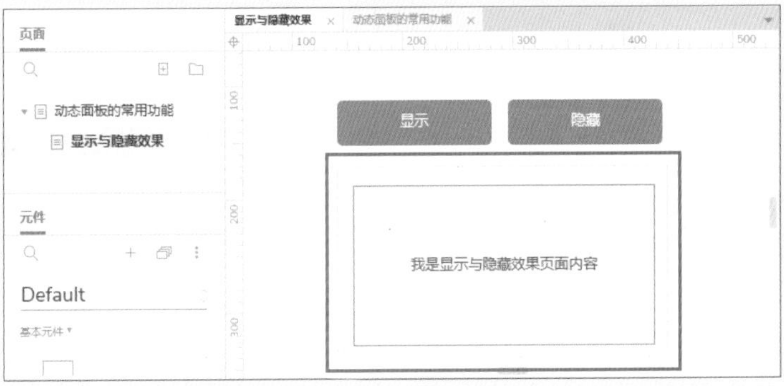

图4.35　编辑动态面板状态内容

4 选中“显示”按钮之后，在检视区域的交互面板里，为“显示”按钮设置“单击时，设置可见性”触发事件，如图4.36所示。

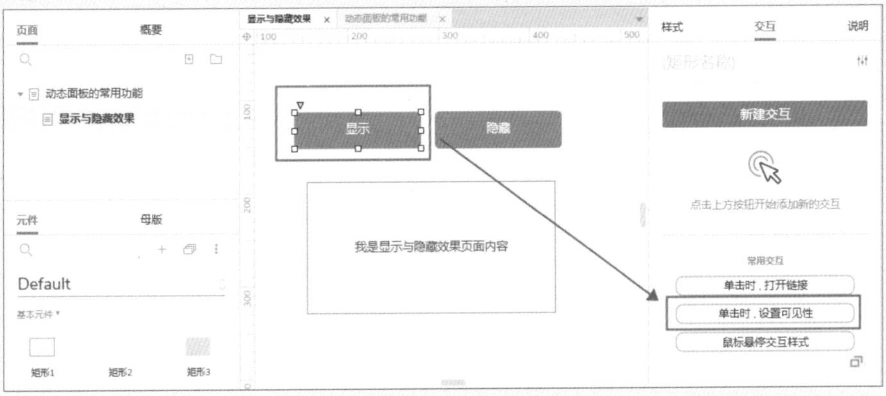

图4.36　添加鼠标单击时触发事件

那什么是触发事件呢？举个例子，假如想去三亚旅游，可以坐飞机去，可以坐火车去，甚至可以走着去，一旦决定某种方式，接下来的准备都是围绕这个触发事件来展开的。就像这次采用鼠标单击时触发事件，接下来所有操作都是围绕鼠标单击时所要达到的效果展开设计的。

5 单击交互面板右下角的交互按钮，会弹出“交互编辑器”对话框，其中包括添加事件、添加动作、组织动作和设置动作4个操作面板，对话框中每个面板的区域都划分得很清楚，4个操作面板共同完成交互效果的设置，如图4.37和图4.38所示。

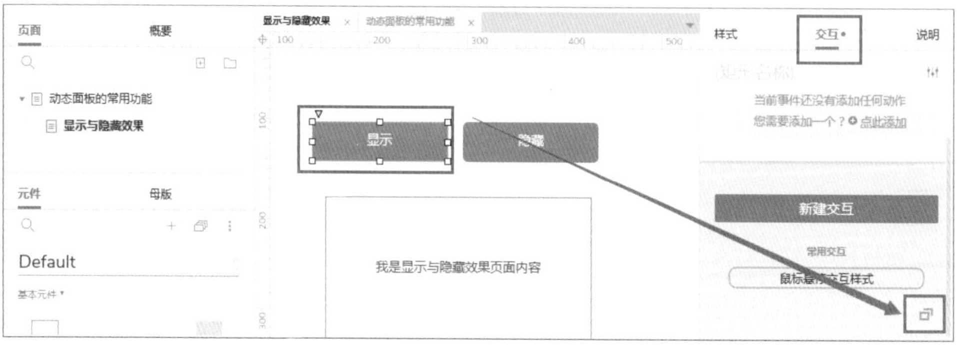

图4.37　交互按钮

图4.38　“交互编辑器”对话框

6 在“添加动作”面板中单击“显示/隐藏”选项，在组织动作面板里可以看到新增的动作。在“添加动作”面板里可以新增多个动作，当有多个动作时，它是按顺序执行的，从上向下依次执行，单击鼠标右键动作可以调整动作的顺序以及删除动作，下面选择动态面板的显示与隐藏元件，如图4.39所示。

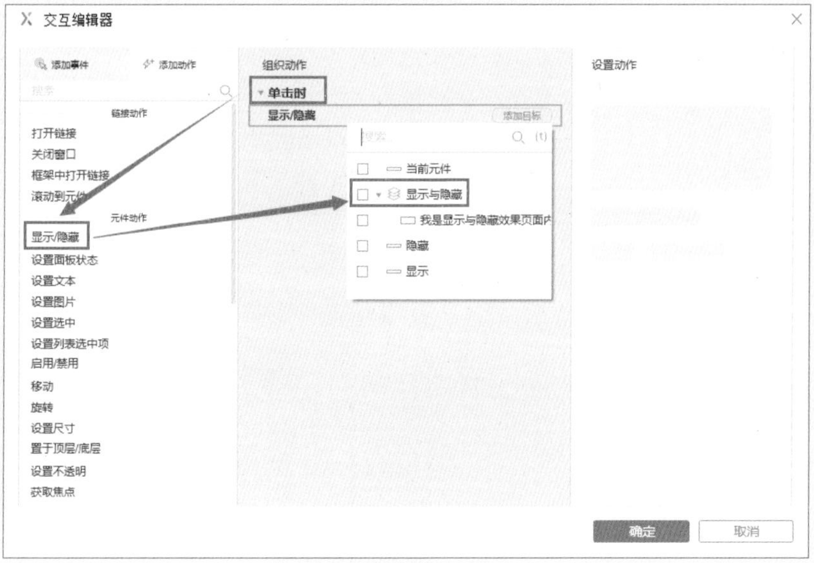

图4.39 单击显示与隐藏动作

7 在“设置动作”面板里可以配置动作，单击“显示”单选按钮，制作过PPT演示文档的人都知道，PPT演示文档里某个文字或者某个图片可以设置淡入淡出或者其他各种效果，在这里也可以设置动画效果。在动画下拉列表选择“逐渐”效果，时间选择500毫秒，如图4.40所示。

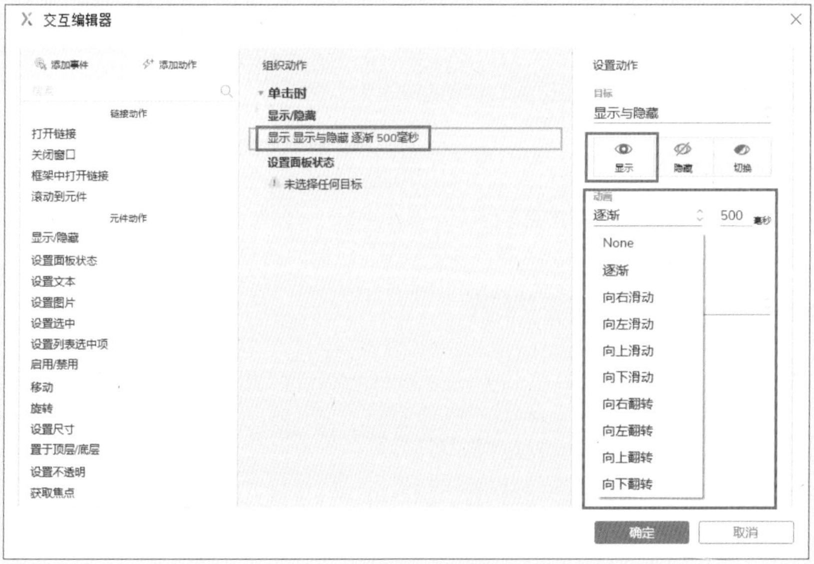

图4.40 设置动态面板显示动作

8 选中“隐藏”按钮，为其添加鼠标单击时的触发事件，弹出“交互编辑器”对话框，在“添加动作”面板单击“显示/隐藏”选项，勾选“显示与隐藏”复选框，在“设置动作”面板单击“隐藏”单选按钮，动画效果选择“逐渐”，用时填写500毫秒，单击“确定”按钮，如图4.41所示。

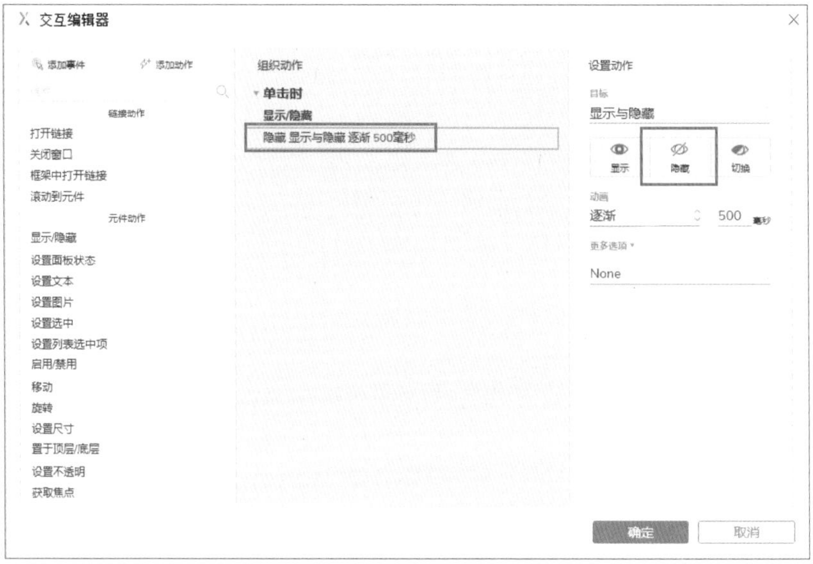

图4.41　给隐藏按钮添加逐渐效果

9 按F5键发布效果，先单击“隐藏”按钮将动态面板隐藏起来，可以看到动态面板向右滑动被隐藏起来，再单击“显示”按钮，显示出动态面板的内容。至此，完成控制动态面板内容的显示与隐藏效果，如图4.42所示。

图4.42　发布原型

动态面板的隐藏与显示效果，使页面内容动起来，让页面变得有生气，能给用户带来一种真实的体验，制作的原型虽然是一种demo（样片），但是能让用户体验到和使用真正软件一样的感受，这就是动态面板元件的强大之处。

4.2.2 调整大小以适合内容

动态面板的调整大小以适合内容，它是什么意思呢？Axure会根据内容的大小而自动调整动态面板的大小，从而让内容完全显示出来。

◆ 实战演练

1 新建页面并重命名为“调整大小以适合内容”，打开该页面，拖曳一个“动态面板”元件到工作区域，如图4.43所示。

2 双击动态面板，将动态面板的状态命名为“调整大小以适合内容”，如图4.44所示。

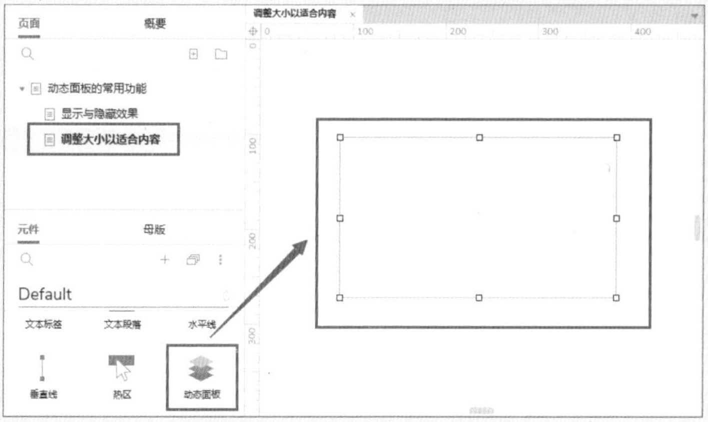

图4.43 新增页面与动态面板

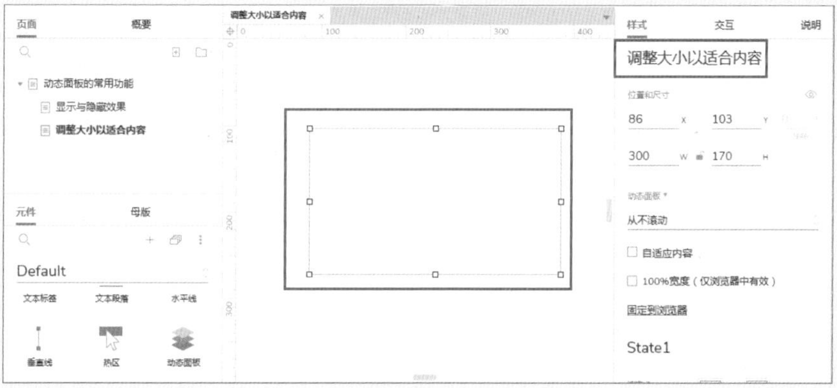

图4.44 动态面板和状态命名

3 双击动态面板进入动态面板编辑区域，把State1面板状态重新命名为“内容”，拖曳一个“矩形1”元件到工作区域，文本内容为“我是动态面板的内容，超出动态面板的显示区域”，调整矩形元件大小，使其超出显示区域，如图4.45所示。

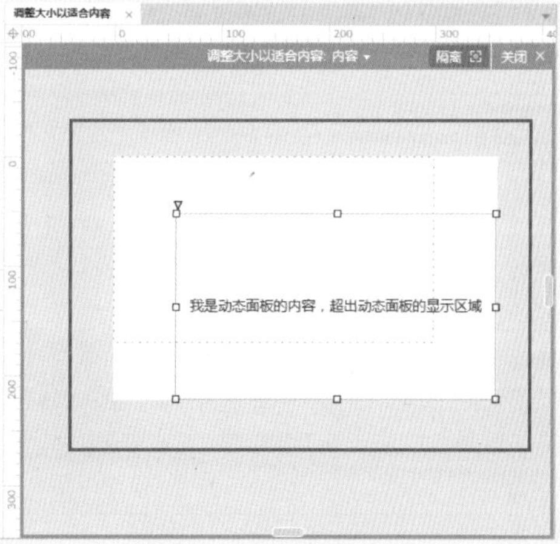

图4.45 编辑面板状态内容

4 回到动态面板的页面，动态面板里的内容没有被完全显示出来，在动态面板上单击鼠标右键，在弹出的快捷菜单中选择“自适应内容”命令，会发现超出动态面板的显示区域被显示出来，动态面板的大小与状态里的内容大小一致，如图4.46和图4.47所示。

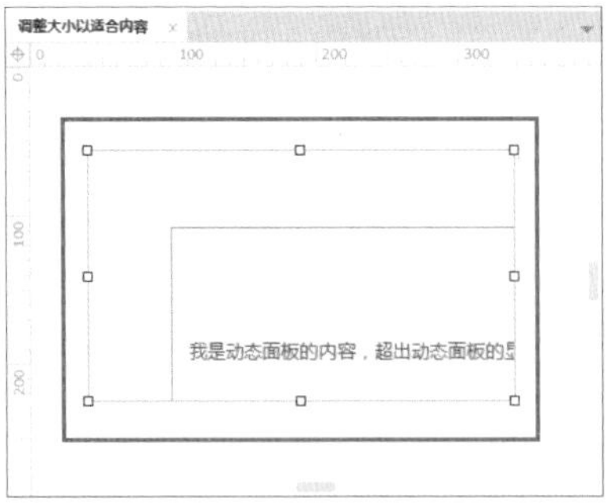

图4.46　没有完全显示出来

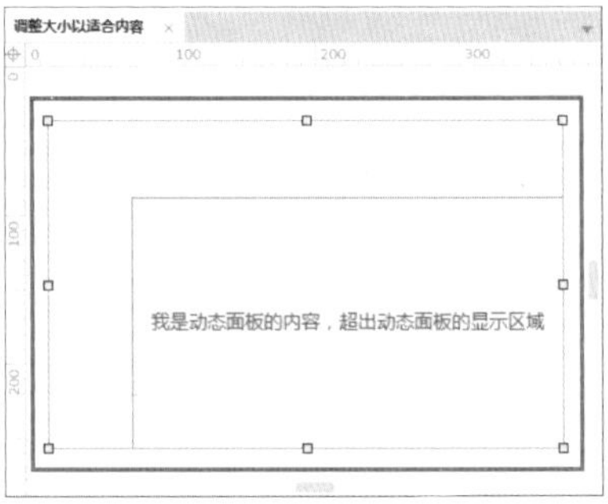

图4.47　完全显示出来

动态面板的自适应内容的功能会根据状态里的内容调整动态面板的大小，不用担心超出动态面板的显示区域会被隐藏起来。

4.2.3 滚动栏设置

动态面板的滚动栏设置可以让动态面板出现横向滚动栏或者纵向滚动栏，以便让内容完全展现出来。在安装软件时，软件经常要求用户同意软件许可协议，由于在安装页面无法完全展示出协议的内容，通常会在窗口右侧或者下面设置滚动栏，在动态面板通过滚动栏设置就可以实现这样的效果，如图4.48所示。

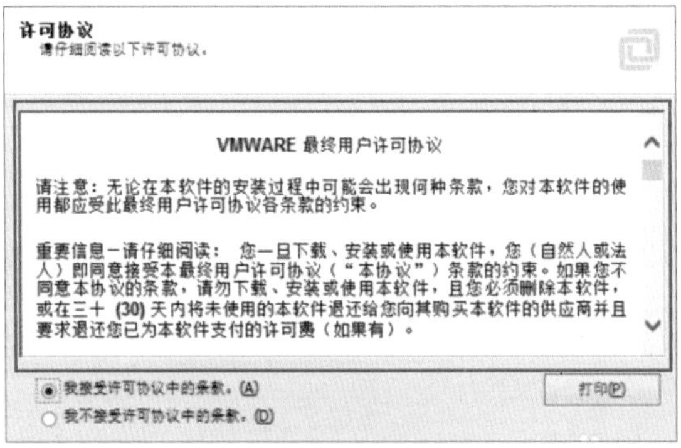

图4.48　安装协议

◆ 实战演练

1 新建页面并将其命名为“滚动栏设置”，打开此页面，拖曳一个“动态面板”元件到工作区域，将其名称修改为“滚动栏设置”，状态命名为“内容”，如图4.49所示。

2 进入“内容”状态，拖曳一个“文本段落”元件到工作区域，调整文本段落元件的大小，如图4.50所示。

图4.49　页面和动态面板命名

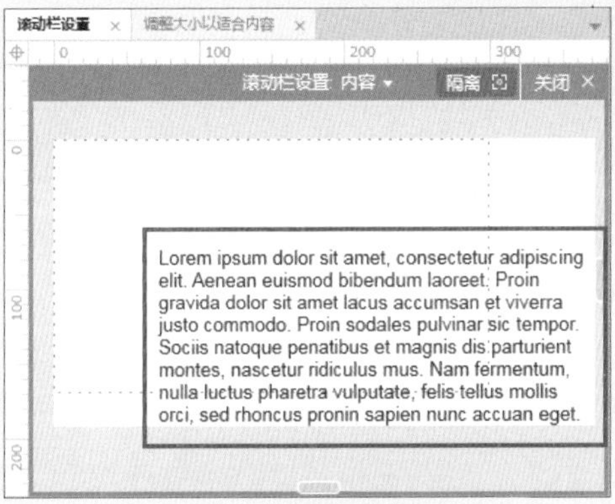

图4.50　编辑状态内容

3 回到动态面板的页面，在动态面板上单击鼠标右键，在弹出的快捷菜单中选择“滚动条”命令，在子菜单里选择滚动条的显示方式，这里提供4种显示方式，从不滚动、按需滚动、垂直滚动以及水平滚动，如图4.51所示，在这里选择按需滚动。

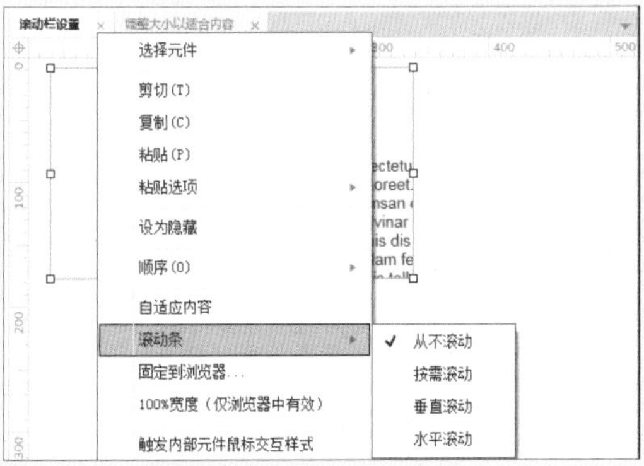

图4.51　自动显示滚动条

图4.52　发布原型

4 发布设计可以看到通过滚动条，文本内容能够显示完整，如图4.52所示。

4.2.4 固定到浏览器

动态面板的固定到浏览器功能可制作的效果很常见。大家都有过这样的经历，在访问某个网站时，网站内容很多，页面很长，但是某个区域一直在页面中显示，就像悬浮在页面上。有的时候是右侧放一个QQ头像，可以随时单击聊天，或者某个通知的消息一直悬浮，或者是一个向上的箭头或者向下的箭头，通过单击箭头可以直接到达页面的顶部或者尾部。这些效果均可通过动态面板的固定到浏览器功能实现。

◆ 实战演练

1 新建页面并将其重命名为“固定到浏览器”，拖曳一个“矩形3”元件到工作区域，将其文本内容命名为“我是顶部信息”，将矩形的X、Y坐标值设置为（0,0），宽度设置为700，如图4.53所示。

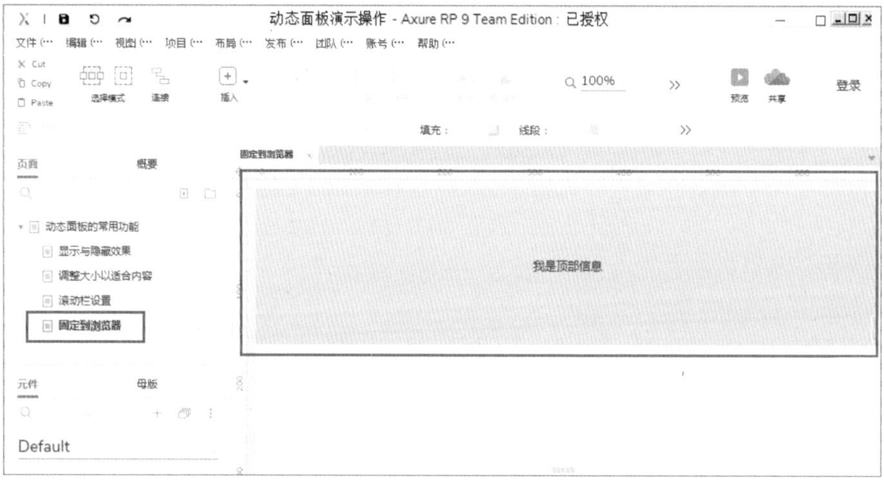

图4.53 顶部信息

2 拖曳一个“矩形3”元件到工作区域，将其文本内容命名为“我是尾部信息”，它的X、Y坐标值设置为（0,1000），宽度设置为700，如图4.54所示。

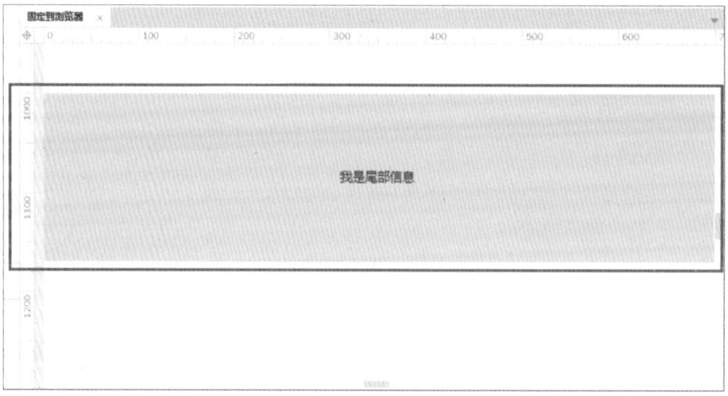

图4.54 尾部信息

3 拖曳一个“动态面板”元件到工作区域，将其名称修改为“固定到浏览器”，修改状态名称为“qq”，拖曳一个“图片”元件，插入一个企鹅qq的图片，如图4.55所示。

图4.55　编辑状态内容

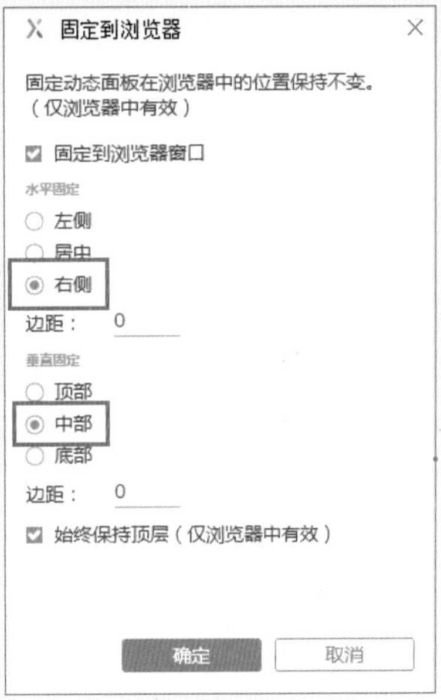

图4.56　设置固定到浏览器

4 回到动态面板的页面，在动态面板上单击鼠标右键，在弹出的快捷菜单中选择“固定到浏览器”命令，弹出“固定到浏览器”对话框，勾选“固定到浏览器窗口”复选框，分别单击“右侧”和“中部”单选项，设置横向固定的位置和纵向固定的位置，也可以设置边距，固定的位置可以根据实际需求来选择，如图4.56所示。

5 发布设计后会发现页面可随滚动条上下滚动，而企鹅的图标始终固定，此功能应用范围比较广泛，如图4.57所示。

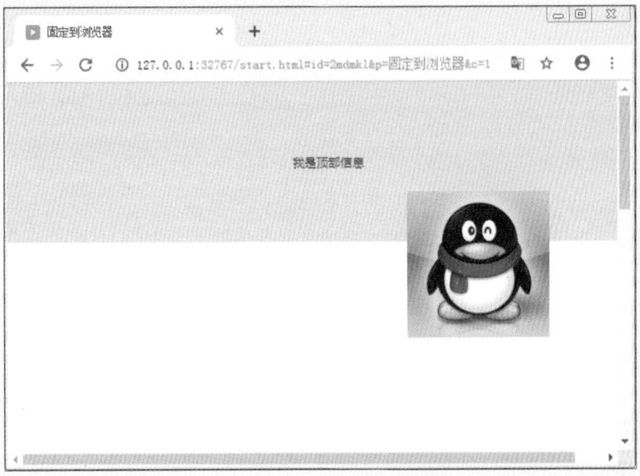

图4.57　发布原型

4.2.5 100%宽度

当设置的状态内容超出动态面板显示的区域时，超出的内容将不会被显示出来，但是当设置100%宽度时，超出的内容就会被显示出来。

◆ 实战演练

1 新增一个页面，将其命名“100%宽度”，拖曳一个“动态面板”元件到工作区域，输入面板的名称为“100%宽度”，将状态命名为“内容”。进入状态的编辑页面，拖曳一个“矩形1”元件，文本内容命名为“我是矩形元件，我的宽度超出动态面板的显示区域”，如图4.58所示。

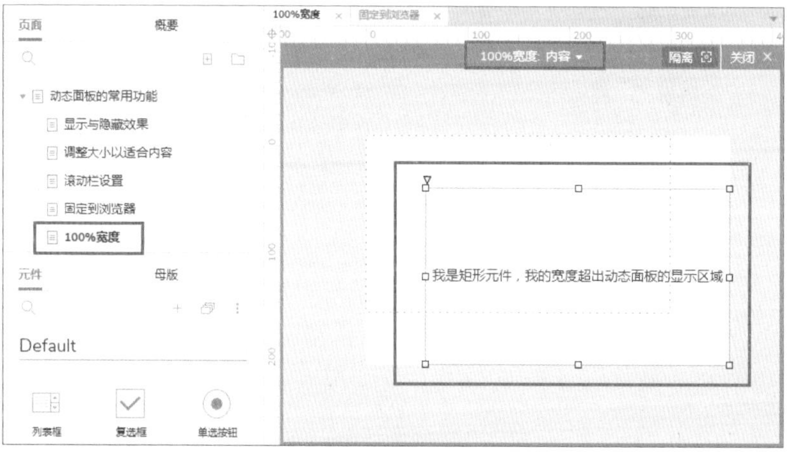

图4.58　编辑状态内容

2 回到动态面板的页面，会看到超出显示区域的内容没有被显示出来，在动态面板上单击鼠标右键，在弹出的快捷菜单中选择“100%宽度（仅限浏览器中）”命令，设置完后，发现没有任何变化，这是因为该效果只能在浏览器中显示，如图4.59所示。

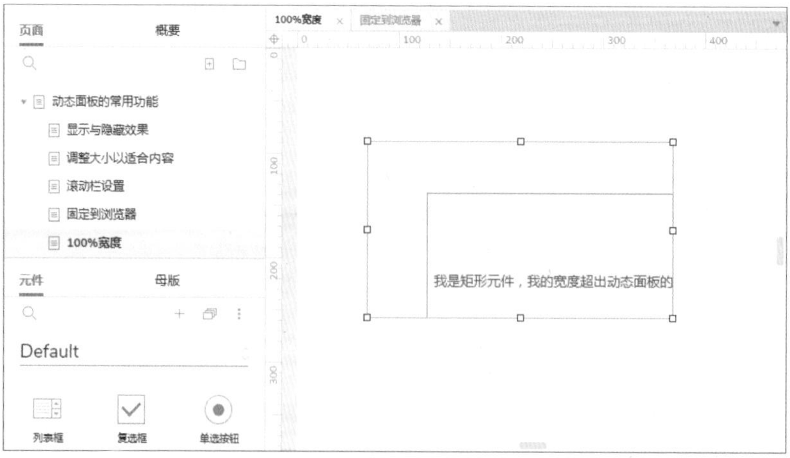

图4.59　设置100%宽度

3 发布原型，可看到“矩形1”元件的内容在宽度方面上被完全显示出来，但是在高度上还没有完全显示出来，因为100%宽度选项只针对宽度起作用，如图4.60所示。

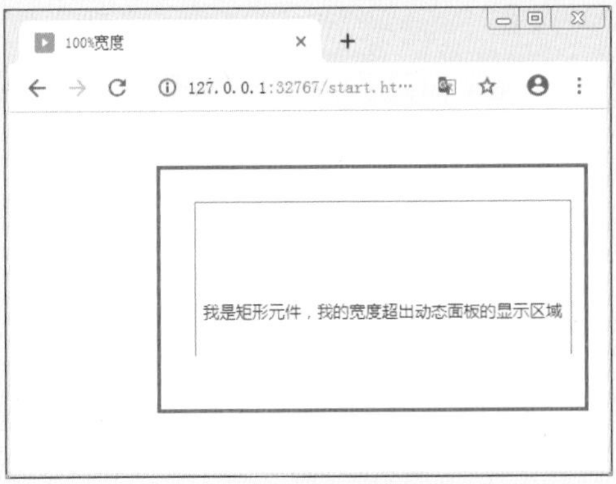

图4.60 发布原型

4.2.6 从动态面板脱离

从动态面板脱离可将动态面板的状态内容变为普通的元件，同时此状态会在动态面板里消失。

◆ 实战演练

1 新增一个页面，将其重新命名为“从动态面板脱离”，打开此页面，拖曳一个“动态面板”元件到工作区域，将其名称修改为“从动态面板脱离”，新增两个状态，分别命名为“我是状态一”和“我是状态二”，如图4.61所示。

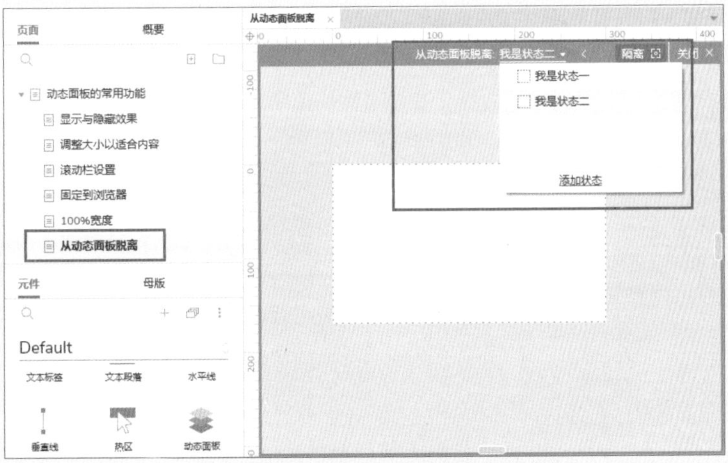

图4.61 新增页面和动态面板

2 进入“我是状态一”状态，拖曳一个“矩形3”元件到工作区域，将其文本内容命名为“我是状态一的内容”，如图4.62所示。

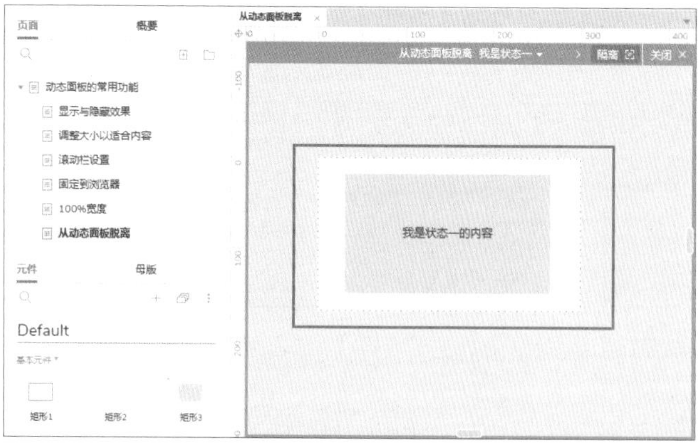

图4.62　编辑状态一内容

3 进入“我是状态二”状态，拖曳一个“矩形3”元件到工作区域，将其文本内容命名为“我是状态二的内容”，如图4.63所示。

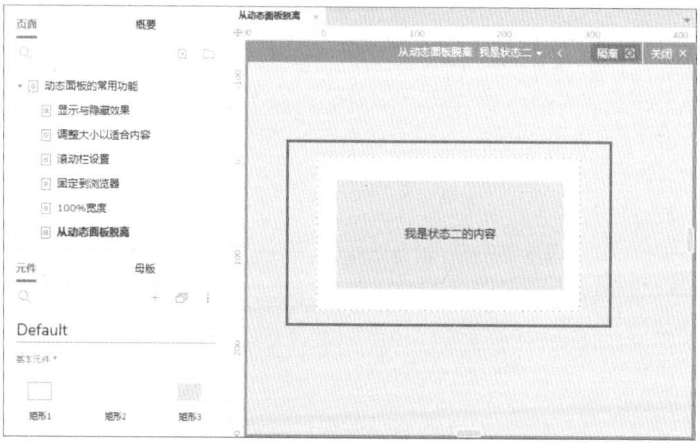

图4.63　编辑状态二内容

4 回到动态面板页面，单击鼠标右键，在弹出的快捷菜单中选择“从首个状态脱离”命令，状态一就会变为普通的矩形元件，同时动态面板显示状态二的内容，如图4.64所示。

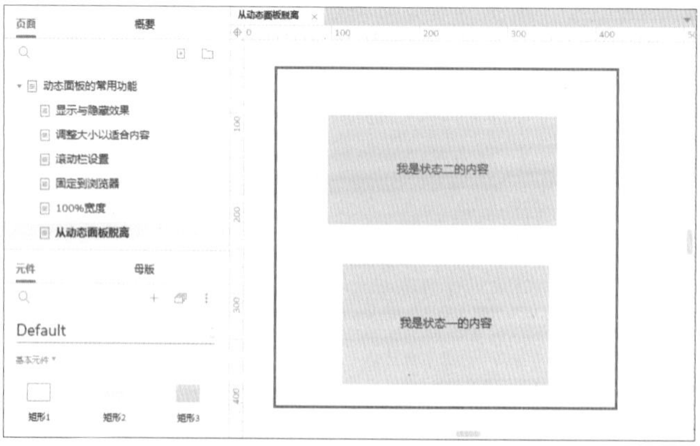

图4.64　状态一脱离动态面板

如需将动态面板的状态从动态面板中独立出来，可以使用脱离动态面板功能。

4.2.7 转换为母版

动态面板可以转换为母版，母版也就是可重复用的元件，例如，可以把每个页面都需要的导航菜单制作成母版，其他页面就可以直接引用母版，而不需要重新去做导航菜单。

4.2.8 转换为动态面板

动态面板的状态可以从动态面板脱离，转换为普通的元件，当然普通的元件或者某个页面的内容也可以转换为动态面板。选中要转换的元件，在元件上单击鼠标右键，在弹出的菜单中选择“转换为动态面板”选项，就可以把这些元件转换为动态面板，从而实现普通元件和动态面板的相互转换。

4.3 实战——淘宝登录页签的切换效果

慕课视频

淘宝登录页签的切换效果

淘宝的登录方式有两种，如图4.65和图4.66所示，一种是快速登录，通过扫描二维码的方式进行登录，另一种是通过账户密码登录的方式进行登录，接下来要制作这两个页签的切换效果，从而制作一版淘宝登录的低保真原型。

图4.65 快速登录

图4.66 账户密码登录

4.3.1 登录页签标题设计

1 拖曳一个“动态面板”元件到工作区域，将其宽度设置为314，高度设置为332，动态面板的名称为“登录方式”，需要两种状态，一种是“快速登录”，另一种是“账户密码登录”，如图4.67所示。

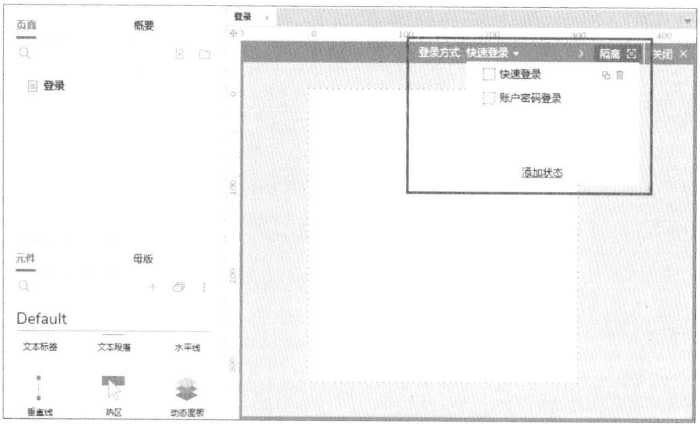

图4.67　新建动态面板

2 进入“快速登录”状态，拖曳一个“矩形1”元件到工作区域，将其宽度设置为314，高度设置为332，矩形边框设置为灰色（#CCCCCC），线宽下拉列表中选择第2个选项，如图4.68所示。

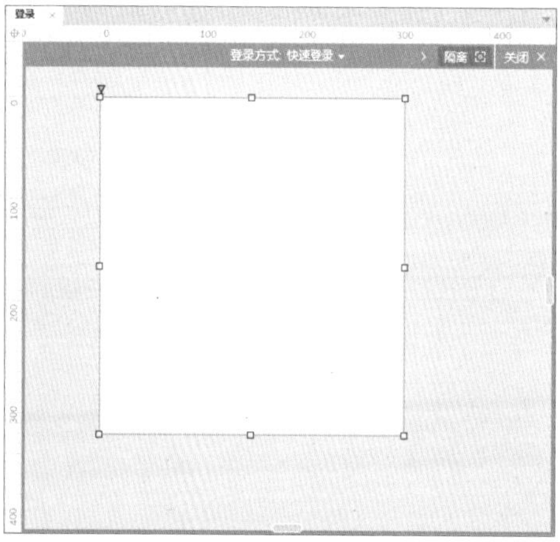

图4.68　设置背景边框

图4.69　设置登录标题

3 拖曳两个“标题2”元件到工作区域，分别命名为“快速登录”和“账户密码登录”，字号设置为18号，账户密码登录状态的字体颜色设置为灰色（#999999），以区分当前选中的页签，如图4.69所示。

4 拖曳一个“横线”元件到工作区域，将其置于矩形边框的最上方，宽度设置为314，调整横线线宽，如图4.70所示。

5 拖曳一个“水平线”元件到工作区域，将其置于快速登录标题的下方，调整水平线的位置和宽度，将颜色设置为黑色（#333333），再拖曳一个“水平线”元件，放置于“账户密码登录”文字的下方，同样调整位置和宽度，将其颜色设置为灰色（#CCCCCC），做一个区分，如图4.71所示。

图4.70 设置上边线

图4.71 标题下划线

注 意

制作低保真原型时，不要使用过多的彩色，否则会干扰视觉设计师或者UI设计人员的设计思路，在原型里如果添加各种彩色，会造成一种先入为主的感觉，所以在制作低保真原型时，可以使用黑色、灰色、白色等通用的颜色，不要使用过多的彩色。

6 选中“快速登录”状态的所有内容并进行复制，将其粘贴到“账户密码登录”状态里，将“账户密码登录”文字及其下划线设置为黑色（#333333），将“快速登录”文字的颜色设置为灰色（#999999），其下划线设置为灰色（#CCCCCC），如图4.72所示。

图4.72 账号密码登录标题设计

4.3.2 快速登录页面设计

1 进入“快速登录”状态进行编辑，快速登录是采用扫描二维码的方式进行登录的，因此拖曳一个“图片”元件到工作区域，用于代替二维码，将它的宽度和高度都设置为110，如图4.73所示。

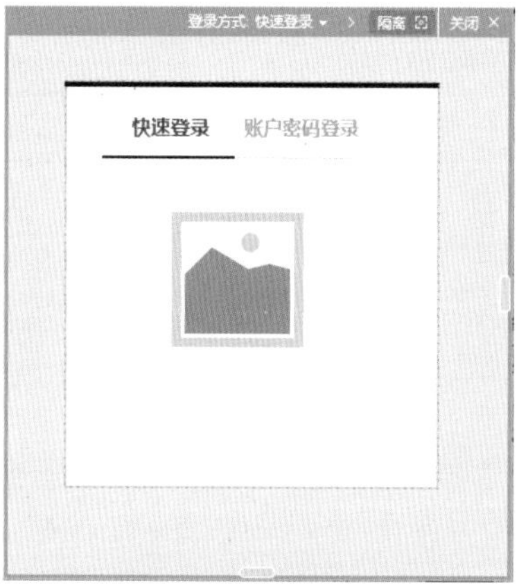

图4.73　设置二维码

2 拖曳一个“文本标签”元件到工作区域，其置于二维码下方，文本内容命名为“手机扫码安全登录”，字号为15号，加粗，字体颜色设置为灰色（#999999），如图4.74所示。

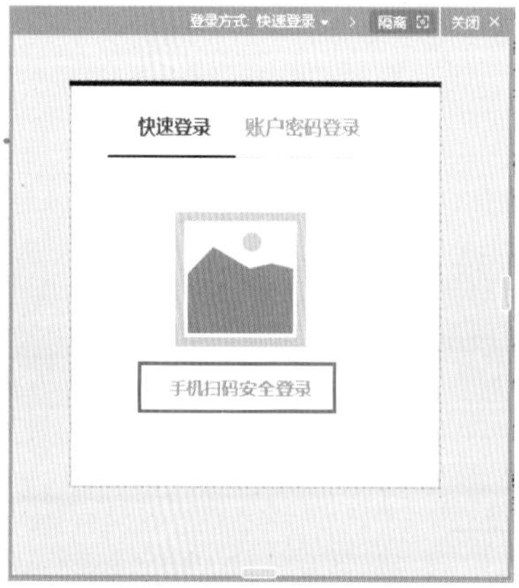

图4.74　手机扫码安全登录

图4.75　使用手机淘宝

3 拖曳一个“文本标签”元件到工作区域，输入文本内容为“使用手机淘宝，阿里钱盾扫描二维码”，颜色设置为灰色（#999999），如图4.75所示。

这样“快速登录”页面就设计完成了，此页面使用图片元件代替二维码，以表示用户可以通过扫码登录，页面内容相对简单。

4.3.3 账号密码登录页面设计

1 对“账户密码登录”页面首先设计用户名和密码的输入框，它的输入框由两部分组成，一部分是图标，分别代表用户名和密码，另一部分就是用户名和密码的输入框。拖曳一个“矩形1”元件到工作区域，将其宽度设置为220，高度设置为37，边框设置为灰色（#CCCCCC），用作用户名的输入框，如图4.76所示。

2 拖曳一个“图片”元件到工作区域，将其作为用户名的图标，把它的宽度设置为36，高度设置为35，拖曳一个“文本框”元件到工作区域，将其宽度设置为180，高度设置为30，如图4.77所示。

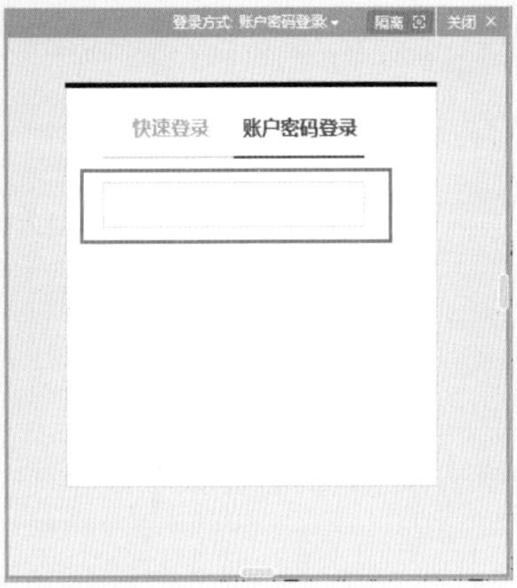

图4.76 用户名输入边框

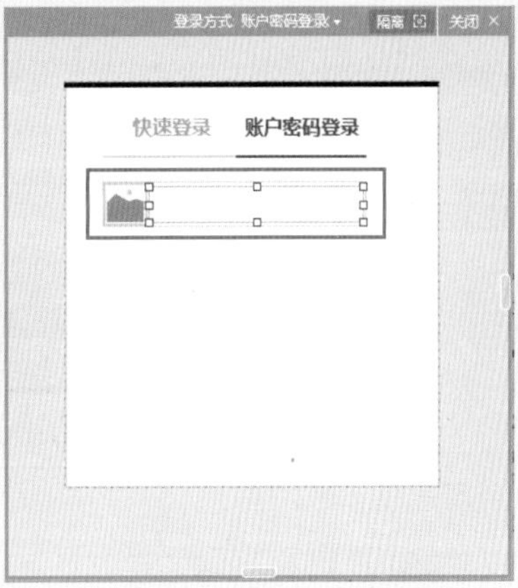

图4.77 用户名输入框和图标

3 在检视区域选择交互面板，在类型下拉列表中选择“文本”类型，在提示文本框中输入“手机号/会员名/邮箱”，隐藏提示下拉列表中选择“输入”样式，设置字体颜色为灰色（#999999），并且把边框隐藏起来，如图4.78所示。

图4.78 用户名输入框提示信息

注 意

在用户名输入框中输入提示信息，这样的设计对用户比较友好，如果缺乏提示信息，用户在使用产品时会存在障碍，这样的设计是失败的。设计时需要关注此细节。

4 选中用户名输入框的边框、图标以及文本输入框，按住Ctrl键并向下拖曳，复制，作为密码的输入框，如图4.79所示。

5 将密码输入框的类型设置为“密码”类型，这样可以保护密码的安全，修改提示文本为“请输入密码”，如图4.80所示。

图4.79　密码输入框

图4.80　设置密码输入框里的提示信息

6 拖曳两个“文本标签”元件到工作区域，将其文本内容分别设置为“忘记登录密码？”和“免费注册”，将它们的标签分别命名为“忘记密码”和“免费注册”，如图4.81所示。

图4.81　忘记密码与免费注册

图4.82　登录按钮

7 接下来是设置一个登录按钮，拖曳一个“按钮”元件到工作区域，将其宽度设置为220，高度设置为38，文本内容重新命名为“登录”，如图4.82所示。

8 拖曳一个“图片”元件到工作区域，将其作为微博的图标，把它的宽度设置为17，高度设置为17，拖曳一个“文本标签”元件到工作区域，将其文本内容命名为“微博登录”，标签命名为“微博”，如图4.83所示。

图4.83 微博登录

图4.84 支付宝登录

9 拖曳一个“图片”元件到工作区域，将其作为支付宝登录的图标，把它的宽度设置为17，高度设置为17，拖曳一个“文本标签”元件到工作区域，将其文本内容命名为“支付宝登录”，标签命名为“支付宝”，如图4.84所示。

这样就完成了“账号密码登录”页面的设计，包括输入框的设计、登录按钮的设计、忘记密码、免费注册以及其他登录方式的设计，页面内容比较多，相对复杂。

4.3.4 页签交互效果设置

回到登录页面，现在看到的是快速登录的页面，那么想看到账户密码登录的页面怎么办？如何实现它们之间的相互切换呢？

1 需要在这两个标题上分别添加触发事件，使用热区元件，它可以为标题提供一个锚点，拖曳一个“热区”元件到工作区域，调整其大小，如图4.85所示。

2 为热区元件添加鼠标单击时的触发事件，在“添加动作”面板中单击“设置面板状态”选项，勾选“登录方式”复选框，在“设置动作”面板的状态下拉列表中选择“快速登录”，如图4.86所示。

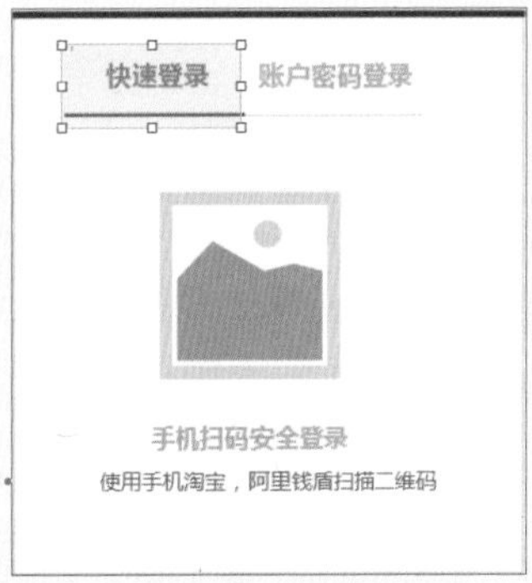

图4.85 添加快速登录热区

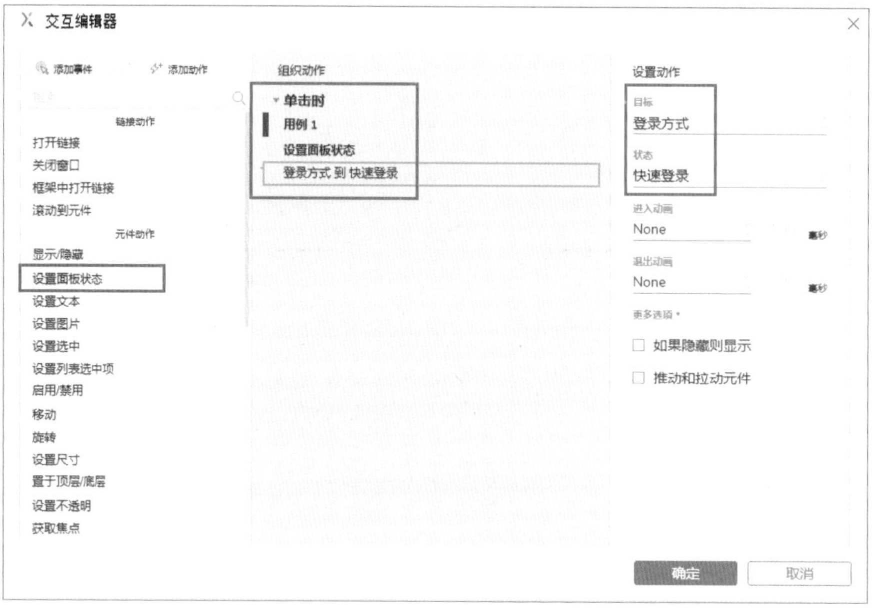

图4.86　快速登录热区添加触发事件

3 再拖曳一个“热区”元件到工作区域，调整其大小，将其放置在“账户密码登录”元件的上方，如图4.87所示。

4 给热区添加鼠标单击时的触发事件，在“添加动作”面板单击“设置面板状态”选项，勾选“登录方式”复选框，在“设置动作”面板的状态下拉列表中选择“账户密码登录”，如图4.88所示。

图4.87　账户密码登录热区

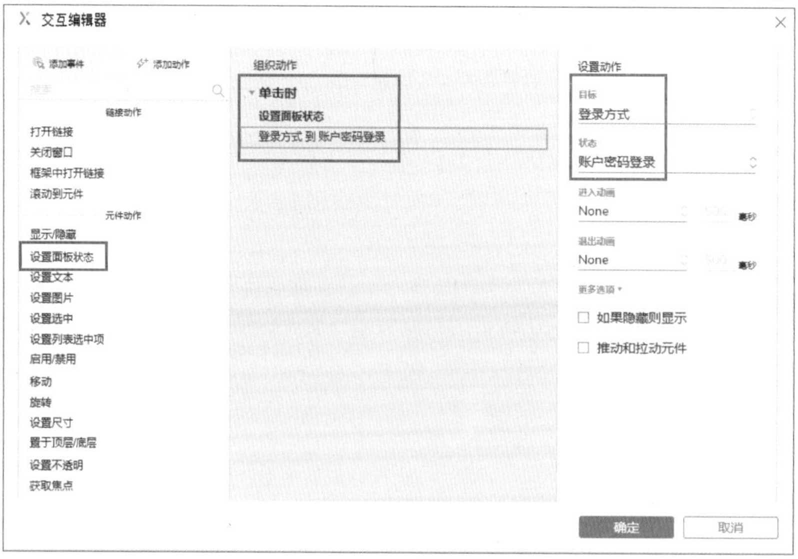

图4.88　账户密码登录热区添加触发事件

5 按F5键发布原型，单击“快速登录”和“账户密码登录”这两个页签，可以切换两个页面内容，如图4.89所示。

图4.89　发布原型

4.4　小结

本章主要学习使用Axure的动态面板制作动态的交互效果，应当学会以下知识。

（1）学会动态面板的使用方法，如如何创建动态面板、命名动态面板、创建动态面板的状态和命名状态。

（2）学会动态面板的常用功能，理解它们的含义以及使用的场景。

（3）学会制作淘宝登录页签的切换效果，进一步掌握动态面板的使用方法。

4.5　练习

完成京东商城注册表单页签切换效果，制作个人用户与企业用户两个页签的切换效果，动态地显示页面内容，如图4.90所示。

图4.90　京东注册表单

第5章 使用Axure变量制作丰富的交互效果

Axure RP 9原型设计工具里提供了全局变量和局部变量。在原型设计过程中，这两种变量非常实用，可以制作出更加丰富的交互效果。如在制作原型过程中，如果需要进行条件判断或者页面间进行参数传递，使用变量即可轻松解决问题，同时丰富原型的交互效果，如图5.1所示。

图5.1 用变量可实现登录页面和首页的参数传递

本章案例：制作简易计算器，如图5.2所示。

图5.2 简易计算器

5.1 全局变量和局部变量的使用

慕课视频

全局变量和局部变量的使用

变量用于存储数据、传递数据以及条件判断，在登录网站时，用户登录成功后网站会把用户名传递到下一个页面，这就是页面间数据的传递，即从一个页面向另一个页面传递变量值。如果需要在IE浏览器里显示原型，推荐使用25个或更少的变量。

- 全局变量：在所有页面里都可以使用，但是全局变量的值也很容易被修改掉，因为所有页面都可以使用全局变量，也就意味着有权限修改全局变量值，所以在使用的过程中需要注意。
- 局部变量：只供某个局部区域使用，如在某个触发事件的某个动作中使用，其他触发事件就不可以使用此变量。
- 变量设置规则：变量名必须是字母或者是数字，并以字母开头，需要少于25个字符，且不能包含空格，Axure会默认初始化一个“OnLoadVariable”变量。

单击项目菜单项的全局变量命令，打开“全局变量”对话框，在“全局变量”对话框中可以新增或编辑全局变量，新增一个全局变量“count”，单击“+添加”链接，可以新增变量，变量值默认为空，也可以为其赋值，如让“count”等于0，如图5.3所示。

图5.3　新增全局变量

除了单击“添加”链接新增变量，还可以单击“↑上移”或“↓下移”链接调整变量的前后关系以及单击“×删除”链接删除变量，要记住变量名必须是字母或数字，并以字母开头，少于25个字符，且不能包含空格。

局部变量应用在某个交互效果的设计过程中，如单击页面载入时触发事件。在“添加动作”面板单击“设置文本”选项，勾选“焦点元件”复选框，在“设置动作”面板单击f_x图标，如图5.4所示。

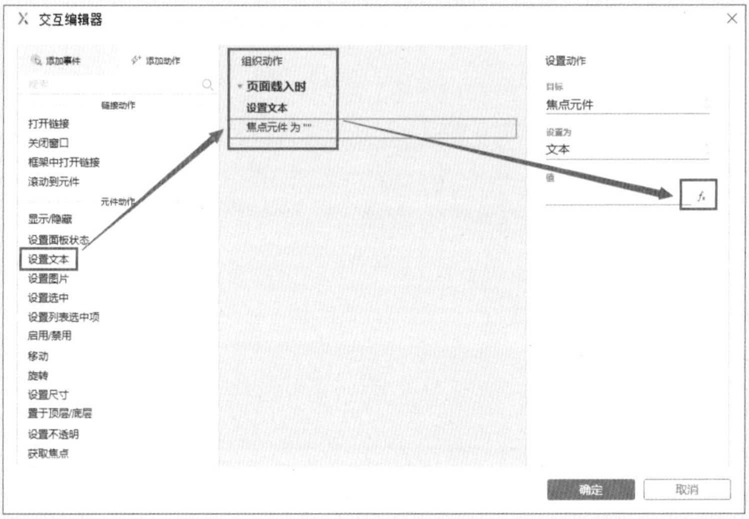

图5.4　设置文本动作

单击f_x图标后，会弹出“编辑文本”对话框，单击“添加局部变量”链接，就可以新增一个局部变量，还可以对局部变量重新命名和赋值。此局部变量只在给文本赋值时起作用，其他交互动作无法访问该局部变量，如图5.5所示。

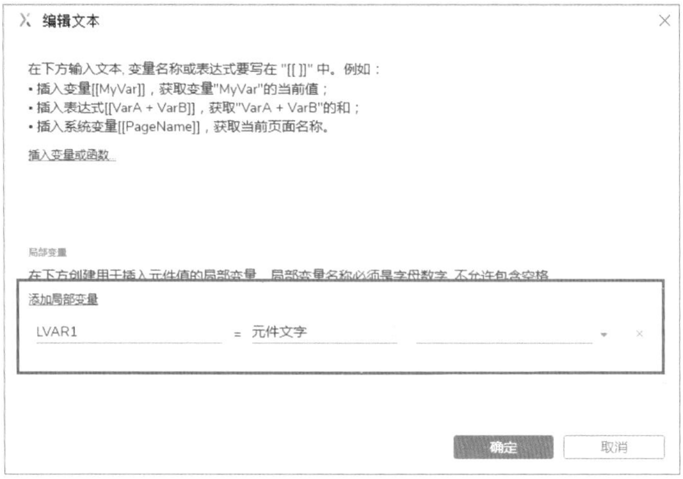

图5.5　新增局部变量

局部变量赋值的方式有很多，可以通过元件文字、选中状态值、选中项值、变量值、焦点元件上的文字以及元件的方式赋值。局部变量的变量名也必须是字母和数字，且不包含空格。

5.2　变量值在页面间传递

慕课视频

变量值在页面间传递

变量的主要作用就是在页面间传递变量值。用户在登录淘宝或者其他网站时，输入用户名和密码，网站校验成功后，会跳转到一个新的页面。在新的页面里经常会看到“欢迎xxx”这样的文字。在搜索框进行搜索时，用户输入搜索条件，当单击搜索按钮跳转到下一个页面时，网站同样会把搜索条件传递过去，这些都是真实软件的交互效果。利用变量的添加，可以实现上面两个场景的交互效果，给用户一种真实的操作软件的感受，将用户带入到真实的使用场景。

下面看看如何利用变量值在页面间传递，实现上述交互效果。

5.2.1 登录表单和首页

◆ 实战演练

1 把Page1页面重新命名为“登录”，拖曳一个“矩形1”元件到工作区域，将其宽度设置为300，高度设置为260，填充灰色（#CCCCCC）背景，如图5.6所示。

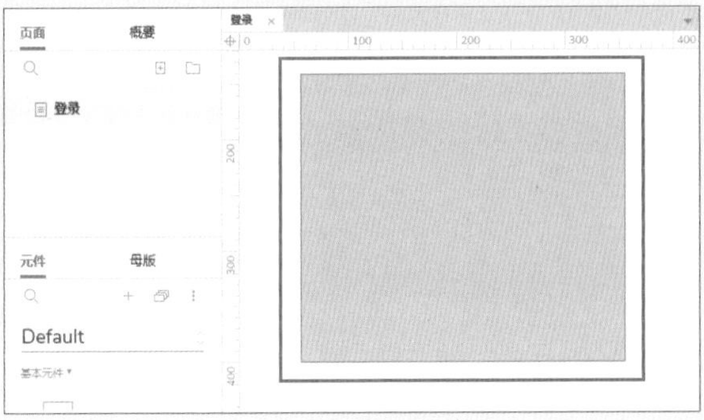

图5.6　登录表单背景

2 拖曳一个“文本标签”元件到工作区域，将其重新命名为“用户名”，字号设置为16号。拖曳一个“文本框”元件到工作区域，将其作为用户名的输入框，把它的标签命名为“name”，如图5.7所示。

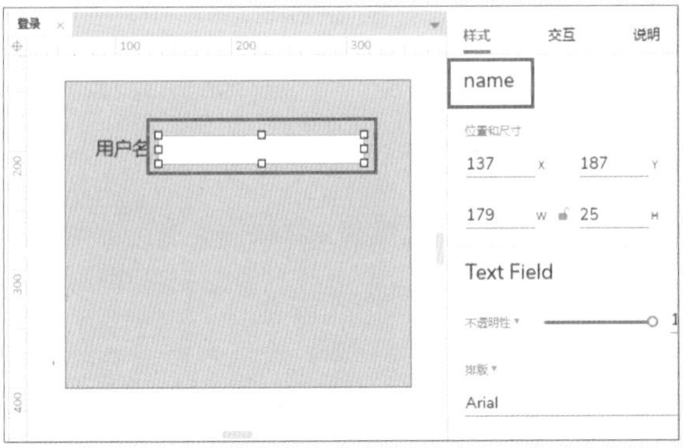

图5.7　用户名输入框

3 拖曳一个“文本标签”元件到工作区域，将其重新命名为“密码”，字号设置为16号。拖曳一个“文本框”元件到工作区域，将其作为密码的输入框，把它的标签命名为“password”。拖曳一个“按钮”元件到工作区域，将其宽度设置为200，高度设置为30，把它的文本内容重新命名为“登录”，如图5.8所示。

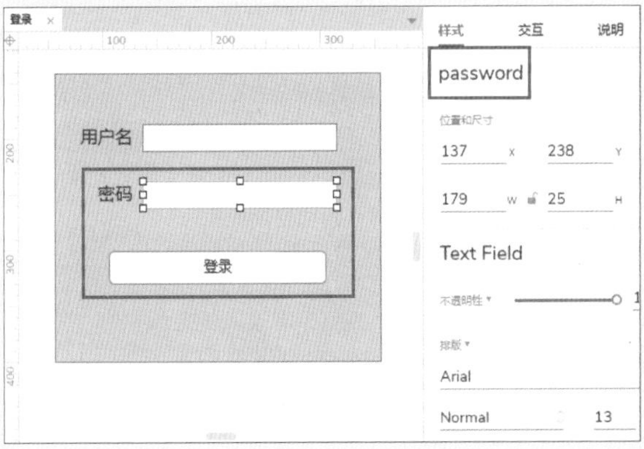

图5.8　密码输入框和登录按钮

4 新建页面并将其命名为“首页”，拖曳一个“矩形1”元件到工作区域，用于显示登录后传递过来的用户命名和密码，命名其标签为“content”，如图5.9所示。

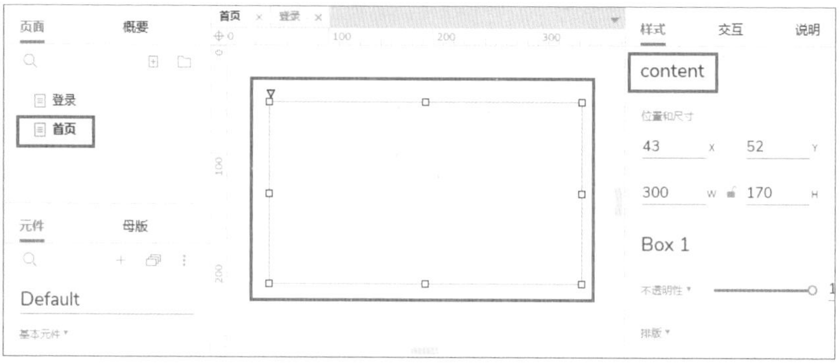

图5.9　首页

5.2.2 新增变量和赋值

◆ 实战演练

1 需要新增两个全局变量，用来保存输入的用户名和密码。单击“项目”菜单项，在弹出的下拉列表中选择全局变量命令，在弹出的对话框中新增两个全局变量，分别命名为“userName”和“pwd”，如图5.10所示。

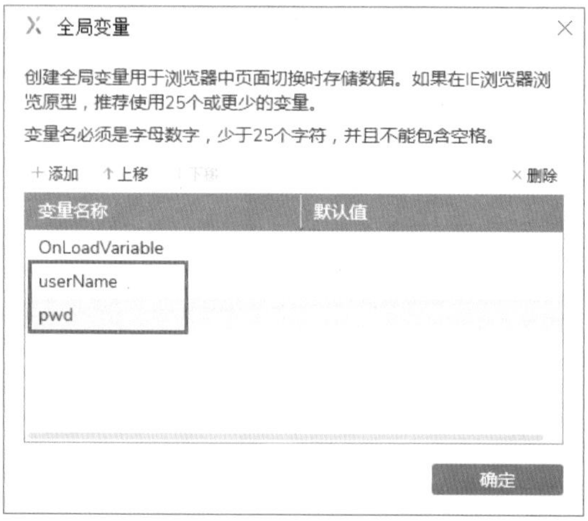

图5.10　新增全局变量

2 进入登录页面，选中登录按钮，为其添加鼠标单击时触发事件。在“添加动作”面板中单击“设置变量值”动作，先给全局变量userName赋值，勾选“userName”复选框，单击f_x图标，如图5.11所示。

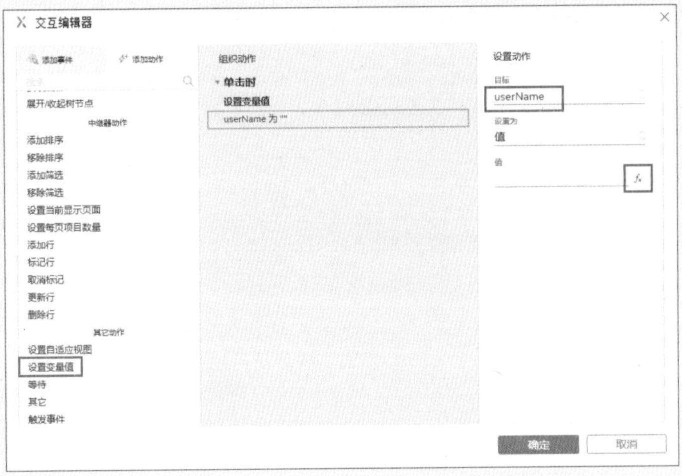

图5.11 设置userName变量值

3 进入“编辑文本”对话框，把用户名输入框里的信息赋值给全局变量userName。新增一个局部变量，第一个下拉列表中选择“元件文字”，它指的是把元件上的文字赋值给该局部变量，在第二个下拉菜单选择用户名输入框“name”，再将该局部变量插入内容的编辑区域，这样就可以给全局变量userName赋值，如图5.12所示。

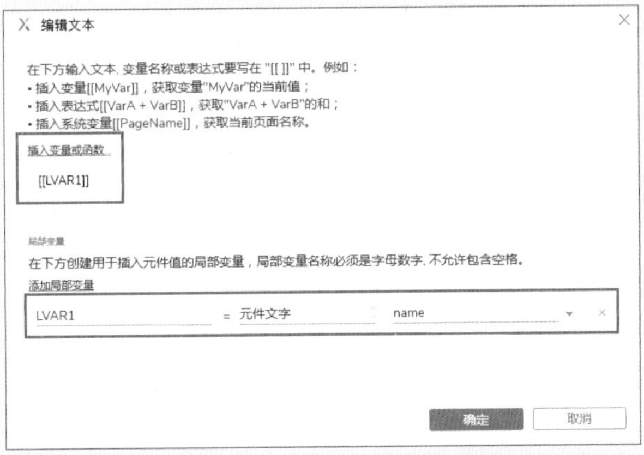

图5.12 userName赋值

注 意

在全局变量赋值的过程中，先把用户名输入框里的信息赋值给一个局部变量，然后局部变量把该值又赋给全局变量，这样输入框里的用户名信息就保存到全局变量里了。

4 用同样的方式将密码输入框里的信息保存到全局变量里。在“添加动作”面板中单击“设置变量值”动作，勾选“pwd”复选框，在“设置动作”面板单击f_x图标，新增一个局部变量，通过元件文字的形式赋值，选择“password”元件，然后将局部变量插入内容编辑区域，如图5.13所示。

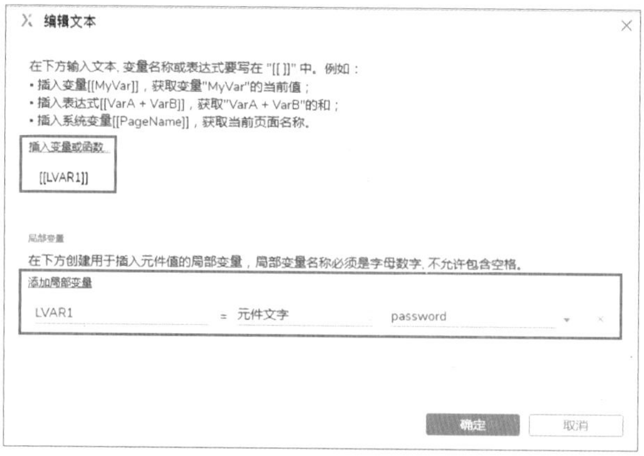

图5.13 全局变量pwd赋值

5 登录成功后需要跳转到下一个页面，在“添加动作”面板中单击“打开链接”选项，在“设置动作”面板中的“链接到”下拉列表中选择“首页”，在“打开在”下拉列表中选择“当前窗口”，如图5.14所示。

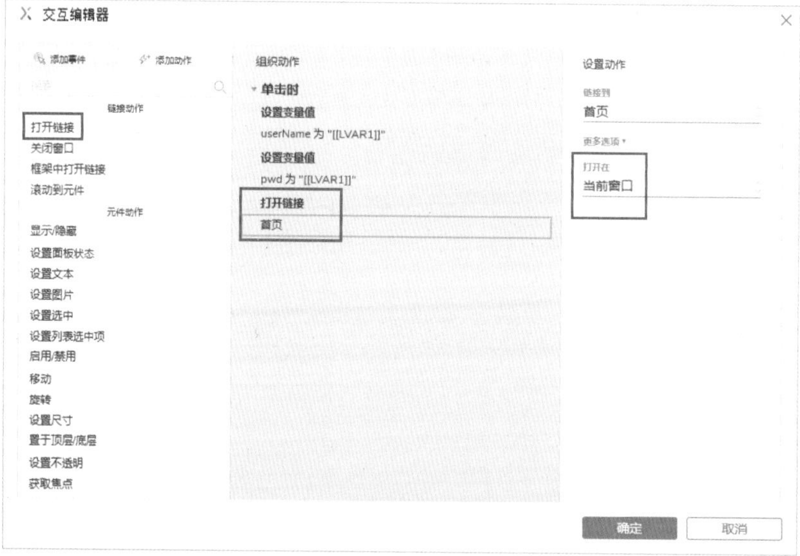

图5.14 打开首页

5.2.3 首页显示变量值

◆ 实战演练

1 进入首页，登录成功后，原型会携带用户名和密码跳转到首页里，这样首页在载入时，就会把用户名和密码显示出来。为实现此效果，需要添加一个页面载入时的触发事件。在“添加动作”面板单击“设置文本”，在“设置动作”面板的下拉列表中选择“content”，单击f_x图标，如图5.15所示。

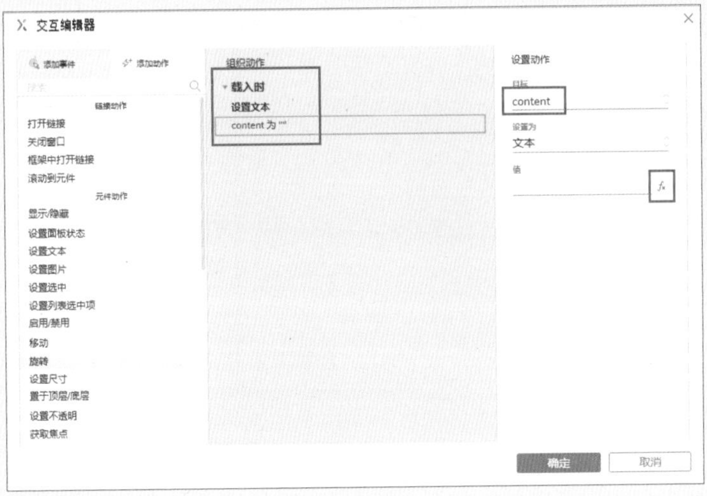

图5.15　设置文本

2 在弹出的“编辑文本”对话框中单击“插入变量或函数…”链接，分别输入用户名“username”以及密码“pwd”，单击“确定”按钮，这样就完成了给矩形元件的文本内容赋值的过程，如图5.16所示。

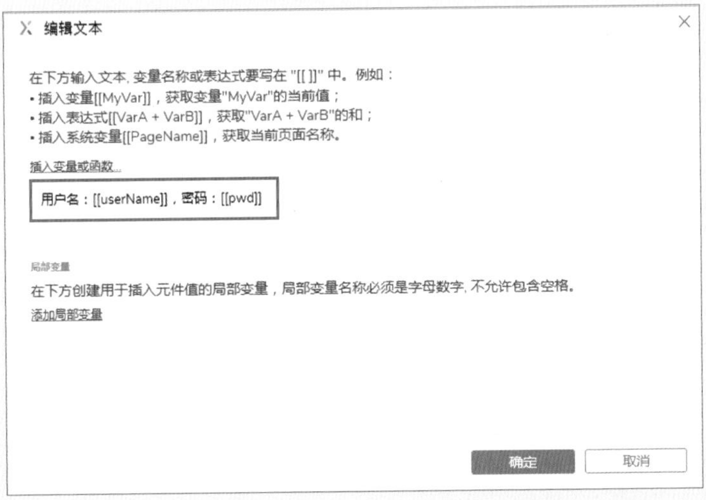

图5.16　插入全局变量

5.2.4 页面管理介绍

在前面的章节中，使用的都是元件的触发事件，而这次使用的是页面的触发事件，两者的区别在于，一个是针对元件进行触发事件，另一个是针对页面进行触发事件，两者载体不同。

页面管理由3部分组成：样式、交互、说明。在说明字段设置界面里，可以给页面添加相关注释或者说明，也可以自定义注释，如图5.17所示。

在页面交互编辑器里可以添加一些触发事件，页面的触发事件有页面载入时、窗口尺寸改变时以及窗口滚动时等触发事件，如图5.18所示。

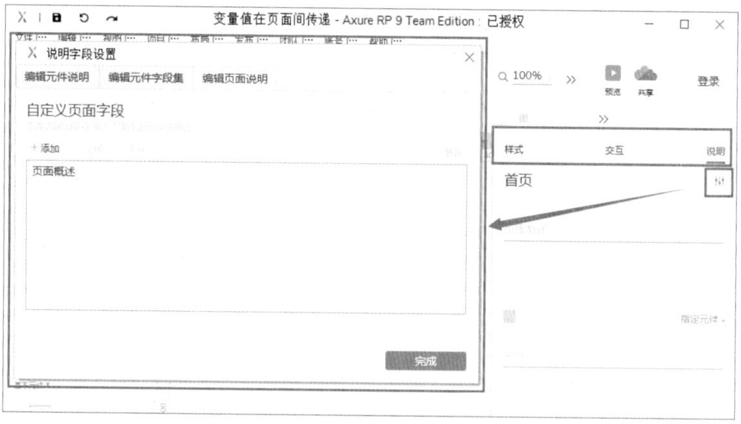

图5.17　页面说明

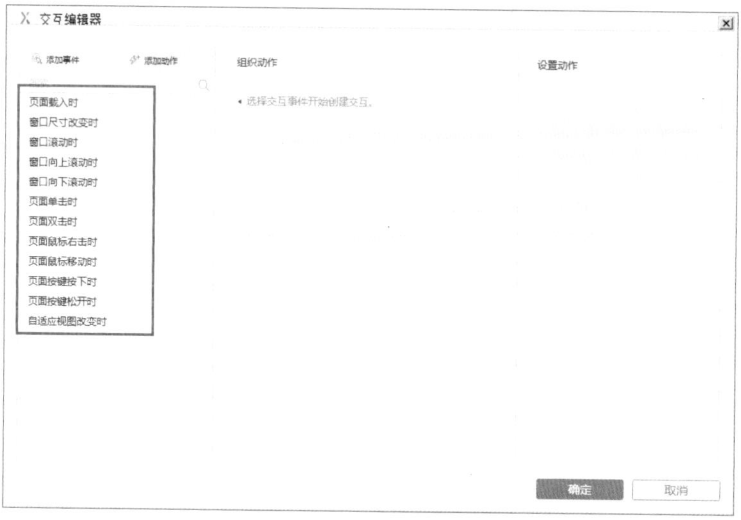

图5.18　页面相关触发事件

在页面样式管理里可以给页面添加样式，Axure提供一种默认的页面样式，但也可以自定义页面样式。自定义可以设置页面的排列方式和背景色，也可以导入背景图像，设置横向对齐或垂直对齐，还可以设置背景图像是否可以重复，以及设置草图效果，如图5.19所示。

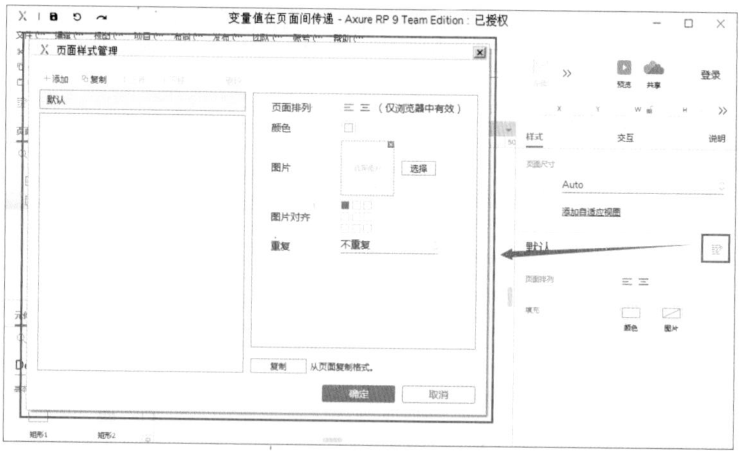

图5.19　页面样式

5.2.5 发布原型

按F5键发布原型，输入用户名“kevin”，密码“111111”，单击登录按钮，可以看到用户名和密码都被带到下一个页面，再输入“小刚”，密码输入“123456”，可以看到用户名和密码是随着输入框里的内容变化而变化，从而能给用户一种真实的软件体验效果，如图5.20和图5.21所示。

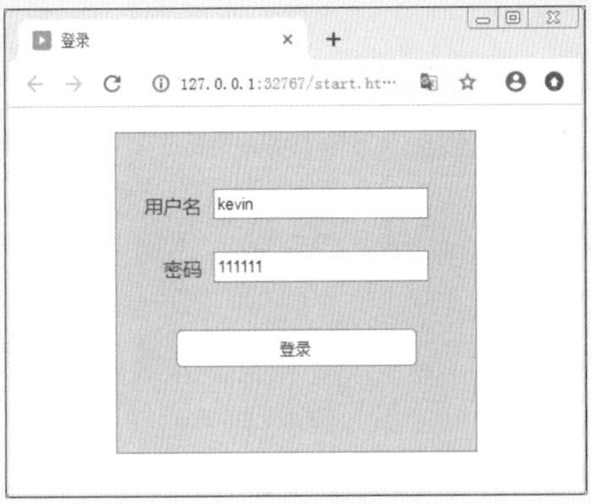

图5.20　登录页面

图5.21　首页

5.3　实战——制作简易计算器

利用全局变量和局部变量的知识制作一个简易的计算器，计算器要能实现加减乘除运算，进一步熟悉变量的使用方法，如图5.22所示。

慕课视频

制作简易计算器

图5.22　简易计算器

先来看简易计算器布局，将按钮按属性分为4组，分别是功能按钮、数字按钮、运算符按钮和等号按钮。这样的分组，页面层次会很清晰，可以快速地找到想要的按钮。分组设计、分清层次，利用颜色对比差异，在做原型设计时，也要学会利用这种理念，把具有相同属性的功能区域设置为一组，通过颜色的对比，使页面的层次结构变得清晰。

下面开始来设计简易计算器的原型。

5.3.1 计算器布局设计

1 拖曳一个“矩形1”元件到工作区域，将其宽度设置为377，高度设置为346，边框选择第3个线宽，圆角半径设置为5，背景填充为灰色（#DADADA），如图5.23所示。

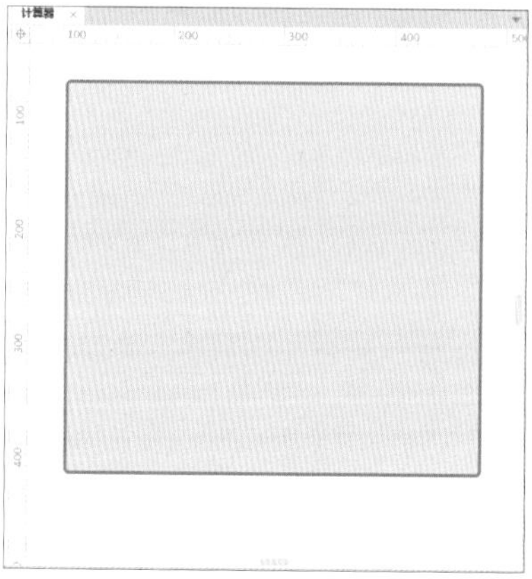

图5.23 计算器背景

2 拖曳一个“文本框”元件到工作区域，将其宽度设置为348，高度设置为44，在交互面板的提示文本框中输入0，把文本设置为居右对齐，并且为只读状态，即文本框中不能进行除按键外的任何输入操作，将标签命名为“show”，如图5.24所示。

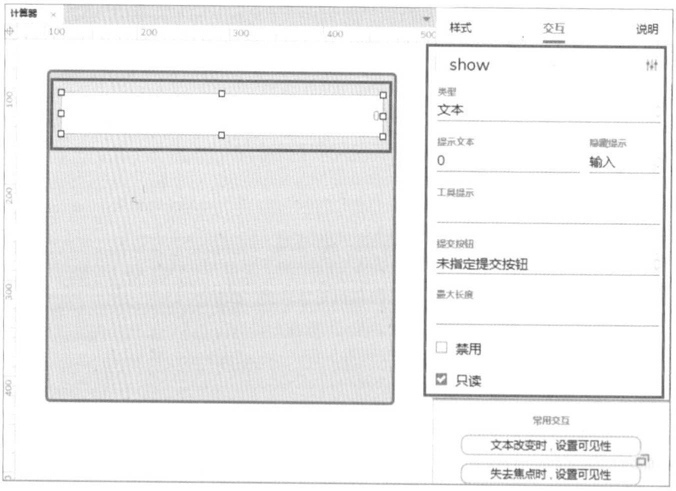

图5.24 计算器显示框

3 拖曳一个“矩形1”元件到工作区域，将其宽度设置为60，高度设置为40，圆角半径设置为5，填充背景色（#DF8045），将文本内容命名为“退格”，文本的字号设置为16号，加粗，白色（#FFFFFF）字体，按住Ctrl键，拖曳复制出两个同样的矩形元件，将其分别命名为“全清”和“清屏”，如图5.25所示。

4 拖曳一个“按钮”元件到工作区域，将其宽度设置为60，高度设置为40，文本内容为“7”，字号为16号，字体加粗，复制出10个同样的元件并修改其文本内容，作为其他数字按钮，如图5.26所示。

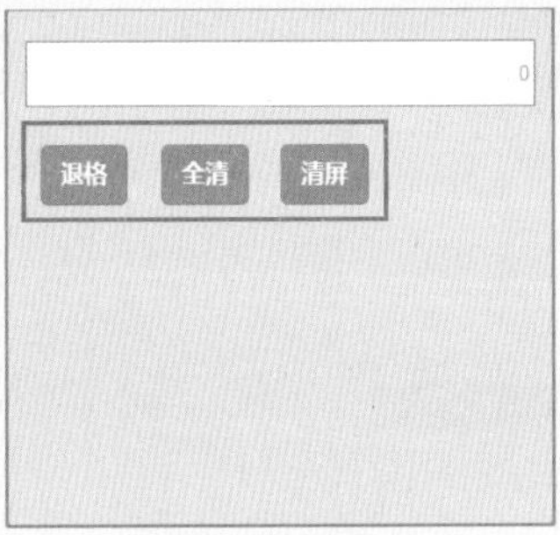

图5.25　功能按钮

图5.26　数字按钮

5 拖曳一个“矩形1”元件到工作区域，将其宽度设置为70，高度设置为40，圆角半径设置为5，填充背景色（#999999），修改文本内容，利用“/”代表除法，设置其字号为20号，加粗，字体颜色为白色（#FFFFFF），按住Ctrl键向下拖曳，复制出3个同样的按钮，分别修改按钮的文本内容，如图5.27所示。

图5.27　运算按钮

图5.28　等号

6 拖曳一个“矩形1”元件到工作区域，将其高度设置为40，圆角半径设置为5，填充背景色（#009900），文本内容修改为“=”，字号为20号，加粗，字体颜色为白色（#FFFFFF），如图5.28所示。

5.3.2 数字按钮交互设计

1 本节制作的计算器机制是两个数相加或者相减，需要把这两个数分别设置为变量“shuzhi1”和“shuzhi2”，默认值设置为0。还需要设置一个变量来代表运算符号，把它命名为“yunsuan”，默认值为0，说明没有输入任何运算符号。计算器可以输入整数或者小数，需要一个变量来说明它正在输入的是小数还是整数，将该变量命名为“xiaoshu”。然后设置“temp”变量和“changdu”变量，分别用于存放临时值和代表输入的长度，如图5.29所示。

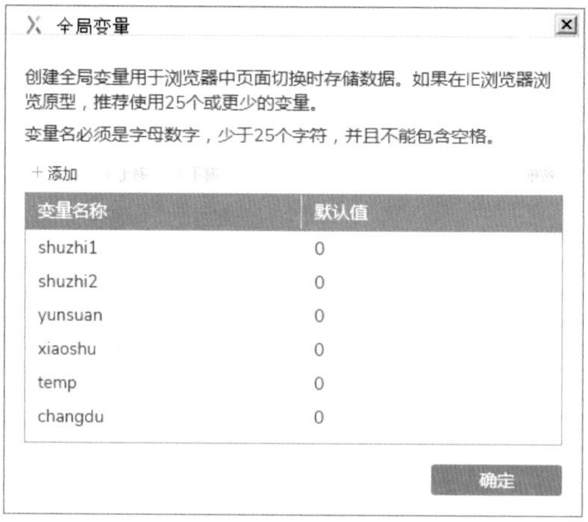

图5.29　新增全局变量

当“yunsuan”的变量值为1时，代表加法运算，当为2时，代表减法运算，当为3时，代表乘法运算，当为4时，代表除法运算。

当“xiaoshu”等于0时，代表正在输入的是整数，等于1时代表输入的是小数。

2 选中数字1按钮，为其设置鼠标单击时的触发事件，在组织动作面板单击“启用情形”按钮，弹出“情形编辑 – 矩阵：单击时”对话框。用于判断当前是给“shuzhi1”还是给“shuzhi2”赋值，还需要判断输入的是整数还是小数。单击“+添加行”按钮，为运算设置条件，当变量“yunsuan”等于0且“xiaoshu”等于0时，代表输入的“shuzhi1”为整数，如图5.30所示。

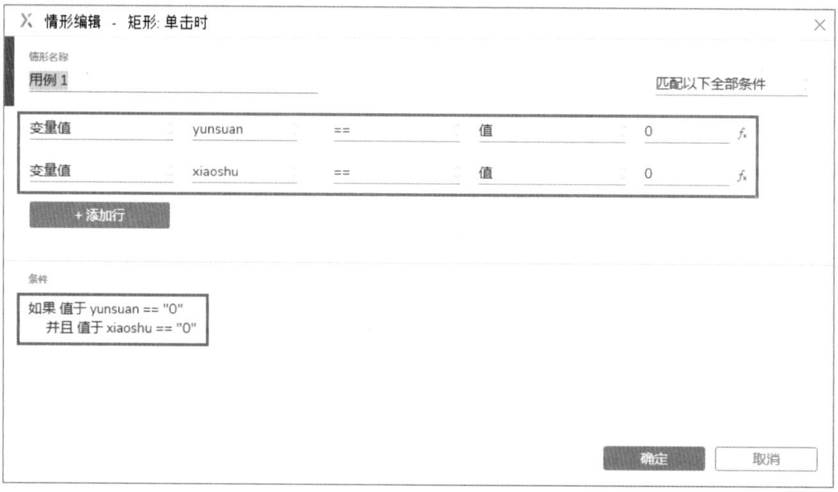

图5.30　新增条件

3 现在需要给“shuzhi1”变量进行赋值，在“添加动作”面板单击“设置变量值”选项，勾选“shuzhi1”复选框，在“设置动作”面板单击f_x图标。由于需要“shuzhi1”以10的倍数增长，即第一次单击1时，输入框里显示的是1，当再次单击1时，输入框里变为11，所以插入表达式[[shuzhi1*10+1]]，如图5.31所示。

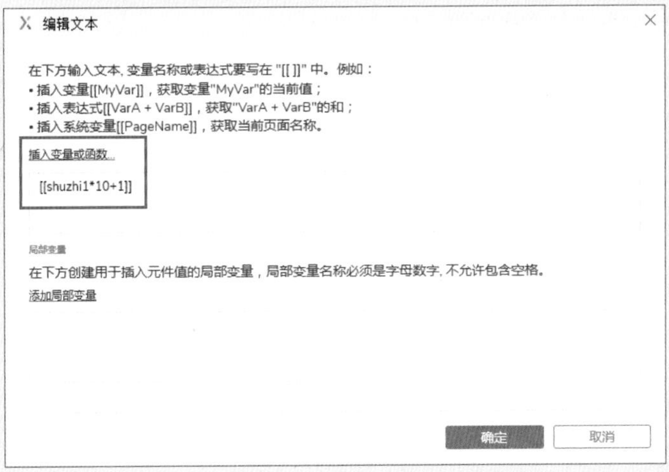

图5.31　shuzhi1赋值

当第一次单击1时，“shizhi1”默认值为0，0*10+1=1，这时的“shuzhi1”就变为1，当再次单击1时，1*10+1=11，可以看到此表达式完全满足赋值的需要。

4 接着将“shuzhi1”的内容显示到输入框中，在“添加动作”面板中单击“设置文本”，勾选“show”复选框，将“shuzhi1”变量的值赋给它，如图5.32所示。

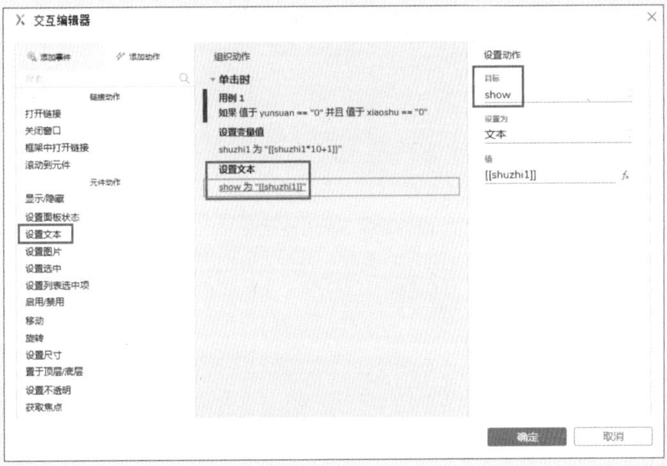

图5.32　输入框赋值

5 接着给“shuzhi2”变量进行赋值，新增一个用例，新增一个条件，当变量“yunsuan”不等于0，且变量“xiaoshu”等于0时，代表“shuzhi2”为整数，如图5.33所示。

6 现在需要给“shuzhi2”变量进行赋值，在“添加动作”面板中单击“设置变量值”选项，勾选“shuzhi2”复选框，在“设置动作”面板单击f_x图标，插入表达式“[[shuzhi2*10+1]]”，接着将“shuzhi2”的内容显示到输入框中，在“添加动作”面板中单击“设置文本”，勾选“show”选项，将“shuzhi2”变量的值赋给它，如图5.34所示。

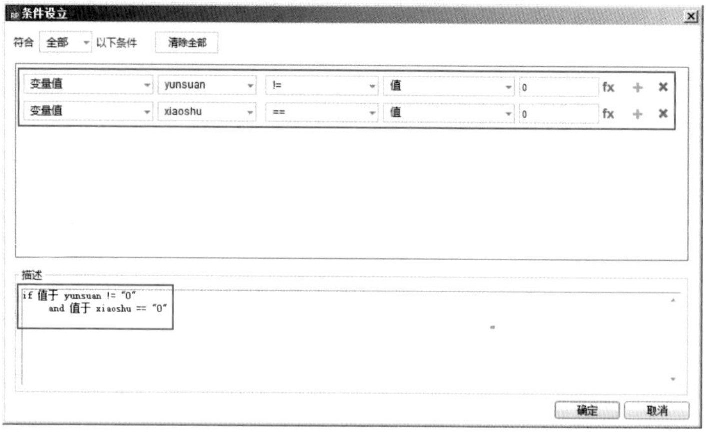

图5.33　新增条件

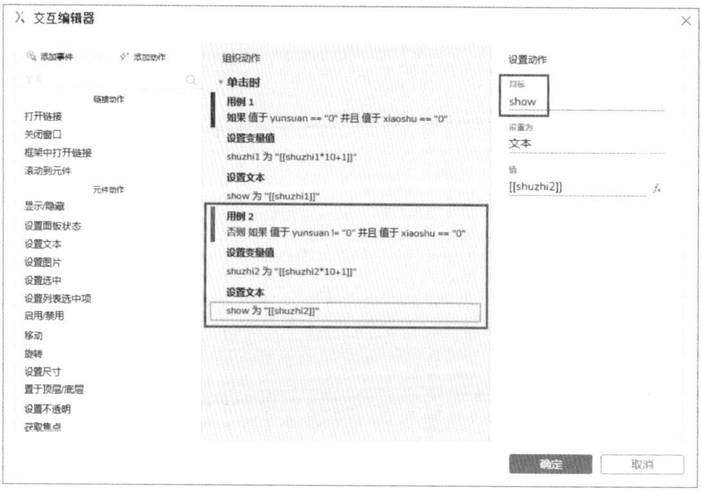

图5.34　输入框赋值

5.3.3 运算符按钮交互设计

1 选中加号，为其添加鼠标单击时的触发事件，将“yunsuan”变量值设置为1，代表相加操作，将“xiaoshu”变量值设置为0，代表输入整数操作，如图5.35所示。

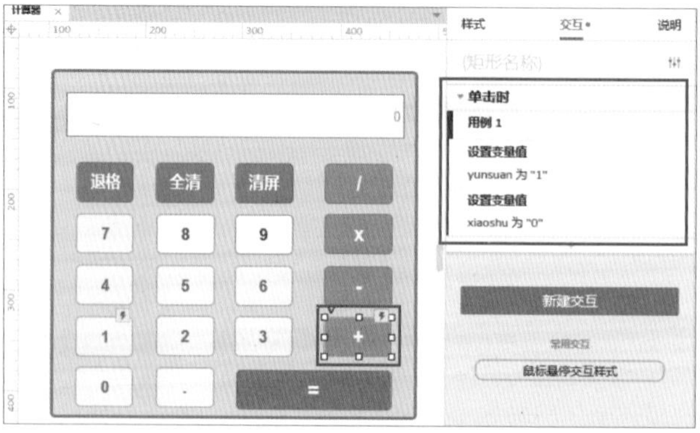

图5.35　加法运算交互

2 复制用例，把此用例复制给其他3个运算符，减法“yunsuan”等于2，乘法“yunsuan”等于3，除法“yunsuan”等于4，如图5.36所示。

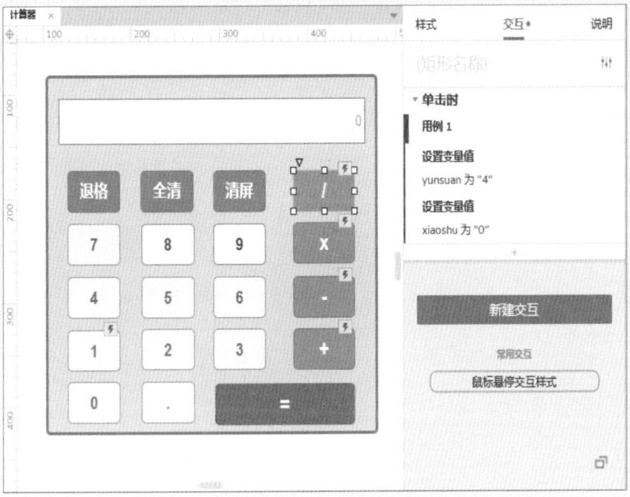

图5.36　其他运算交互

复制用例操作很方便，在添加用例时，如果用例功能接近，就可以复制用例，这样就能极大地减少工作量，特别是在制作简易计算器时，有大量的重复用例。

5.3.4 等号按钮交互设计

1 选中数字“1”按钮，复制其用例给数字“2”按钮，在数字“1”按钮用例的基础上进行修改，因为单击数字“2”按钮，所以需要修改表达式为“[[shuzhi1*10+2]]”以及“[[shuzhi2*10+2]]”，如图5.37所示。

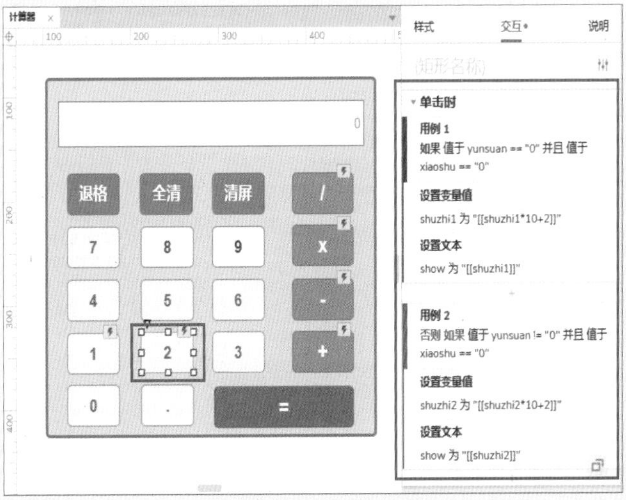

图5.37　数字“2”按钮交互

2 为等号添加鼠标单击时触发事件，等号需要判断当前是相加操作还是其他操作。新增条件，如果“yunsuan”变量等于1说明是相加操作，要把“shuzhi1”和“shuzhi2”两个变量进行相加，并它的值赋给“shuzhi1”，把相加结果显示在输入框里，同时要把“shuzhi2”进行清零操作，把它赋值为0，并把“xiaoshu”变量赋值为0，代表再次输入时，将先输入整数，如图5.38所示。

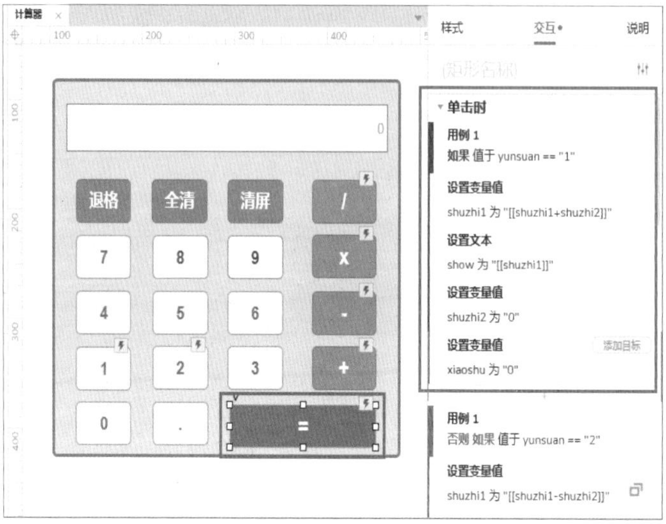

图5.38 相加操作

注 意

为什么要把相加结果赋值给“shuzhi1”，因为还可以输入数值，与之前的结果相加，很明显之前的结果是在“shuzhi1”的位置。

3 将相加操作用例复制3次，让它们分别代表加减乘除4个操作，如图5.39所示。

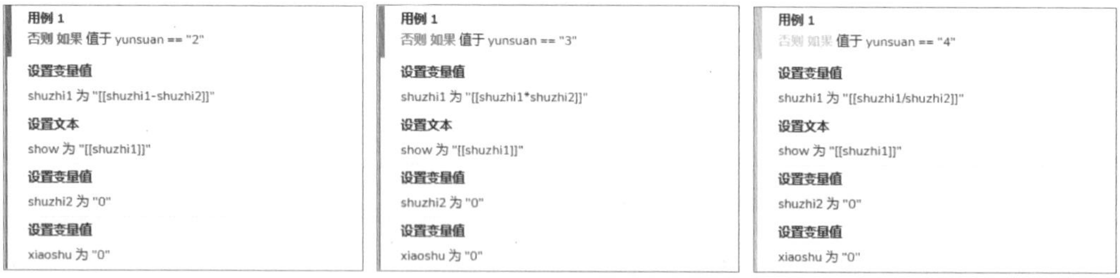

图5.39 其他运算操作

4 按F5键发布原型，单击数字1和2、运算符和等号可以实现运算器整数的加减乘除操作，如图5.40所示。

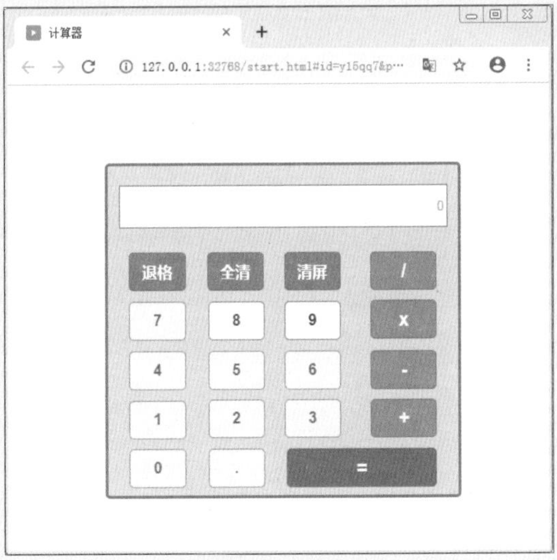

图5.40 发布原型

5.4 小结

本章主要学习Axure变量的使用方法，包括局部变量和全局变量，应当学会以下知识。

（1）理解Axure的全局变量和局部变量的含义以及使用方法。

（2）学会使用Axure变量值在页面间传递，实现高级交互效果。

（3）学会使用Axure变量来制作简易计算器，深入使用Axure变量。

5.5 练习

简易计算器目前只能完成整数的加减乘除操作，并且数字按钮只能使用1或2，请完成以下内容。

（1）按照数字1的方式给其他数字按钮添加鼠标单击时触发事件。

（2）给点号按钮添加鼠标单击时触发事件，使计算器既能实现整数的加减乘除操作，也能实现小数的加减乘除操作。

第6章　用Axure母版减少重复工作

Axure母版的使用是为了减少重复的工作。在原型设计过程中，往往会设计很多重复的页面内容，包括页面的首部、版权信息和导航菜单。这就加大了很多工作量，而在母版里面只需要进行一次设计，其他页面可以直接使用母版的内容，在母版里修改内容，可以使所有引用母版的页面同时更新，不需要到每个页面里单独修改内容，如图6.1所示。

图6.1　用母版设计页面重复出现的内容

本章案例：蓝月亮导航菜单母版设计，效果如图6.2所示。

图6.2　蓝月亮导航菜单母版设计

6.1 母版功能简介

Axure的母版能够重复制作原型的某个类似的功能，实现母版制作一次，其他页面进行复用的效果。在Axure原型设计工具的左下角是Axure的母版区域，如图6.3所示。

图6.3 Axure母版区域

慕课视频

母版功能介绍

6.1.1 母版的使用方法

Axure母版区域提供3个快捷操作按钮：新增母版、新增母版文件夹以及检索母版。更多的操作可以用鼠标右键单击模板区域，在弹出的快捷菜单中获取，其中包括调整母版之间的顺序以及层级关系、删除母版和检索母版等功能，其与页面区域功能条的使用方式一致。

◆ 实战演练

1 单击“新增母版”按钮可以新增一个母版，也可以用鼠标右键单击母版区域。在快捷菜单中通过添加选项添加一个母版，这里输入母版的名称“导航菜单”，如图6.4所示。

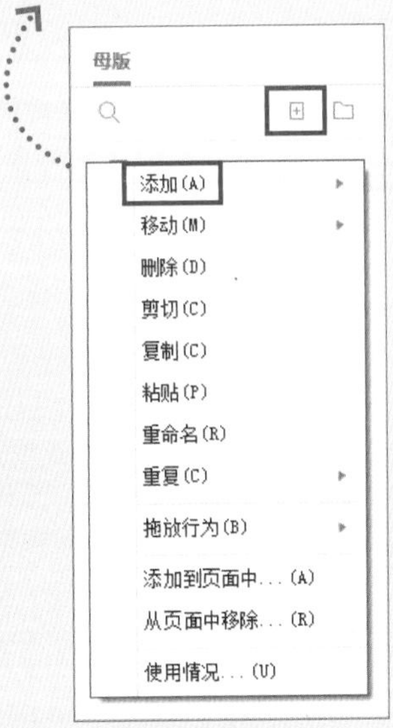

图6.4 导航菜单母版

图6.5 母版文件夹

2 单击“新增文件夹”按钮可以新增文件夹，将其命名为“页面母版”，文件夹可以对母版进行归类，如存放导航菜单的母版、页首的母版、页尾的母版，如图6.5所示。

3 在母版上单击鼠标右键，在弹出的快捷菜单中，通过移动选项可以调整母版之间的上下顺序和层级关系，通过删除选项可以删除母版，如图6.6所示。

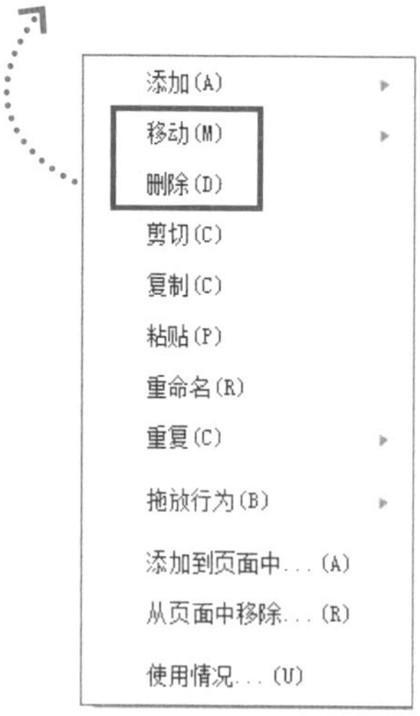

图6.6　调整母版顺序和删除母版

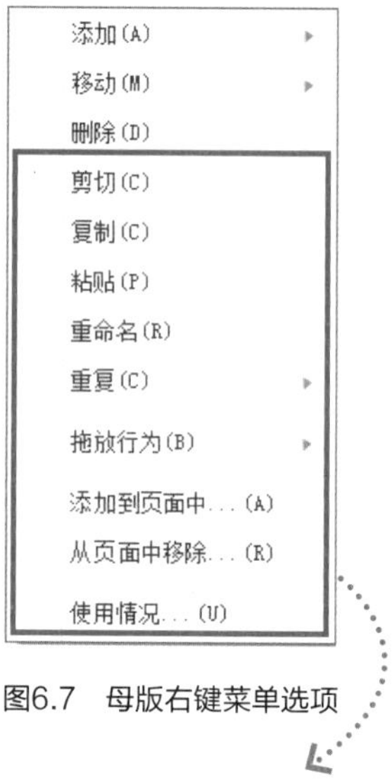

图6.7　母版右键菜单选项

4 在母版上单击鼠标右键，在弹出的快捷菜单里除了可以新增母版、新增文件夹、移动和删除母版，还可以进行母版重命名、母版复制、设置母版拖放行为、将母版添加到页面中、将母版从页面中移除以及查看母版使用情况等操作，如图6.7所示。

6.1.2 制作母版的两种方式

那么如何制作母版呢？有两种方式，一种是通过母版区域新建母版，另一种是通过元件转换为母版。下面演示制作母版的两种方式。

1. 通过母版区域新建母版

◆ 实战演练

1 在母版区域里新建一个“导航菜单”母版，进入该母版，拖曳5个“矩形1”元件到工作区域作为5个导航菜单，将宽度均设置为100，高度均设置为40，分别重命名为“首页”“公司介绍”“新闻中心”“招贤纳士”和“联系我们”，如图6.8所示。

2 在页面区域上新建5个页面，分别命名为“首页”“公司介绍”“新闻中心”“招贤纳士”和“联系我们”，用来显示这5个菜单的内容，如图6.9所示。

3 将制作完的母版引用到这5个页面，需要单击鼠标右键“导航菜单”母版，在弹出的快捷菜单中选择“添加到页面中…”选项，弹出“添加母版到页面中”对话框，将母版引用到“首页”“公司介绍”“新闻中心”“招贤纳士”和“联系我们”页面，如图6.10所示。

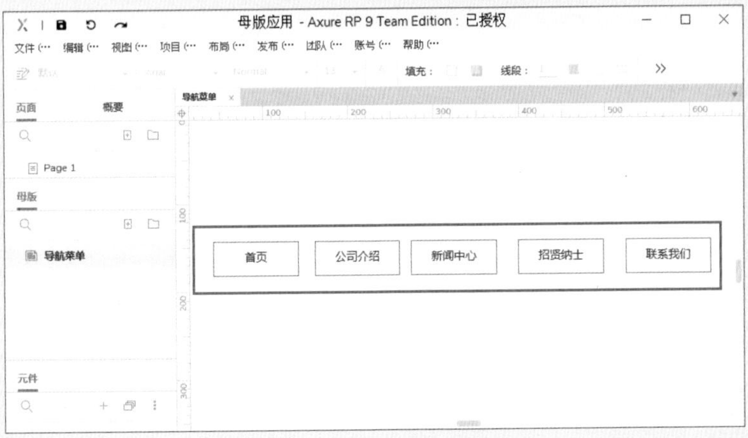

图6.8　新建导航菜单母版

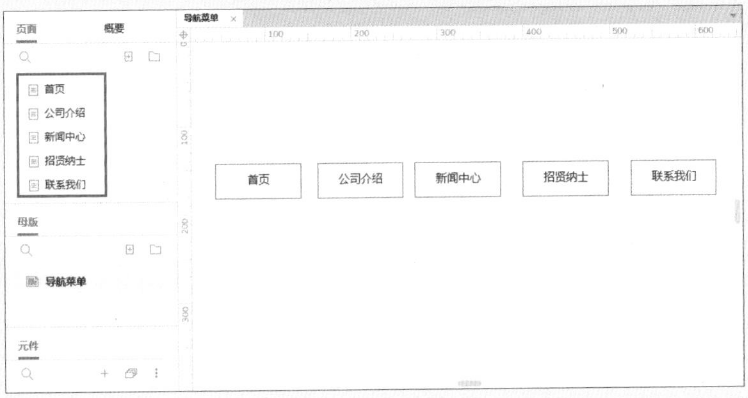

图6.9　新建5个页面

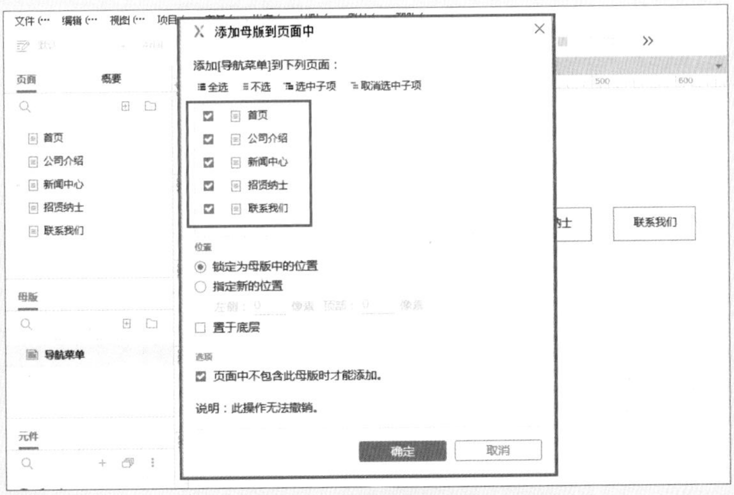

图6.10　母版引用到页面里

4 进入“首页”页面，可以看到母版的“导航菜单”被引用到首页里，其他页面也是一样的，如图6.11所示。

图6.11 首页内容

5 如果不想把“导航菜单”母版引用到页面里，在“导航菜单”母版上单击鼠标右键，在弹出的快捷菜单中选择“从页面中移除”选项，在弹出的对话框中删除“首页”里的母版，删除后首页里就没有母版内容，如图6.12所示。

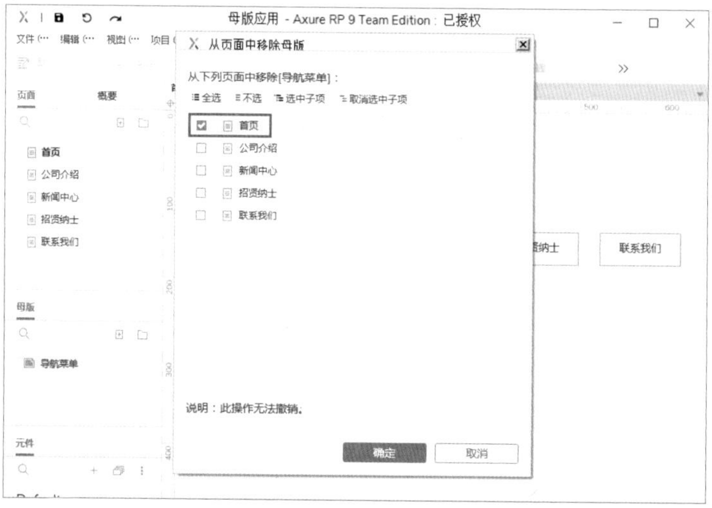

图6.12 删除首页母版

这种方式就是通过母版区域新建母版，然后将母版引用到页面里使用，这种方式适合明确知道有哪些内容可以在不同页面上共用、复用，如导航菜单、版权信息等，每个页面都会使用这些内容。

2. 通过元件转换为母版

在原型设计过程中，如果重复设计某个区域的内容，可以把这个内容抽取出来制作成母版，这样就能够避免重复制作同样的内容。

◆ 实战演练

1 在页面区域上创建1个“首页”页面，进入“首页”，拖曳5个“矩形1”元件到工作区域，用作5个导航菜单，将其宽度均设置为100，高度均设置为40，分别重命名为“首页”“公司介绍”“新闻中心”“招贤纳士”“联系我们”，如图6.13所示。

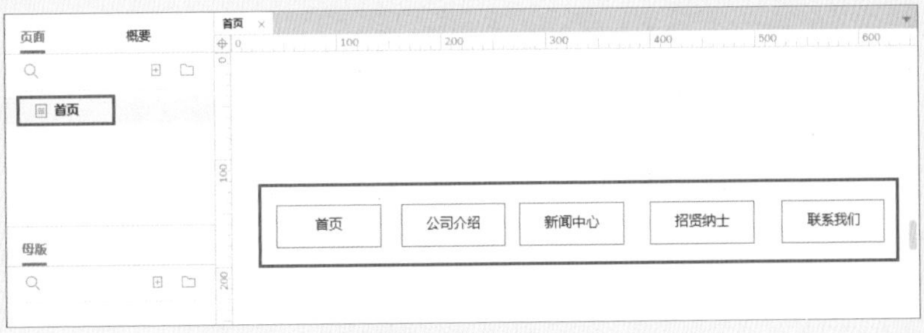

图6.13　新建首页页面

2 同时选中5个菜单，单击鼠标右键，在弹出的快捷菜单中选择“转换为母版”选项，在弹出的“创建母版”对话框中输入“导航菜单”作为新母版的名称，单击“继续”按钮，就可以把该元件转换为母版，如图6.14所示。

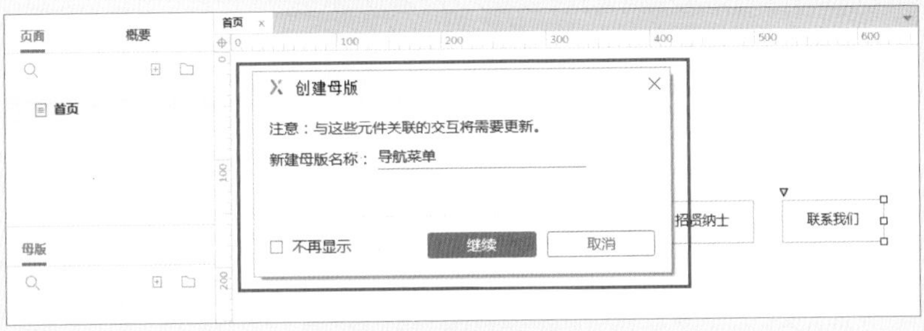

图6.14　元件转换为母版

3 元件转换完母版后，就可以在母版区域里看到转换后的母版“导航菜单”，如图6.15所示。

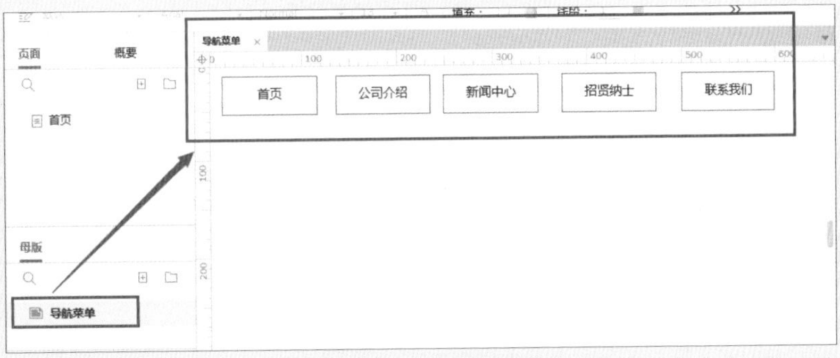

图6.15　转换后的母版

这种方式适用于事先不能确定哪些内容可以设计成母版的情况。在页面设计过程中，会发现有的元件其他页面也会用到，这时就可以把这些元件转换为母版。

6.2 母版的3种拖放行为

慕课视频

母版的3种拖放行为

母版有3种拖放行为，即任何位置、锁定到母版中的位置、从母版脱离。使用母版时，要根据不同的拖放行为来选择使用哪种拖放行为。下面来学习母版这3种拖放行为以及它们的含义。

6.2.1 任何位置

任何位置：使用这种拖放行为，母版可在被引用的页面自由移动，也可以被放置在页面中的任何位置。对母版做修改，所有引用母版的页面会同时更新。

◆ 实战演练

1 在母版区域新增一个母版，把它命名为“版权信息”。进入该母版，拖曳一个“矩形1”元件到工作区域，将其宽度设置为800，高度设置为100，文本内容命名为“这是版权信息”，如图6.16所示。

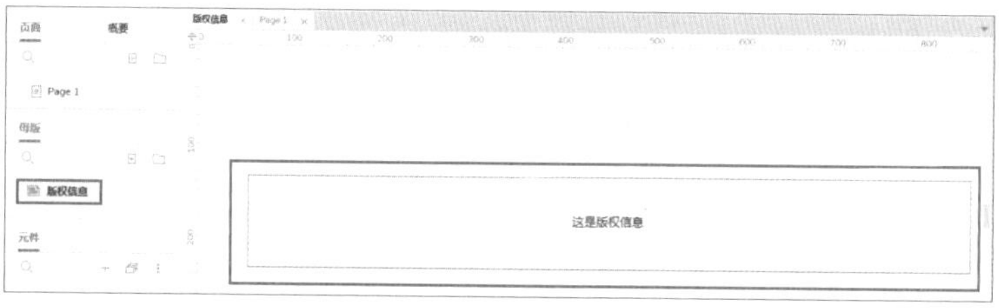

图6.16 新建版权信息母版

2 在页面区域上新建5个页面，分别命名为“首页”“公司介绍”“新闻中心”“招贤纳士”“联系我们”，用来显示5个菜单的内容，如图6.17所示。

图6.17 新建5个页面

3 将制作完的母版引用到“公司介绍”和“新闻中心”两个页面里。在“版权信息”母版上单击鼠标右键，在弹出的快捷菜单中选择“添加到页面中”选项，在弹出的“添加母版到页面中”对话框里将母版引用到想引用的页面里，如图6.18所示。

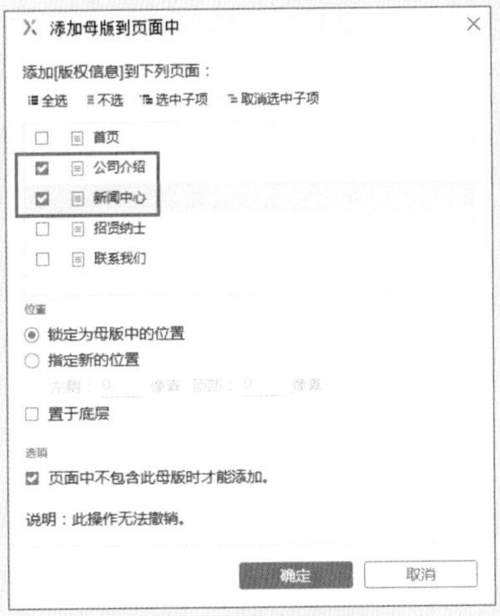

图6.18 母版引用到页面里

4 进入“公司介绍”页面，可以看到“版权信息”的母版被引用到“公司介绍”里，移动引用的版权信息内容，发现无法移动。在“版权信息”母版上单击鼠标右键，在弹出的快捷菜单中取消勾选“锁定到母版中的位置”选项，从而可以随意移动引用的母版内容，这就是任何位置的拖放行为，如图6.19所示。

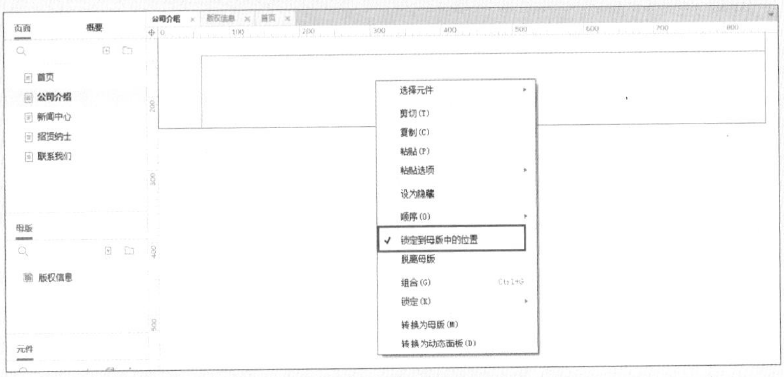

图6.19 设置为任何位置的拖放行为

5 在“版权信息”母版里修改版权信息，再新增“2019年”这几个字，然后回到“公司介绍”“新闻中心”页面里，可以看到引用母版的页面内容也会发生改变，这样当有变更的时候，就不需要到页面里逐个进行修改，只需要在母版里修改，引用母版的页面可以自动更新，如图6.20所示。

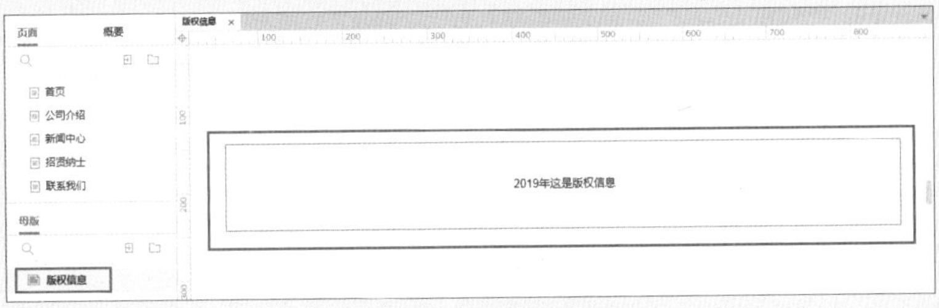

图6.20 修改母版内容

6.2.2 锁定到母版中的位置

锁定到母版中的位置：母版在引用的页面会处于最底层并被锁定，对母版所做的修改会在所有引用母版的页面同时更新，页面引用母版中的控件位置与其在母版中的位置相同，这种拖放行为常用于布局和制作底板。

很多网站可以换不同的背景色或者背景图片，使用母版也可以进行背景色或者背景图片的切换，这样所有的页面背景都会一起更改。

◆ 实战演练

1 新增一个母版，将其命名为“背景图”，打开该母版，拖曳一个“矩形3”元件到工作区域，将其宽度设置为800，高度设置为1000，位置为（0,0），如图6.21所示。

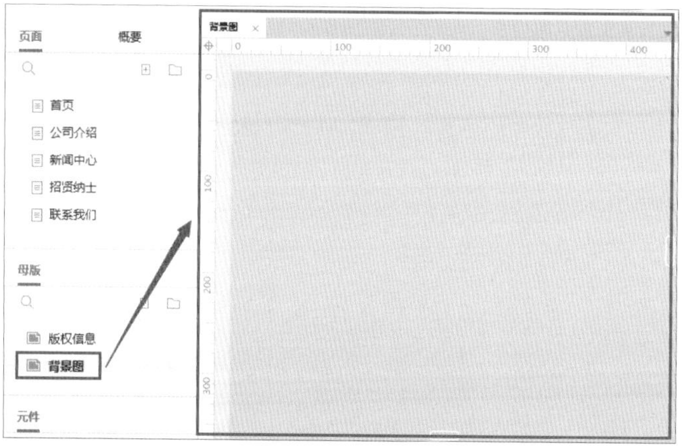

图6.21 新建背景图母版

2 将“背景图”母版引用到“招贤纳士”页面，进入“招贤纳士”页面，可以看到“背景图”母版被应用到“招贤纳士”页面，如图6.22所示。

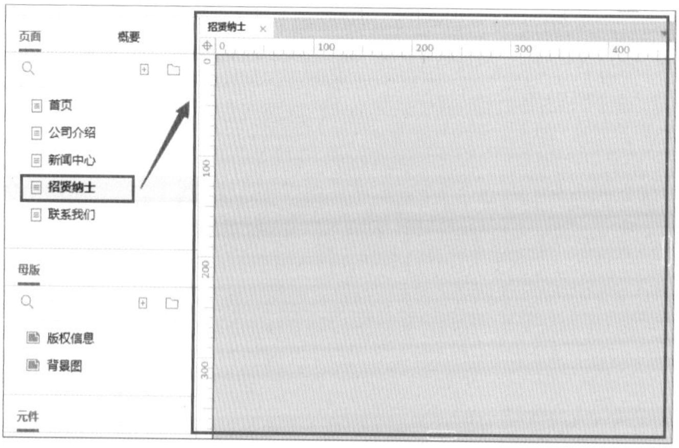

图6.22 母版引用到页面

3 在“招贤纳士”页面里可以看到无法移动的母版内容，它可以作为页面背景图，这种拖放行为就是锁定到母版中的位置，是不可以移动的。如果想将背景图换成其他的颜色，比如绿色，只需要在“背景图”母版里，将背景填充为绿色（#00CC00），页面的背景图也会随之变为绿色，如图6.23所示。

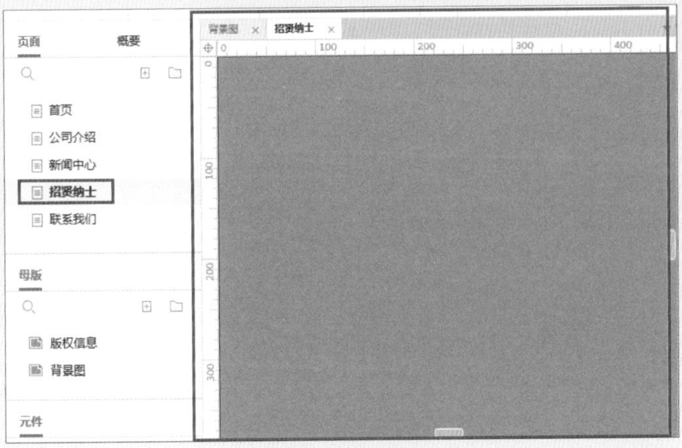

图6.23 修改背景色

6.2.3 从母版脱离

从母版脱离：这种拖放行为会使页面引用的母版与原母版失去联系，使得页面引用的母版元件可以像一般元件一样进行编辑，常用于创建具有自定义元件的组合。

◆ 实战演练

1 在母版区域新建一个“导航菜单”母版，进入此母版，拖曳5个“矩形1”元件到工作区域作为5个菜单，将其宽度均设置为100，高度均设置为40，分别重命名为“首页”“公司介绍”“新闻中心”“招贤纳士”“联系我们”，如图6.24所示。

图6.24 导航菜单母版

2 将制作完的“导航菜单”母版引用到“联系我们”页面。需要在“导航菜单”母版上单击鼠标右键，在弹出的快捷菜单中选择“新增页面”选项，在弹出的“添加母版到页面中”对话框里将母版引用到“联系我们”页面，如图6.25所示。

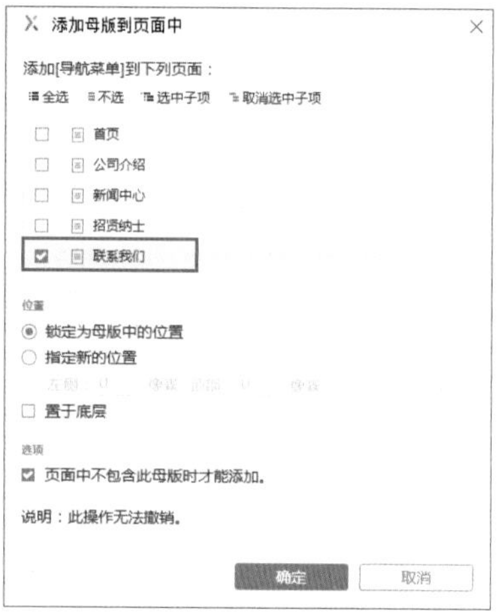

图6.25　母版引用到页面

3 进入“联系我们”页面，可以看到引用的导航菜单内容，默认引用的母版内容是锁定、不能移动的。如果想修改此母版内容，需要将引用的母版内容变为一般元件，单击鼠标右键引用的母版内容，在弹出的快捷菜单中选择“脱离母版”选项，如图6.26所示。

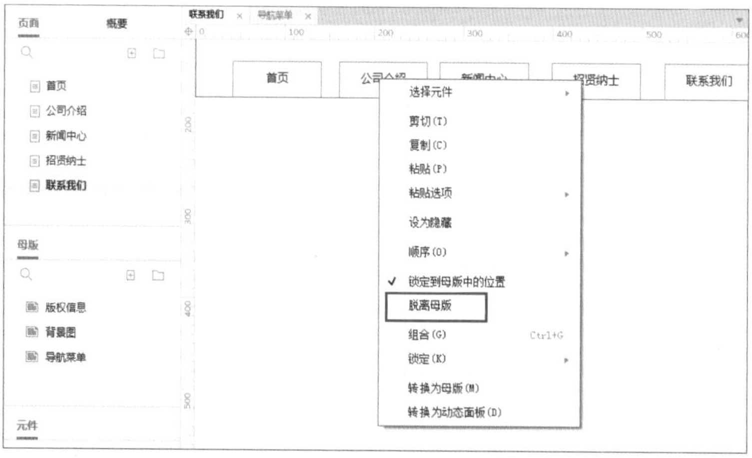

图6.26　设置从母版脱离拖放行为

4 导航菜单从母版脱离后就会变为普通元件，可以随意地移动和放置，与母版没有任何关系，即使修改“导航菜单”母版内容，“联系我们”页面内容也不会跟着变化。进入“导航菜单”母版，复制一个导航菜单，将文本内容命名为“留言本”，回到“联系我们”页面里可以看到，页面内容并没有更新，如图6.27所示。

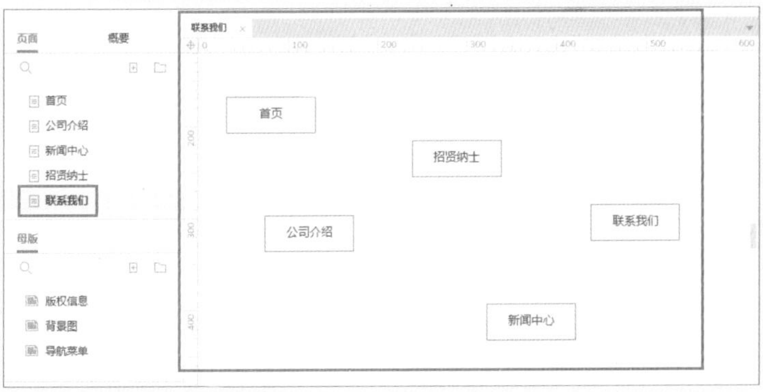

图6.27 页面内容没有更新

元件一旦与母版脱离关系，就会变为普通的元件，这种方式常用于页面部分区域与母版不同，但绝大部分与母版一致的情况。这时就可以先引用母版，再脱离母版，最后自定义元件。

母版的3种拖放行为，即任何位置的拖放行为、锁定到母版中的位置的拖放行为、从母版脱离的拖放行为，前两种拖放行为会跟着母版的修改而发生变化，而最后一种从母版脱离后就不会随着母版的修改而发生变化，可以根据具体需求来选择3种拖放行为。

6.3 实战——蓝月亮导航菜单母版设计

在前面的章节中学习了母版功能、制作母版的方式以及母版的拖放行为。Axure的母版是一个经常被用到的工具，它可以减少设计原型的工作量，提高工作效率，解决重复制作原型某个类似功能耗时、耗力的问题。下面通过设计蓝月亮导航菜单母版，来看看母版在实际项目中是如何使用的，如图6.28所示。

慕课视频

蓝月亮导航菜单母版设计

图6.28 蓝月亮门户网站

在页面区域的实例里，我们规划过它的栏目结构，它有6个一级导航菜单，包括首页、走进蓝月亮、清洁之家、科学洗涤、人力资源、联系我们。

首页、清洁之家、科学洗涤一级导航菜单下没有二级菜单，走进蓝月亮下面有3个二级菜单：关于我们、企业文化、社会责任。鼠标悬浮在哪个菜单上面，那个菜单项就会变为选中状态，这时这个二级菜单需要使用一个垂直菜单元件，并且需要添加交互样式：当鼠标悬浮在上面时，变为选中状态，如图6.29所示。

图6.29 走进蓝月亮二级菜单

人力资源一级导航菜单下面有5个二级菜单，包括用人理念、社会招聘、校园招聘、培训发展、员工福利，如图6.30所示。

图6.30 人力资源二级菜单

联系我们一级导航菜单下面有4个二级菜单，包括公司总部信息、各地办事处、订单物流查询、供应商注册，如图6.31所示。

图6.31 联系我们二级菜单

6.3.1 导航菜单母版布局设计

1 在母版区域新建一个母版，将其命名为“导航菜单母版”。打开“导航菜单母版”，拖曳6个“文本标签”元件到工作区域，将其文本内容分别命名为“首页”“走进蓝月亮”“清洁之家”“科学洗涤”“人力资源”“联系我们”，文本元件也分别命名为“首页”“走进蓝月亮”“清洁之家”“科学洗涤”“人力资源”“联系我们”。字体颜色为黑灰色（#555555），字号为16号，字体加粗，如图6.32所示。坐标位置分别为首页（286，48）、走进蓝月亮（374，48）、清洁之家（511，48）、科学洗涤（631，48）、人力资源（752，48）、联系我们（872，48）。

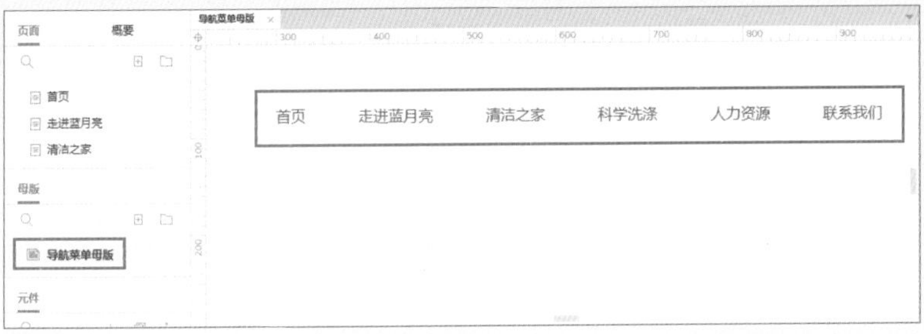

图6.32 导航菜单内容

注 意

水平均匀分布的按钮，只要确定首和尾的位置，其他元件就会水平均匀分布，不仅有水平分布，也有垂直分布、顶部对齐、上下居中、底部对齐，因此，只要确定了“首页”和“联系我们”的坐标位置就可以使用水平分布。

2 制作选中菜单项背景，拖曳一个“矩形1”元件到工作区域，将其宽度设置为107，高度设置为107，边框设置为无，填充颜色为蓝色（#03328D），置于底层，元件命名为“背景”，作为导航菜单被选中时的背景图，如图6.33所示。

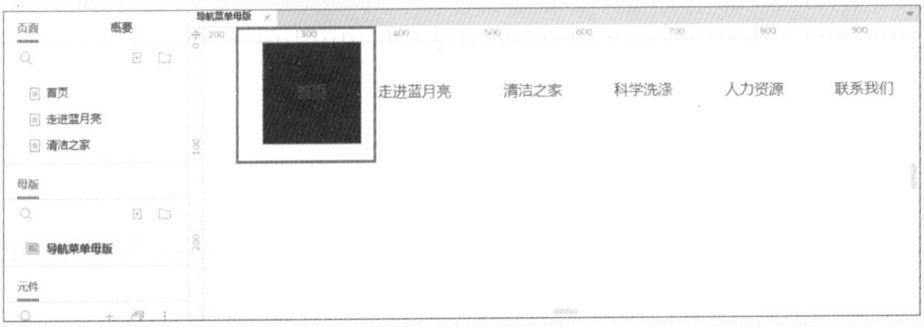

图6.33 菜单背景

3 设计“走进蓝月亮”二级菜单，拖曳一个“矩形1”元件到工作区域。将其坐标位置设置为（0,111），宽度设置为1191，高度设置为137，背景颜色设置为浅蓝色（#F3FAFE），去掉矩形边框线；再拖曳3个“文本标签”元件到工作区，分别命名为“关于我们”“企业文化”“社会责任”作为二级菜单；再拖曳2个“竖线”元件，作为二级菜单的分隔符，如图6.34所示。

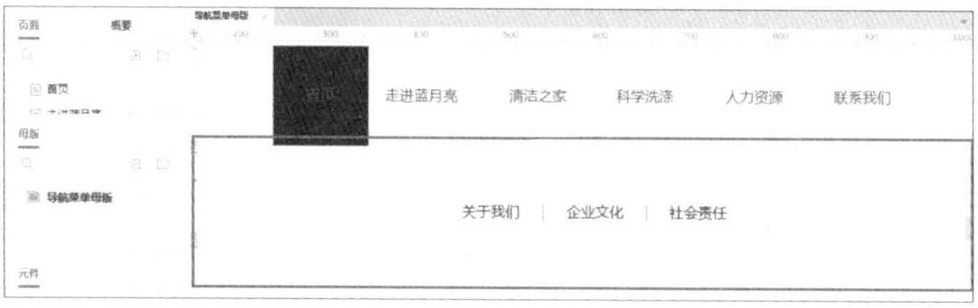

图6.34 “走进蓝月亮”二级菜单

4 把“走进蓝月亮”二级菜单全部选中，然后单击鼠标右键，在弹出的快捷菜单中选择“组合”选项，把“走进蓝月亮”二级菜单组合命名为“走进蓝月亮二级菜单”，这样方便对走进蓝月亮二级菜单进行显示与隐藏控制。

5 设计“人力资源”二级菜单，拖曳一个“矩形1”元件到工作区域。将其坐标位置设置为（0,111），宽度设置为1191，高度设置为137，背景颜色设置为浅蓝色（#F3FAFE），去掉矩形边框线。再拖曳5个“文本标签”元件到工作区域，将其分别命名为“用人理念”“社会招聘”“校园招聘”“培训发展”“员工福利”作为二级菜单；再拖曳4个“竖线”元件到工作区域，将其作为二级菜单的分隔符，如图6.35所示。

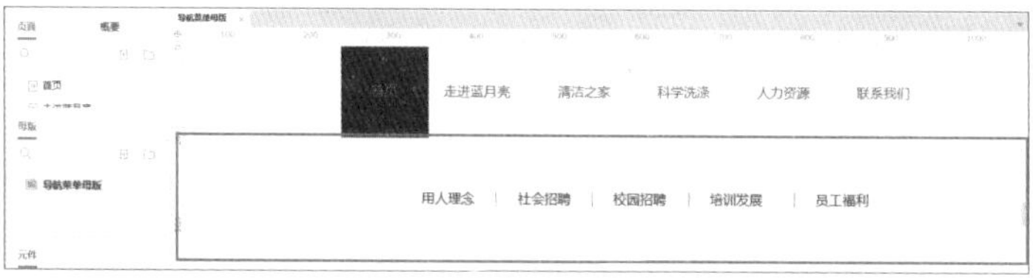

图6.35 “人力资源”二级菜单

6 把“人力资源”二级菜单全部选中，然后单击鼠标右键，在弹出的快捷菜单中选择“组合”选项，把“人力资源”二级菜单组合命名为“人力资源二级菜单”，这样方便对“人力资源”二级菜单进行显示与隐藏控制。

7 设计“联系我们”二级菜单，拖曳一个“矩形1”元件到工作区域。将其坐标位置设置为（0,111），宽度设置为1191，高度设置为137，背景颜色设置为浅蓝色（#F3FAFE），去掉矩形边框线；再拖曳4个“文本标签”元件到工作区域，将其分别命名“公司总部信息”“各地办事处”“订单物流查询”“供应商注册”作为二级菜单；再拖曳3个“竖线”元件，作为二级菜单的分隔符，如图6.36所示。

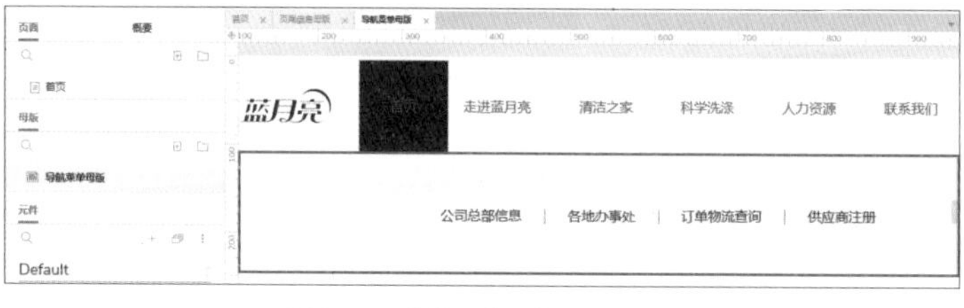

图6.36 “联系我们”二级菜单

8 把“联系我们”二级菜单全部选中，然后单击鼠标右键，在弹出的快捷菜单中选择“组合”选项，把“联系我们”二级菜单组合命名为“联系我们二级菜单”，这样方便对“联系我们”二级菜单进行显示与隐藏控制。

9 分别单击鼠标右键“走进蓝月亮”二级菜单、“人力资源”二级菜单以及“联系我们”二级菜单，在弹出的快捷菜单中将它们设置为隐藏状态，如图6.37所示。

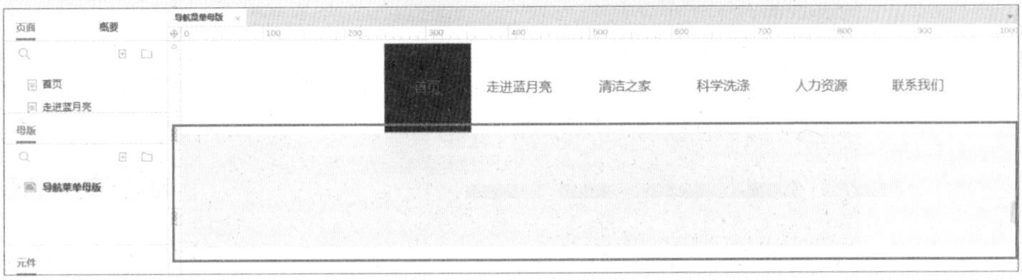

图6.37　二级菜单设置为隐藏

6.3.2 网站LOGO和版权信息母版布局设计

蓝月亮门户网站的LOGO、页尾信息都可以设计成母版，因为每个页面都会用到这些内容，所以只需要在母版设计一次，其他页面就可以直接使用相关内容，极大地减少工作量。

1 制作网站LOGO的母版，在导航菜单母版里拖曳一个“图片”元件到工作区域，用“LOGO”图片替换图片元件，坐标位置设置为（108,37），如图6.38所示。

图6.38　网站LOGO

注　意

因为一个母版只能设置一种拖放行为，如导航菜单母版，它的拖放行为设置为锁定到母版中的位置，而页尾信息母版，它的拖放行为则设置为任何位置，因为页面的内容不确定，所以页尾信息的高度也是不确定的，它可以放置在任何位置。接下来需要单独设计页尾信息母版。

2 在母版区域新建一个“页尾信息母版”，打开“页尾信息母版”，拖曳一个“图片”元件到尾部信息母版工作区域，用网站“尾部信息”图片替换图片元件，尾部信息坐标位置设置为（0,250），如图6.39所示。

图6.39　页尾信息母版

3 把“导航菜单母版”母版引用到页面，在“导航菜单母版”上单击鼠标右键，在弹出的快捷菜单中选择“新增页面”选项，弹出“添加母版到页面中”对话框，因为各个页面都需要导航菜单，所以需要选中所有页面，这时全选按钮就会非常实用，单击全选按钮选中所有页面，如图6.40所示。

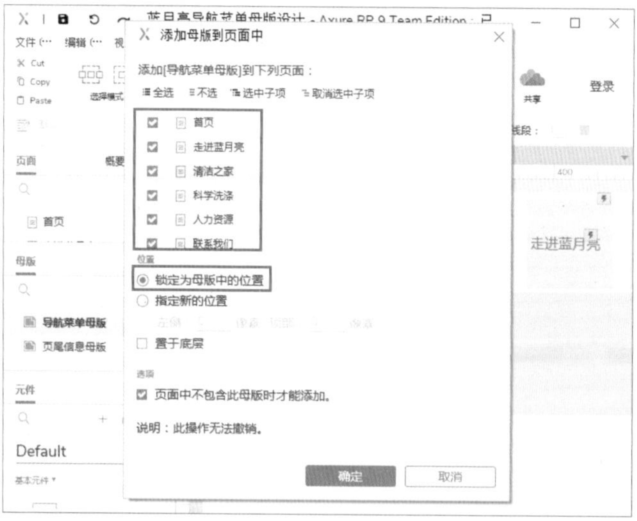

图6.40　将导航菜单母版引用到页面

4 把页尾信息母版也引用到页面，在“页尾信息母版”上单击鼠标右键，在弹出的快捷菜单中选择“新增页面”选项，弹出“添加母版到页面中”对话框，单击全选按钮，选中所有页面，如图6.41所示。

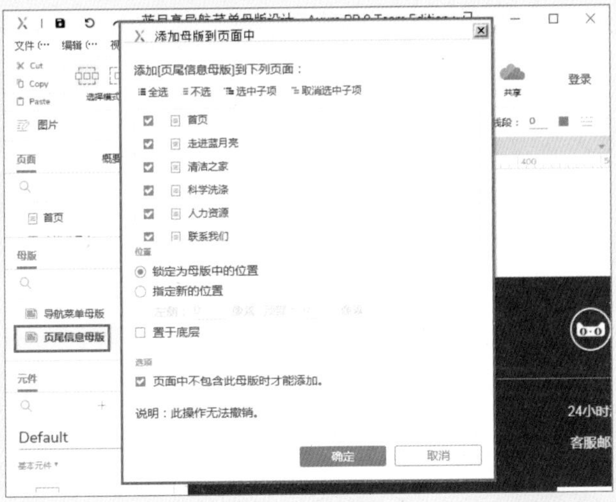

图6.41　将页尾信息母版引用到页面

这样就可以把导航菜单母版和页尾信息母版引用到页面里，不需要在每一个页面重新设计内容，避免重复制作内容，大大提高了工作效率。

6.3.3 导航菜单母版交互设计

1 菜单首页、清洁之家、科学洗涤没有二级菜单，单击这3个菜单时其背景为选中状态，文字颜色为白色（#FFFFFF）。走进蓝月亮、人力资源、联系我们这3个菜单有二级菜单，单击这3个菜单时其背景为选中状态，文字颜色为白色（#FFFFFF），同时显示相应的二级菜单。

2 当打开某个页面时，首页会呈现为选中状态，出现蓝色背景和白色文字，这时就需要添加页面载入时触发事件，以显示菜单被选中时的背景。在“添加动作”面板中选择“移动”，“组织动作”面板中是指到达位置（249,4），勾选“首页”复选框，在“设置动作”面板下拉列表中选择“富文本”选项，即文字通过富文本的方式设置为白色（#FFFFFF），如图6.42所示。

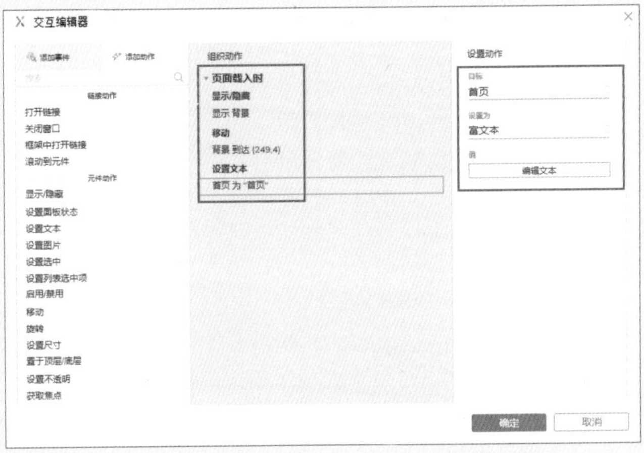

图6.42　为页面载入时添加触发事件

3 为“首页”导航添加鼠标单击时触发事件，拖曳一个“热区”元件到工作区域。将其覆盖在“首页”导航上，为“热区”元件添加鼠标单击时触发事件，菜单背景移动到达位置（249,4），显示菜单选中背景，通过富文本的设置将“首页”导航文字设置为白色（#FFFFFF），其他导航菜单文字设置为黑色（#555555），隐藏二级菜单，如图6.43所示。

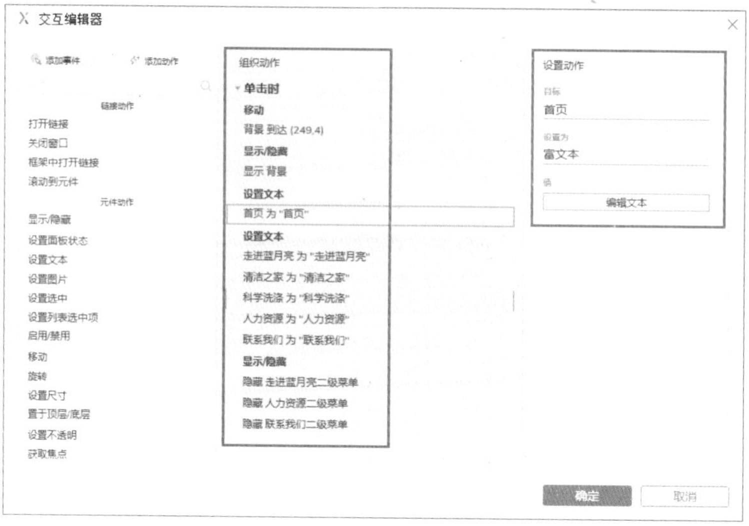

图6.43 为“首页”导航添加单击事件

4 为“走进蓝月亮”导航添加鼠标单击时触发事件，拖曳一个“热区”元件到工作区域，将其覆盖在“走进蓝月亮”导航上，作为鼠标单击时触发事件。将菜单背景移动到位置（361,4），显示菜单选中背景，再通过富文本的设置将“走进蓝月亮”导航文字设置为白色（#FFFFFF），其他导航菜单文字设置为黑色（#555555），显示“走进蓝月亮”二级菜单，隐藏其他二级菜单，如图6.44所示。

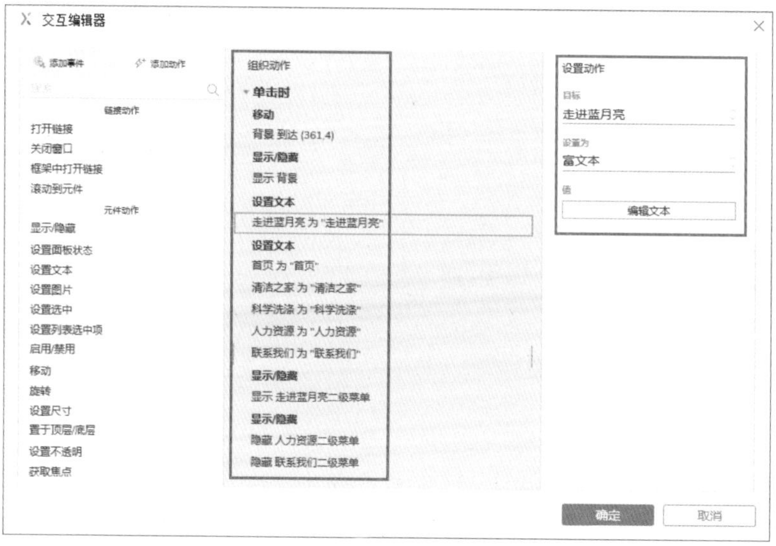

图6.44 为“走进蓝月亮”导航添加单击事件

5 为“清洁之家”导航添加鼠标单击时触发事件，拖曳一个“热区”元件到工作区域，将其覆盖在“清洁之家”导航上，作为鼠标单击时触发事件。将菜单背景移动到位置（490,4），显示菜单选中背景，再通过富文本的设置将“清洁之家”导航文字设置为白色（#FFFFFF），其他导航菜单文字设置为黑色（#555555），隐藏所有二级菜单，如图6.45所示。

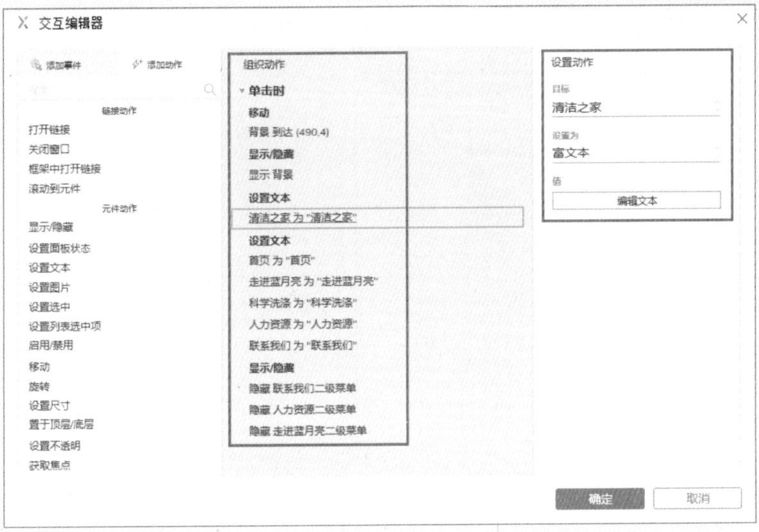

图6.45 为“清洁之家”导航添加单击事件

6 为“科学洗涤”导航添加鼠标单击时触发事件，拖曳一个“热区”元件到工作区域，将其覆盖在“科学洗涤”导航上，添加鼠标单击时触发事件，将菜单背景移动到位置（610,4），显示菜单选中背景，通过富文本的设置将“科学洗涤”导航文字设置为白色（#FFFFFF），其他导航菜单文字设置为黑色（#555555），隐藏所有二级菜单，如图6.46所示。

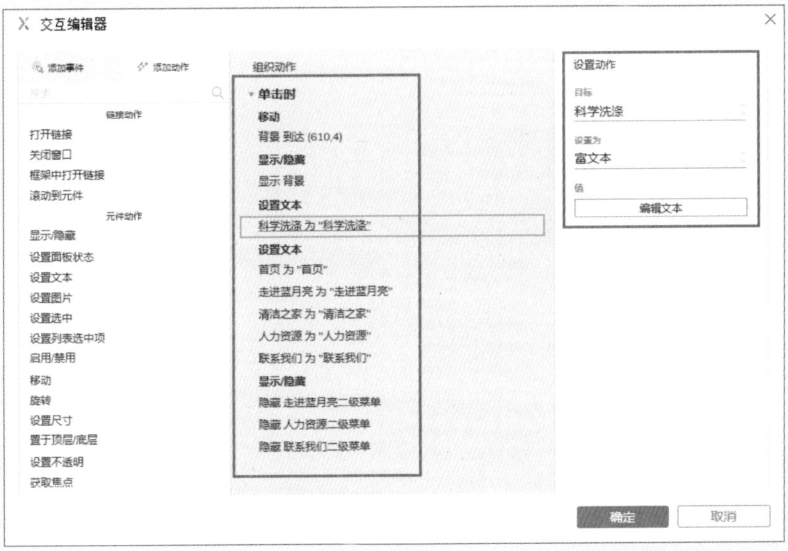

图6.46 为“科学洗涤”导航添加单击事件

7 为“人力资源”导航添加鼠标单击时触发事件，拖曳一个“热区”元件到工作区域，将其覆盖在“人力资源”导航上，在“添加事件”面板选择鼠标单击时触发事件，并将菜单背景移动到位置（731,4），显示菜单选中背景。在“添加动作”面板通过富文本的设置将“人力资源”导航文字设置为白色（#FFFFFF），其他导航菜单文字设置为黑色（#555555），显示“人力资源”二级菜单，隐藏其他二级菜单，如图6.47所示。

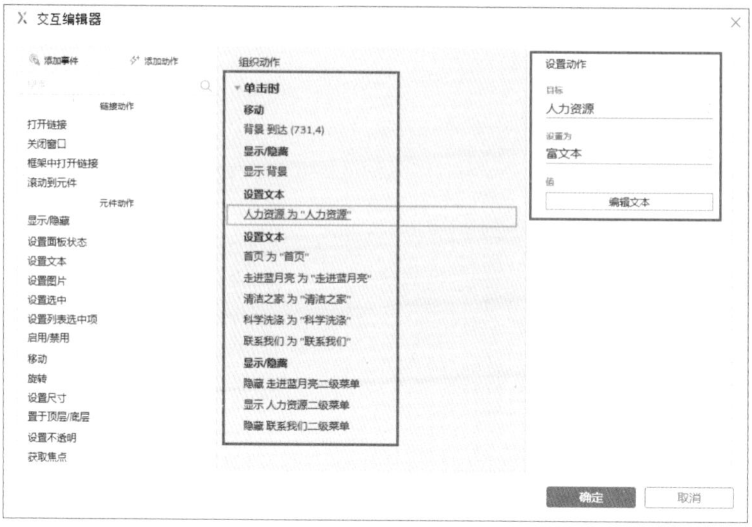

图6.47 为“人力资源”导航添加单击事件

8 为“联系我们”导航添加鼠标单击时触发事件，拖曳一个“热区”元件到工作区域，将其覆盖在“联系我们”导航上，在“添加事件”面板选择鼠标单击时触发事件，并将菜单背景移动到位置（851,4），显示菜单选中背景。在“添加动作”面板通过富文本的设置将“联系我们”导航文字设置为白色（#FFFFFF），其他导航菜单文字设置为黑色（#555555），显示“联系我们”二级菜单，隐藏其他二级菜单，如图6.48所示。

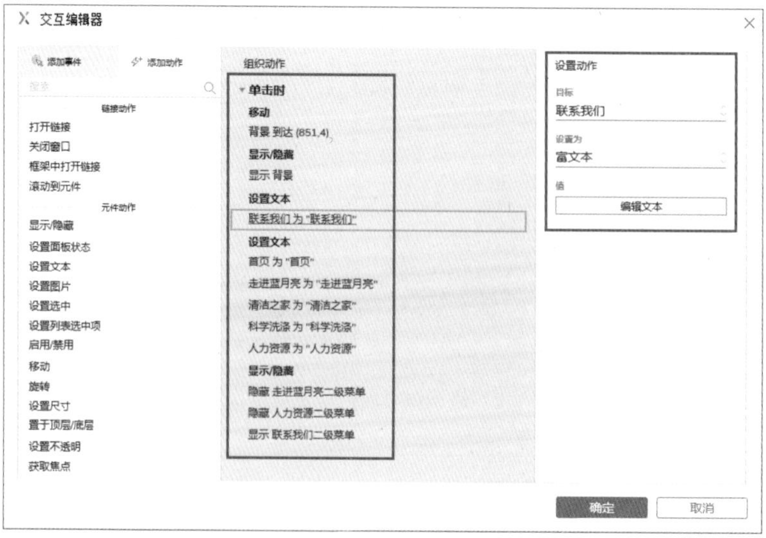

图6.48 为“联系我们”导航添加单击事件

9 保存原型设计，并同时发布原型，页面载入或鼠标单击时，隐藏的菜单选中的背景会显示出来，如图6.49、图6.50、图6.51和图6.52所示。

图6.49　首页

图6.50　走进蓝月亮

图6.51　人力资源

图6.52　联系我们

当鼠标单击到某个菜单时，就会显示相应的二级菜单，这时菜单就变为选中状态。单击其他菜单时，其他的二级菜单就会被隐藏起来。

当页面载入时，就会将当前页面的菜单选中，同时显示出背景菜单。

6.4　小结

本章主要学习Axure母版的使用方法，应当学会以下知识。

（1）学会Axure母版的基本操作，如新增母版、删除母版、将母版引用到页面，从页面上删除母版等。

（2）学会制作母版的两种方式：一种是通过母版区域新建母版，另一种是通过元件转换为母版。

（3）学会母版的3种拖放行为，即任何位置、锁定到母版中的位置、从母版脱离，根据不同的场合使用不同的拖放行为。

6.5　练习

前述蓝月亮页面还缺少内容，请去蓝月亮官网查看页面内容，完成页面内容的布局设计。

第二篇　Axure高级交互效果

第7章　用Axure链接行为制作交互效果

Axure之所以受交互设计师、产品经理等用户的青睐，是因为Axure可以制作各种高级交互效果，能够最大程度上还原真实软件的操作，如打开链接、关闭窗口、在内部框架中打开链接、滚动到元件等行为，如图7.1和图7.2所示。

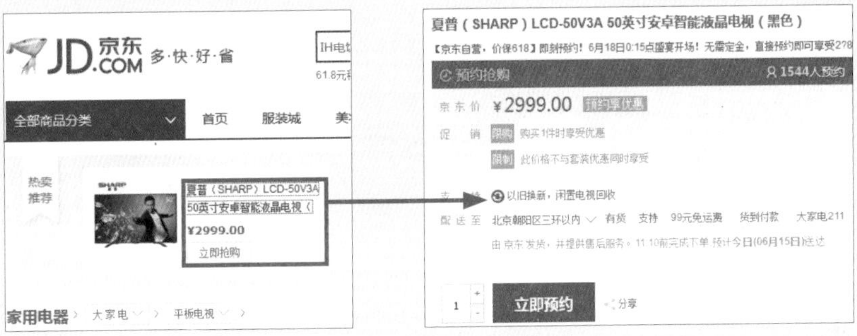

图7.1　打开链接交互效果

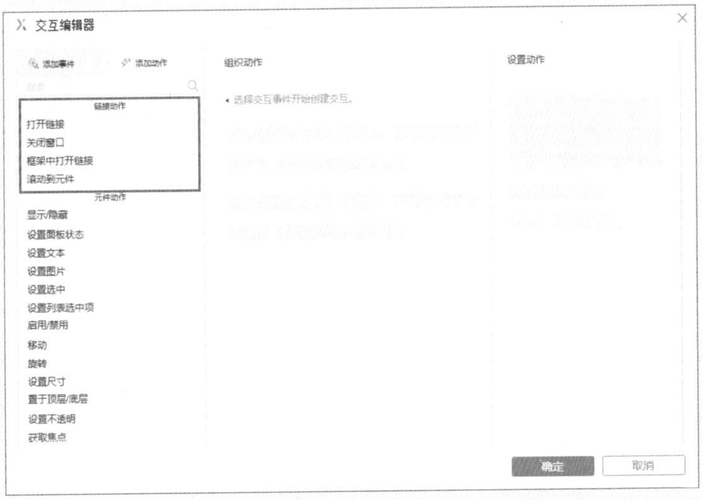

图7.2　链接动作

慕课视频

打开链接和关闭窗口

7.1 打开链接和关闭窗口行为

7.1.1 当前窗口打开链接

在当前窗口页面里打开指定的链接。

◆ 实战演练

1 把Page1页面重新命名为“当前窗口”，拖曳一个“按钮”元件到工作区域，将其重新命名为“当前窗口打开链接”。拖曳一个“矩形1”元件到工作区域作为当前页面的内容，并将文本内容重新命名为“当前页面内容”，如图7.3所示。

图7.3　当前窗口

2 新建页面并重新命名为“结果页面”，拖曳一个“矩形1”元件到工作区域，将其作为结果页面的内容，并将文本内容命名为“我是结果页面内容”，如图7.4所示。

图7.4　结果页面

3 回到“当前窗口”页面，给按钮元件添加鼠标单击时触发事件。在“添加事件”面板选中“单击时”事件，在“添加动作”面板单击“打开链接”选项，该页面包括4种链接方式，这里选择第1种，即在“设置动作”面板的“链接到”下拉列表中选择“结果页面”，在“打开在”下拉列表中选择“当前窗口”链接方式打开结果页面，如图7.5所示。

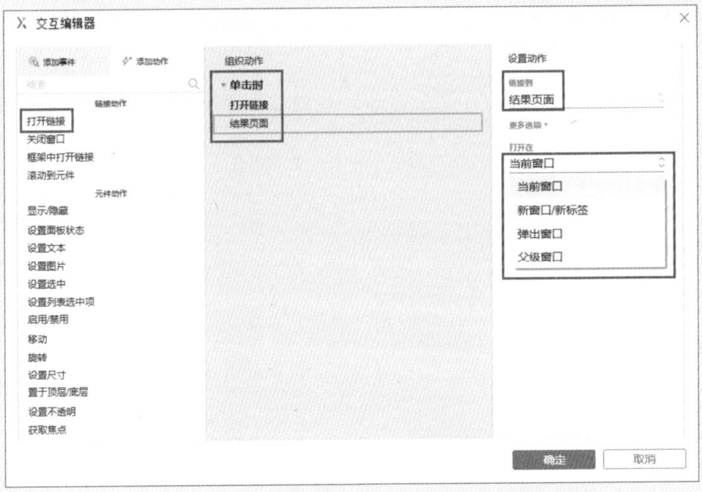

图7.5　设置在当前窗口打开结果页面的链接动作

4 第2种链接方式——在“设置动作”面板的“链接到”下拉列表中选择“链接到URL或文件路径”能够将单击按钮的触发事件链接到外部URL或者文件路径，如图7.6所示。假如想打开京东商城的页面，输入京东商城的网址，就可以链接到京东商城的页面，或者输入本地文件路径可以打开本地文件。

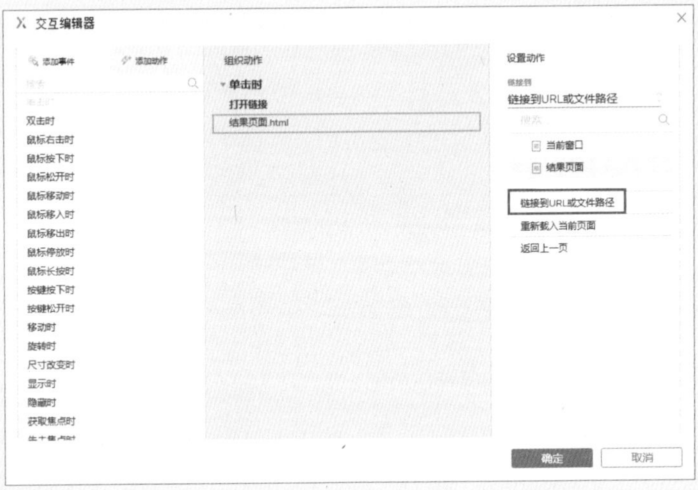

图7.6　打开URL或外部文件

注 意

以预览方式发布的原型看不到链接到的内容，只有以生成本地文件的方式发布原型，才能链接到想要链接的内容。

5 第3种链接方式能够重新载入当前页面，也就是刷新当前页面，第4种链接方式能够返回上一页，如图7.7所示。

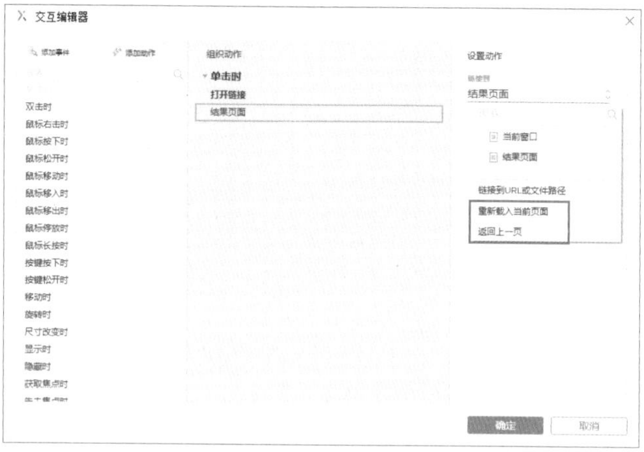

图7.7　刷新或者返回页面

6 设置链接动作，单击按钮时能够在当前窗口打开结果页面。按F5键发布原型，检查效果。能够看到，浏览器的标题是当前窗口，如图7.8所示，页面包含一个打开结果页面的按钮和一个矩形元件，单击此按钮，浏览器在当前窗口打开结果页面，这时浏览器的标题和内容都会发生变化。

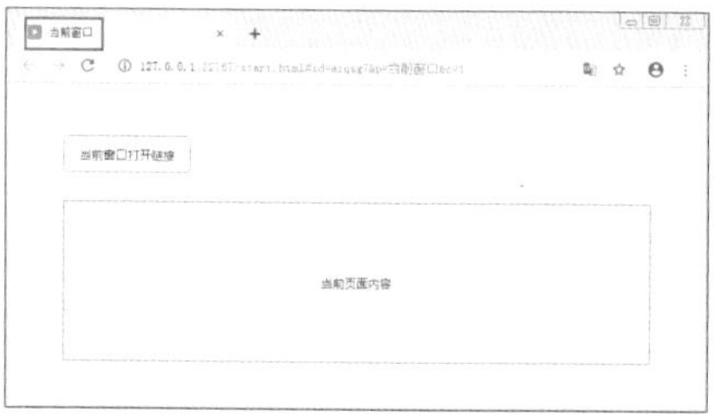

图7.8　发布原型

7.1.2 新窗口打开链接

在新的窗口页面打开链接，并保留原窗口页面。

◆ 实战演练

1 进入“当前窗口”页面，拖曳一个“按钮”元件到工作区域，将其命名为“在新窗口打开链接”，如图7.9所示。

图7.9　在新窗口打开链接按钮

2 为该按钮元件添加鼠标单击时触发事件，在“添加动作”面板选择“打开链接”动作，在“设置动作”面板“链接到”下拉列表中选择“结果页面”选项，在“打开在”下拉列表中选择“新窗口/新标签”选项，如图7.10所示。

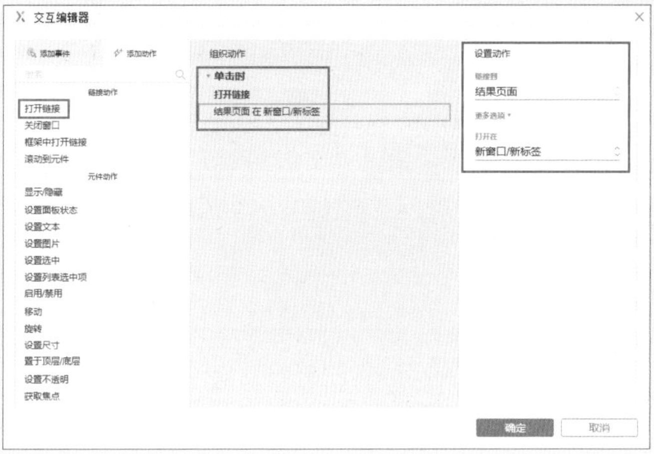

图7.10　在新窗口打开链接交互设置

3 按F5键发布原型，单击“在新窗口打开链接”按钮，浏览器打开一个新的窗口，来显示结果页面内容，如图7.11所示。

图7.11　新窗口打开后的页面

7.1.3 弹出窗口打开链接

Axure可以设置在弹出的窗口中打开链接交互效果，下面来看看它是如何制作的。

◆ 实战演练

1 回到“当前窗口”页面，拖曳一个“按钮”元件到工作区域，将其命名为“弹出窗口打开链接”，如图7.12所示。

图7.12　弹出窗口打开链接按钮

2 为按钮添加鼠标单击时触发事件，在“添加动作”面板选择“打开链接”动作，在“设置动作”面板的“链接到”下拉列表中选择“结果页面”选项，在“打开在”下拉列表中选择“弹出窗口”选项，并对弹出窗口进行设置，包括弹出窗口的大小、位置以及是否居中，如图7.13所示。

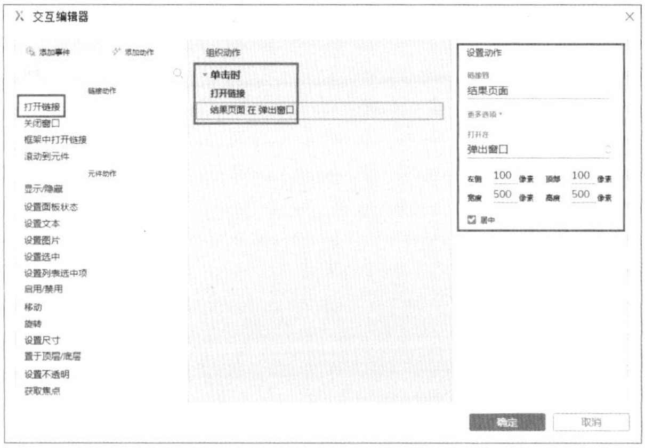

图7.13　弹出窗口交互设置

3 发布原型，检查效果，单击“弹出窗口打开链接”按钮，浏览器弹出一个新的窗口显示结果页面，如图7.14所示。

图7.14　发布原型

可以根据自己的需要，对弹出窗口的属性进行设置，例如，如果想让弹出窗口在屏幕中间显示，就勾选“居中”复选框，还可以设置弹出窗口的其他属性。通过为弹出窗口设置不同的属性，可以获得不同的弹出窗口的效果。

7.1.4 父窗口打开链接

除了在当前窗口、新窗口以及弹出的窗口打开链接外，还可以在父窗口打开要显示的页面。

◆ 实战演练

1 新建页面并将其命名为“父窗口显示页面”，拖曳一个“矩形1”元件到工作区域，将其文本内容命名为“父窗口显示这个页面”，如图7.15所示。

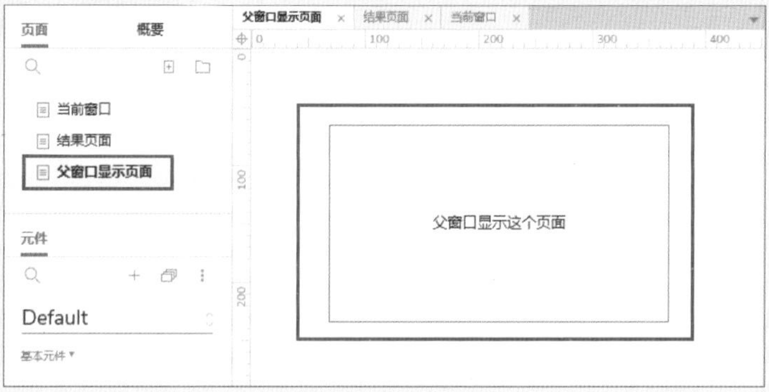

图7.15　父窗口显示页面

2 进入“结果页面”，拖曳一个“按钮”元件到工作区域，将其文本内容命名为“父窗口打开链接”，如图7.16所示。

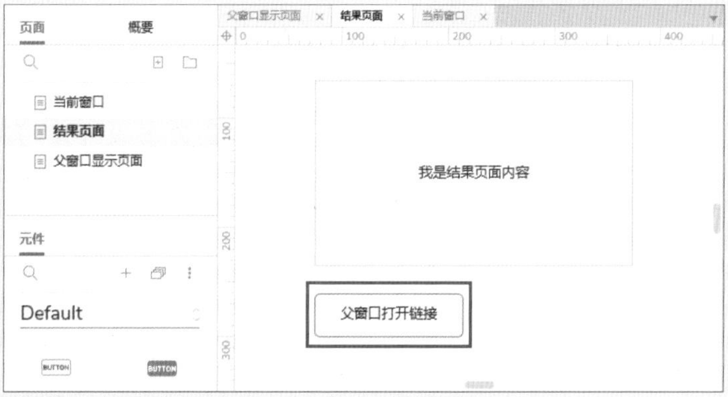

图7.16　父窗口打开链接按钮

3 为该按钮添加鼠标单击时触发事件，在“添加动作”面板选择“打开链接”动作，在“设置动作”面板的“链接到”下拉列表中选择“父窗口显示页面”选项，在“打开在”下拉列表中选择“父级窗口”选项，如图7.17所示。

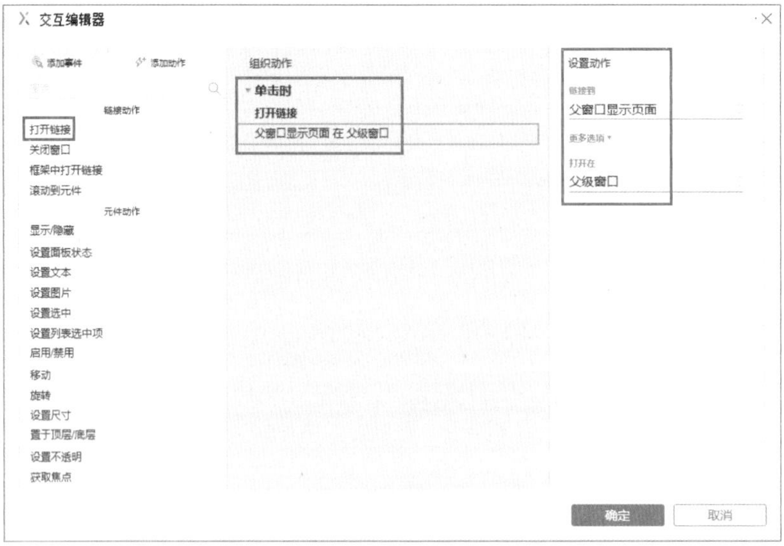

图7.17　父窗口交互设置

4 按F5键发布原型，检查效果，先单击“在新窗口打开链接”按钮，随后在打开的结果页面中单击“父窗口打开链接”按钮，可以看到父窗口的页面内容在父窗口显示页面中显示出来，如图7.18所示。

图7.18　发布原型

7.1.5 关闭窗口

“关闭窗口”动作用来关闭浏览器窗口页面。

◆ 实战演练

1 在“当前窗口”页面，拖曳一个“按钮”元件到工作区域，将其文本内容命名为“关闭窗口”，如图7.19所示。

图7.19　关闭窗口按钮

2 为该按钮添加鼠标单击时触发事件，在“添加动作”面板选择“关闭窗口”动作，在“设置动作”面板中没有任何选项，即当单击该按钮时，可以把该按钮所在的页面关闭，如图7.20所示。

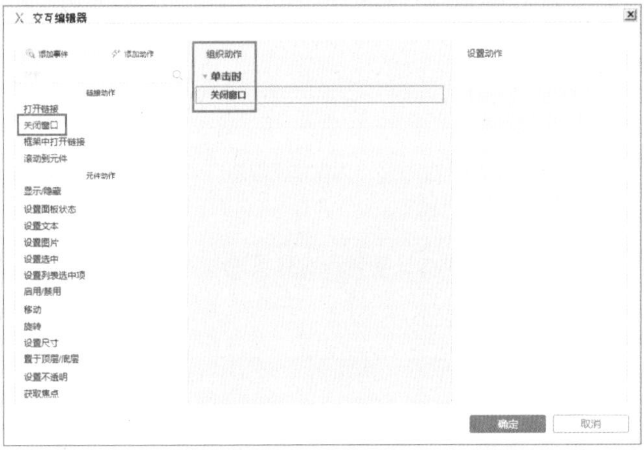

图7.20　关闭窗口交互

3 发布原型，当单击“关闭窗口”按钮时，会弹出“关闭窗口”对话框，单击“同意”按钮，就可以关闭该窗口。

7.2　在内部框架中打开链接行为

Axure的内部框架可以使同一个浏览器窗口中显示多个页面，从而在该窗口中实现不同页面的切换效果。就像在HTML网页代码中有iframe标签，iframe元素会创建包含另外一个文档的内联框架，从而实现不同条件下的文档嵌入效果。

Axure的内部框架和iframe元素的功能相近，都能够实现不同条件下的文档嵌入效果。内部框架元件到底是一个什么样的元件呢，该怎么使用内部框架元件呢？下面一起走进内部框架元件。

慕课视频

在内部框架中打开链接

7.2.1 内部框架

◆ 实战演练

1 新建页面并将其重新命名为“内部框架”。拖曳一个“内部框架”元件到工作区域，将其命名为“内部框架显示区”；再拖曳两个“按钮”元件到工作区域，将其分别命名为“结果页面”“父窗口显示页面”，如图7.21所示。

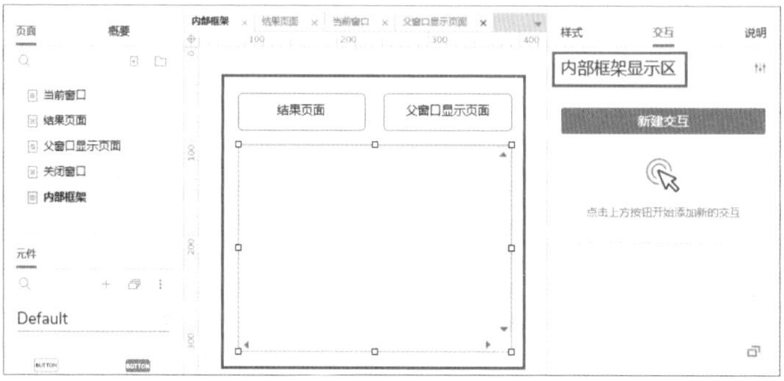

图7.21　内部框架显示区

2 选中“结果页面”按钮，为其添加鼠标单击时触发事件，在“添加动作”面板单击“框架中打开链接”选项，选择“内部框架显示区”，在“设置动作”面板的“链接到”下拉列表中选择“结果页面”选项，如图7.22所示。

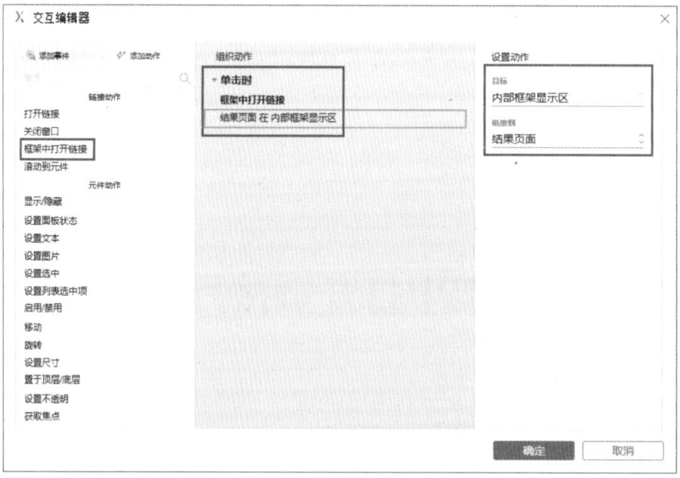

图7.22　在内部框架中打开结果页面

3 选中“父窗口显示页面”按钮，为其添加鼠标单击时触发事件，在“添加动作”面板单击“框架中打开链接”选项，在“设置动作”面板下面勾选“内部框架显示区”复选框，并在“链接到”下拉列表中选择“父窗口显示页面”选项，如图7.23所示。

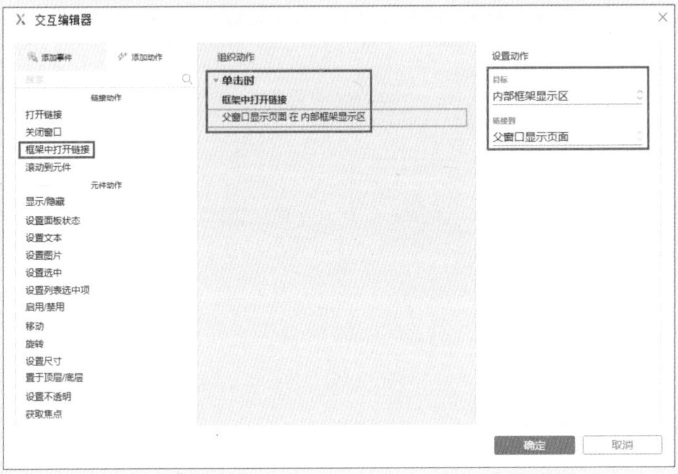

图7.23 在父框架中打开页面

4 按F5键发布原型，检查效果，单击“结果页面”按钮，可以看到结果页面在内部框架中显示出来；单击“父窗口显示页面”按钮，内部框架的显示内容则发生变化，显示出了父窗口显示页面的内容，如图7.24所示。

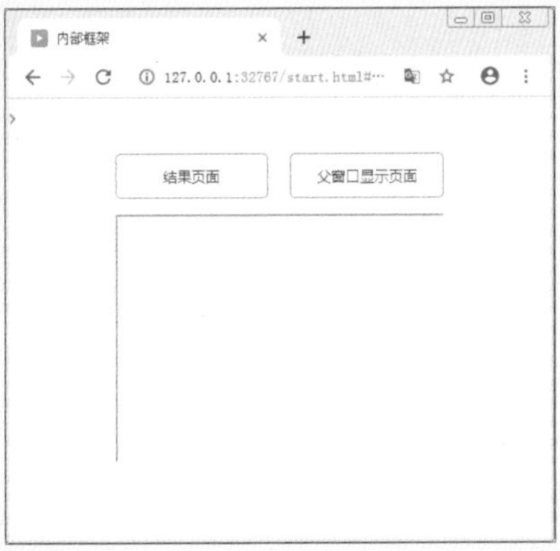

图7.24 发布原型

注 意

可以看出，内部框架就是一个架子，内部框架有多大，它的页面显示区域就有多大。可以为框架设置不同的条件，在框架内显示不同的页面内容，从而实现不同条件下页面的切换效果，就像使用动态面板元件一样。

5 页面刚加载时，内部框架内不会显示内容，但不应该为用户展示一个空白页面，应该默认显示“结果页面”按钮对应的内容。在内部框架上双击，在弹出的内部框架“链接属性”对话框中，选中“结果页面”，单击“确定”按钮，将该页面作为内部框架的默认显示页面，如图7.25所示。

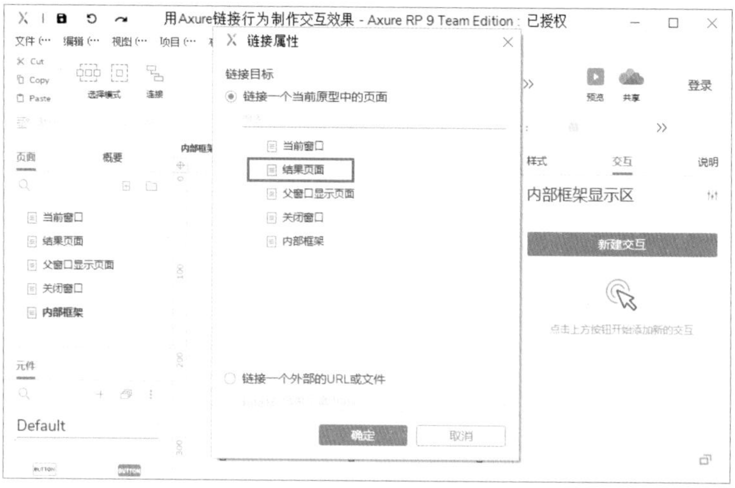

图7.25 设置默认显示页面

6 再发布原型，可以看到内部框架默认显示的是“结果页面”的内容，如图7.26所示。单击“父窗口显示页面”按钮同样可以实现切换效果。

图7.26 发布原型

从图7.26可以看到内部框架中出现滚动条，而单击“父窗口显示页面”按钮，内部框架又没有滚动条，这是因为结果页面中内容的高度高于内部框架的高度，使内部框架不能完全显示出结果页面的内容，这时内部框架就会出现滚动条，而父窗口显示页面的内容在内部框架中可以完全展示出来，因此不需要滚动条。

那滚动条是怎么设置的呢？可不可以不显示滚动条呢？

7 在内部框架上单击鼠标右键，在弹出的快捷菜单中可以看到滚动条选项，该选项又包含3个子选项，分别为按需滚动、始终滚动、从不滚动，其默认勾选按需滚动，如果不想显示滚动条，则选择第3个选项，如图7.27所示。

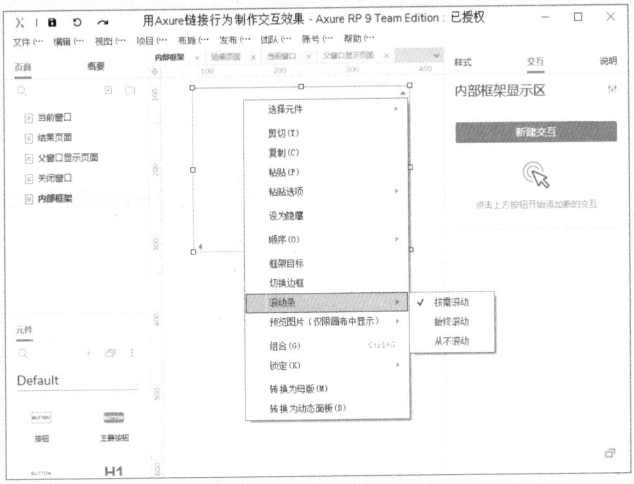

图7.27 滚动条设置

内部框架的边框不美观会影响用户体验，在内部框架上单击鼠标右键，在弹出的快捷菜单中单击“切换边框”可以显示或者隐藏边框。

内部框架是用来进行引用的功能，它可以将特定的页面内容引入到内部框架中，内部框架还可以引入如下内容。

- 引入视频，Axure中没有媒体控件，要在原型里播放本地或者网页上的视频文件就会用到内部框架。通过在链接属性中填写视频文件的绝对路径地址，就可以将视频引入到内部框架里。
- 引入本地文件，在超链接里填写要引用的本地文件的地址（包括文件名和后缀名），这样该文件就会在内部框架内打开。本地文件可以为pdf文档、图片或音乐文件，但不能是Office格式的文件。
- 引用网页，在超链接里输入网址就可以引用网页。需要注意两点：一是超链接地址要带上“http://”；二是内部框架的大小要设置好，显示网页时默认从左上角开始显示。

7.2.2 父框架

◆ 实战演练

1 在“结果页面”里添加一个“按钮”元件，将其命名为“父框架打开链接”，新增一个页面，重新命名其为“父框架显示页面”，拖曳一个“矩形1”元件到工作区域，将其填充背景色为绿色（#008000），如图7.28和图7.29所示。

图7.28 “父框架打开链接”按钮

图7.29　父框架显示页面

2 回到“结果页面”里，选中“父框架打开链接”按钮，为其添加鼠标单击时触发事件，在“添加动作”面板中单击“框架中打开链接”选项，可以看到当前页面没有可用的内部框架，勾选“父级框架”复选框，在“设置动作”面板的“链接到”下拉列表中选择“父框架显示页面”选项，如图7.30所示。

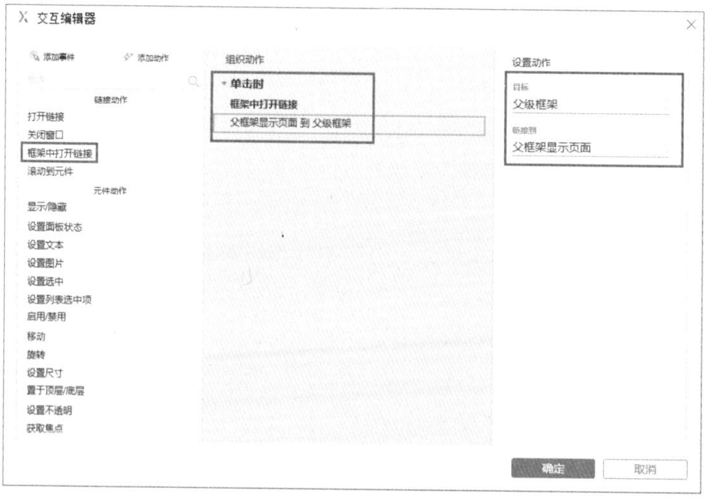

图7.30　父框架打开页面

3 发布原型，单击“父框架打开链接”按钮，可以看到父框架显示页面被打开，如图7.31所示。

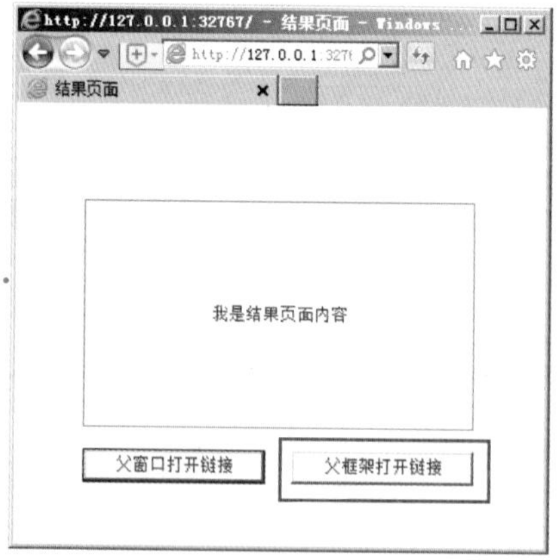

图7.31　发布原型

可以根据个人习惯选择内部框架，如果能够用动态面板完成的功能建议不要使用内部框架，因为内部框架与动态面板相比，不是很灵活，效率也不高。并且使用内部框架完成交互的设置会比较复杂，实际上动态面板除了不能引用视频、本地文件和网页之外，其他工作都能很好地完成。

7.3 滚动到元件（锚点链接）行为

经常有这样的页面，页面右侧会悬浮一块区域，单击悬浮区域里的链接，页面会滚动到链接指定的位置，如页首或者页尾，Axure同样也能实现这样的功能。

慕课视频

滚动到元件（锚点链接）

◆ 实战演练

1 在页面区域上新建一个页面“滚动到元件行为”，拖曳两个“矩形1”元件到工作区域，将宽度均设置为700，高度均设置为100。文本内容分别命名为“我是顶部”“我是尾部”，标签命名为“top”“bottom”，坐标位置分别设置为（0,0）、（0,1000），如图7.32所示。

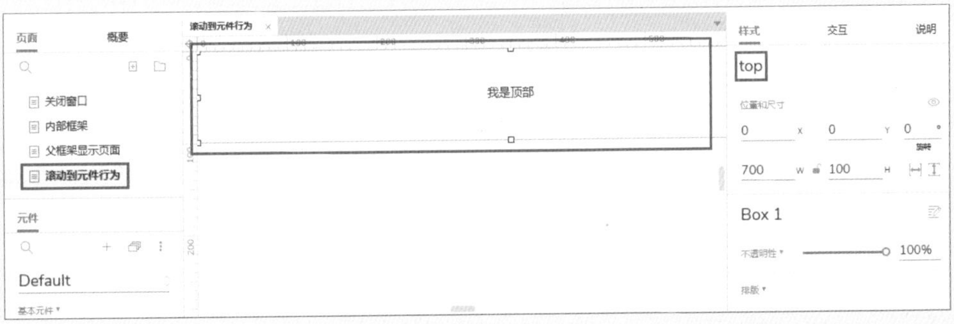

图7.32 滚动到元件行为页面

2 拖曳两个“矩形1”元件到工作区域，右击其中一个“矩形1”元件，在弹出的快捷菜单中选择形状菜单选项，在子菜单中选择向上三角形，从而制作向上的箭头。运用同样的方式，制作一个向下的箭头，如图7.33所示。

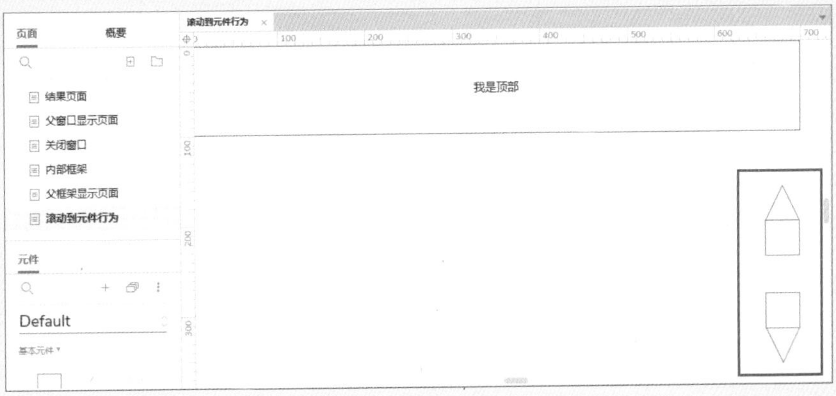

图7.33 制作向上向下箭头

3 拖曳一个“热区”元件到工作区域，将其放置在向上的箭头上，并为其添加鼠标单击时触发事件。在“添加动作”面板单击“滚动到元件”选项，勾选“top”复选框，在“设置动作”面板单击“垂直”按钮使其垂直方向滚动，也可以为其设置滚动动画，如图7.34所示。

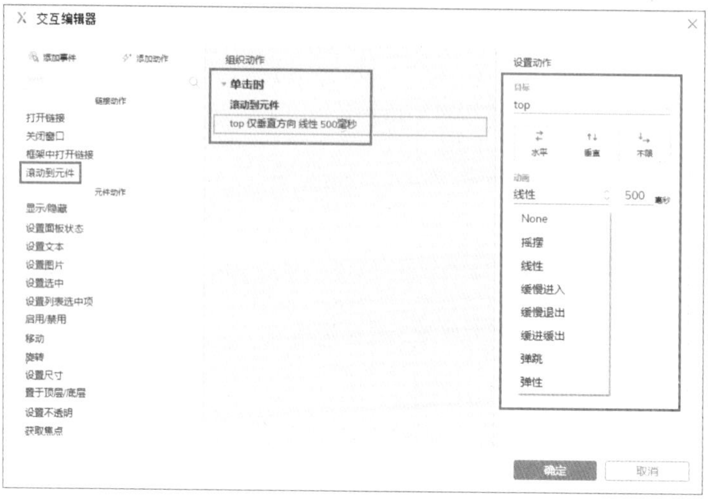

图7.34　滚动到顶部

4 拖曳一个“热区”元件到工作区域，将其放置在向下的箭头上，并为其添加鼠标单击时触发事件。在“添加动作”面板单击“滚动到元件”选项，勾选“bottom”复选框，在“设置动作”面板单击“垂直”按钮使其垂直方向滚动，如图7.35所示。

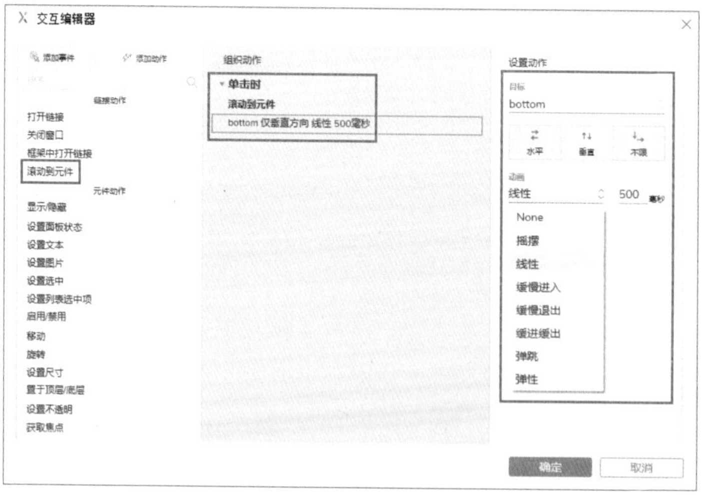

图7.35　滚动到底部

5 同时选中向上箭头和向下箭头，将它们转换为动态面板元件，动态面板的名称为“快速定位”，状态重新命名为“定位”，如图7.36所示。

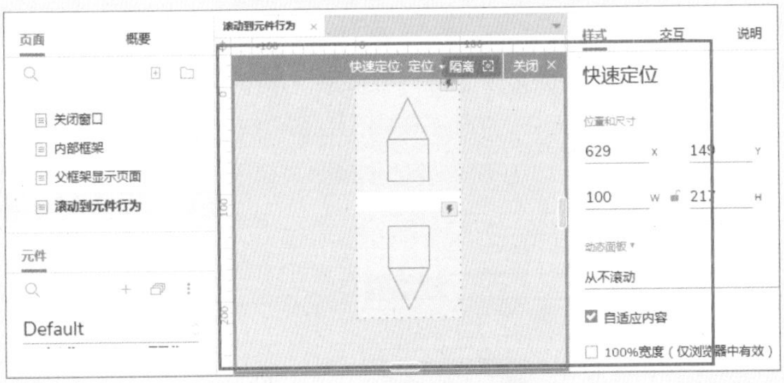

图7.36　转换为动态面板

6 转换为动态面板后，在动态面板上单击鼠标右键，在弹出的对话框中勾选“固定到浏览器窗口”复选框，在水平固定选项组中选择“右侧”单选项，在垂直固定选项组中选择“中部”单选项，这样在浏览器窗口滚动时，此动态面板会被固定到浏览器上，如图7.37所示。

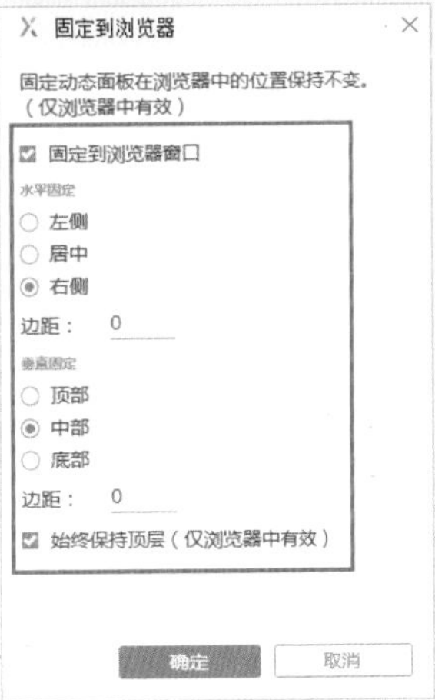

图7.37　设置动态面板在浏览器中的位置

7 按F5键发布制作的原型。按向上箭头按钮可以滚动到页面顶部，按向下箭头按钮会滚动到页尾，如图7.38所示。

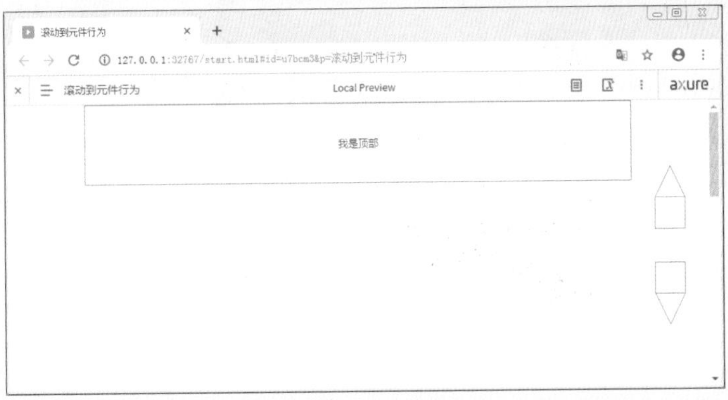

图7.38　滚动到顶部

7.4　设置自适应视图

现在进行原型设计时，要考虑多终端问题，台式电脑、平板电脑、手机等不同设备具有不同的尺寸，显示侧重点也有所不同。

台式电脑：可以全面考虑所有内容，然后渐进地为更小的屏幕设计。

平板电脑：为用户使用平板电脑而设计。

手机：为更小的屏幕设计，能够确保为智能手机用户设计关键功能和内容，并考虑更小屏幕和一些不可预知的网络连接问题。

慕课视频

设置自适应视图

Axure提供自适应视图功能，在设计原型时，可以考虑多尺寸设置，如在哪种终端下显示什么内容，或者在不同尺寸下显示不同内容。例如，淘宝网在1200分辨率和1024分辨率下显示的内容是不一样的，红色线框圈出的内容，是在两个分辨率下显示出的不同内容，如图7.39和图7.40所示。

图7.39　1200分辨率

图7.40　1024分辨率

下面利用Axure RP9原型工具来设计淘宝网在这两种分辨率下的原型显示效果。

◆ 实战演练

1 在菜单栏的项目菜单下单击“自适应视图”选项，弹出“自适应视图设置”对话框，默认选择的是“高分辨率，平板横向”视图，单击“添加”按钮可以添加不同分辨率的视图，如图7.41所示。

2 设置两种自适应视图，在预设下拉列表里选择“Large Display(1200×任何)”选项，将其命名为“高分辨率”，单击“确定”按钮。再单击“添加”按钮，在预设下拉列表里选择“Landscape Tablet(1024×任何)”，将其名称命名为“平板横向”，如图7.42所示，单击“确定”按钮。这样就设置了1200和1024两种尺寸的分辨率，并且平板横向视图是继承于高分辨率视图的。

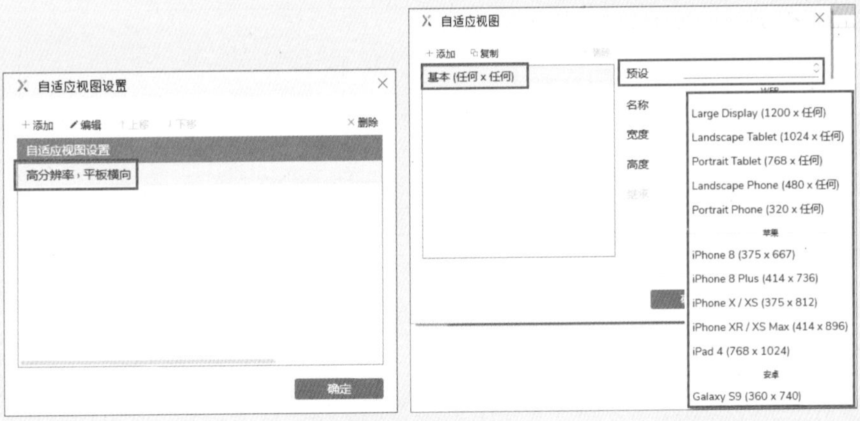

图7.41　自适应视图

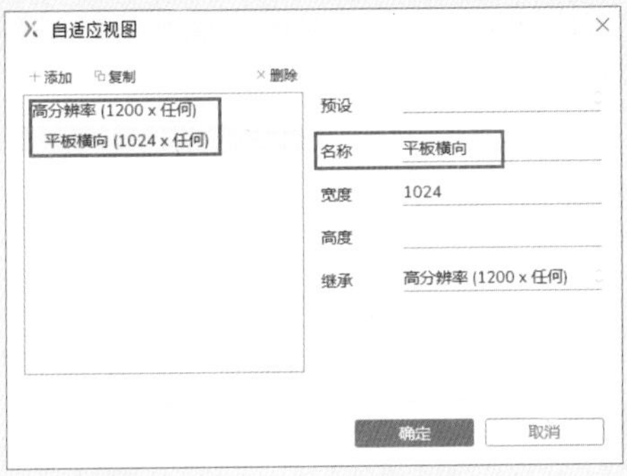

图7.42　两种尺寸视图

3 在页面区域新建一个页面“自适应视图”，在检视区域单击“编辑自适应视图”链接，添加刚才新建的视图，从而在工作区域上方显示设置的两种视图，如果不启用视图，这个功能则是隐藏的，如图7.43所示。

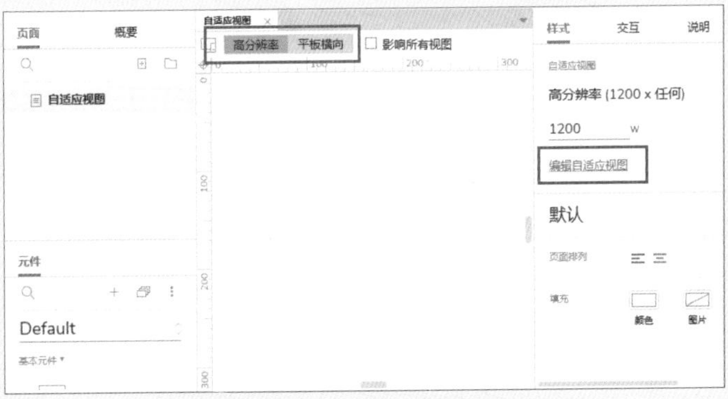

图7.43　添加“编辑自适应视图”

4 设置高分辨率（1200×任何）视图的显示内容，拖曳一个“图片”元件到工作区域，用“1200内容”图片替换图片元件，如图7.44所示。

图7.44　高分辨率视图内容显示

5 设置平板横向视图（1024×任何）视图的显示内容，单击“平板横向”页签，进入“平板横向”视图，把状态栏的宽度调整为1024，把“1200内容”隐藏起来，拖曳一个“图片”元件到工作区域，用“1024内容”图片替换图片元件，如图7.45所示。

图7.45　平板横向视图内容显示

6 添加页面载入时触发事件，在“添加动作”面板选择“设置自适应视图”动作，在“设置动作”面板的自适应范围下拉列表中有3种视图可以选择。一种是自动，这种方式是根据浏览器窗口尺寸自动决定显示哪个视图的内容，还有两种就是高分辨率和平板横向视图，可以指定这两种视图，一旦指定视图，不管浏览器窗口怎么变化，它只会显示当前设置的视图内容。在这里选择“Auto”，让页面自动显示视图内容，如图7.46所示。

设置完自适应视图后，发布原型。调整浏览器窗口大小，可以看到页面会根据浏览器窗口的尺寸来显示高分辨率（1200×任何）视图的内容或者平板横向分辨率（1024×任何）视图的内容，这样就实现了自适应视图效果。

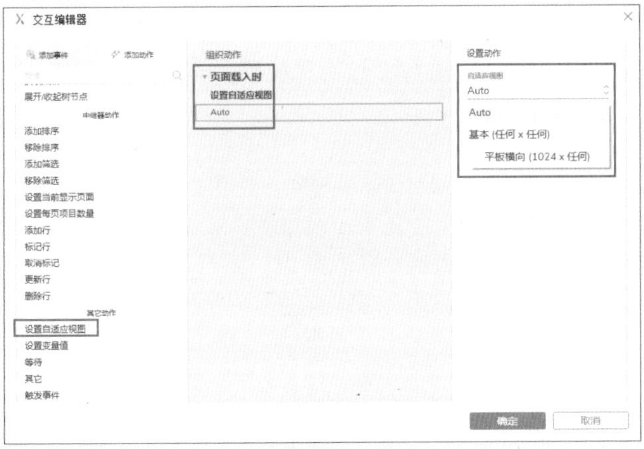

图7.46　设置自适应视图

7.5　小结

本章主要学习Axure的链接行为，使用链接行为制作交互效果，应当学会以下知识。

（1）学会Axure的打开链接和关闭窗口行为，包括当前窗口、新窗口、弹出窗口、父窗口、关闭窗口链接行为。

（2）学会在内部框架中打开链接行为，了解什么是内部框架元件，并学习内部框架和父框架的使用方法。

（3）学会使用滚动到元件行为，这是一个经常会用到的一个功能，在很多网站上都会用到这样的功能。

（4）理解自适应视图功能，Axure提供多视图设计以使台式计算机、平板电脑、手机等不同尺寸的终端显示不同的内容。

7.6　练习

通过实现聚美优品首页返回顶部操作，来学习滚动到元件功能，如图7.47所示。

图7.47　聚美优品首页返回顶部

第8章　用Axure元件行为制作交互效果

除了可以使用Axure链接行为制作交互效果，也可以使用Axure元件行为来制作交互效果，包括元件的显示/隐藏、设置文本、设置图片、设置选中、设置列表选中项、启用/禁用、移动/旋转、置于顶层/底层、获取焦点、展开/收起树节点等行为，通过元件动作的交互效果，可以制作出高级交互效果，如图8.1所示。

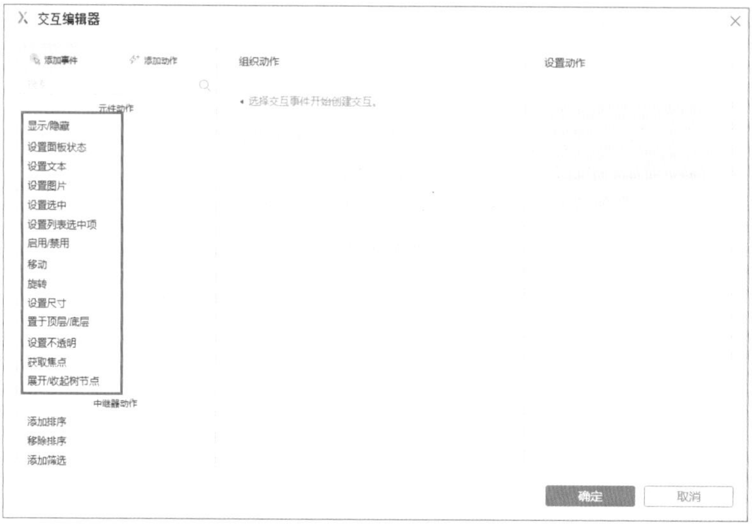

图8.1　Axure元件动作

8.1　显示/隐藏行为

慕课视频

显示/隐藏

元件的显示/隐藏行为是经常用到的一种交互效果，常用于制作二级菜单的显示与隐藏交互效果，下面一起来学习显示与隐藏行为。

8.1.1 切换方式控制元件显示与隐藏

◆ 实战演练

1 拖曳一个“矩形1”元件到工作区域，将其宽度设置为100，高度设置为30，文本内容重新命名为“导航一”，拖曳一个“垂直菜单”元件到工作区域，将其作为导航一的二级菜单，把它的标签命名为“导航一的二级菜单”，如图8.2所示。

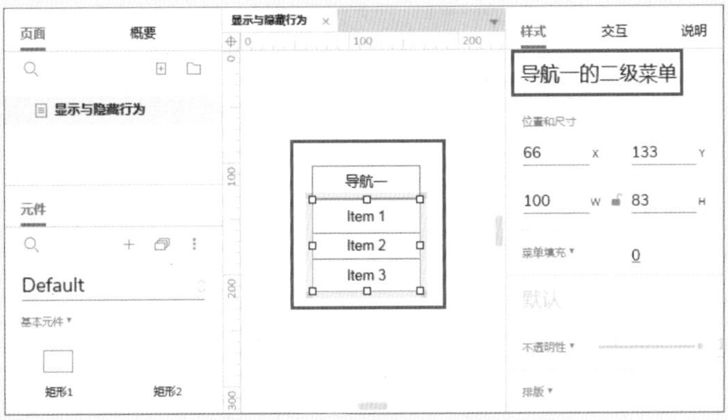

图8.2　一级菜单和二级菜单

2 把导航一的二级菜单先隐藏起来，单击导航一时，才显示出其二级菜单。选中导航一，为其添加鼠标单击时触发事件，在“添加动作”面板单击“显示/隐藏”选项，勾选“导航一的二级菜单”复选框，为其添加一个动画效果，在“设置动作”面板单击“切换”按钮，在“显示动画”下拉列表中选择“向下滑动”选项，在“隐藏动画”下拉列表中选择“向上滑动”选项，如图8.3所示。

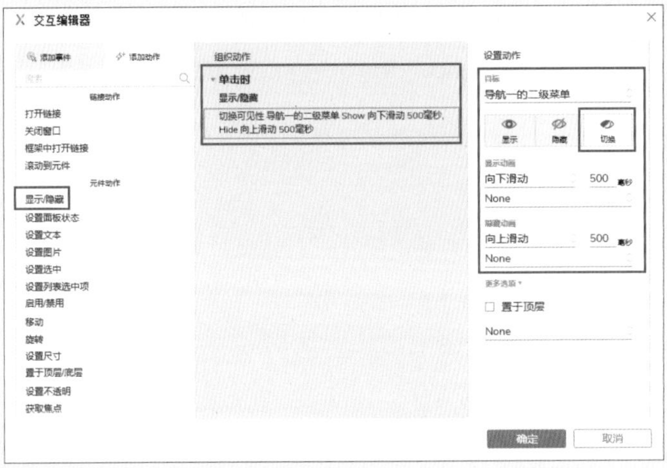

图8.3　导航一菜单交互效果

元件有显示行为和隐藏行为，交互编辑器提供了可以在这两者之间进行切换的行为，叫作切换可见性，作用是切换显示和隐藏。

3 按F5键发布原型看一看效果，单击导航一，它的二级菜单向下滑动显示出来，退出时，二级菜单向上滑动，从而实现了二级菜单显示与隐藏效果，如图8.4所示。

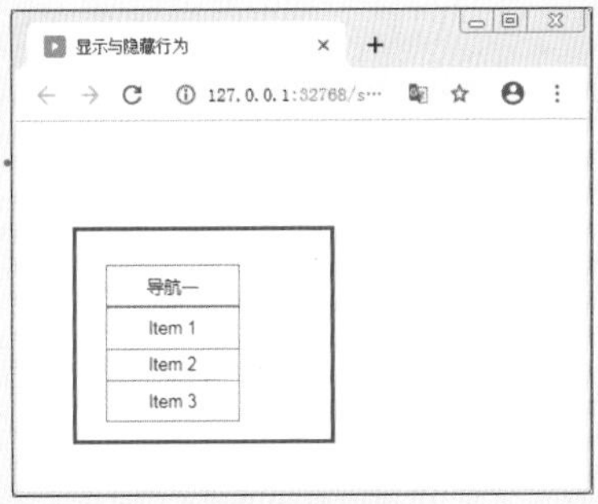

图8.4　发布原型

8.1.2 变量方式控制元件显示与隐藏

使用切换可见性行为可以控制元件的显示与隐藏效果，除了使用这样的方式，还可以使用变量方式控制元件的显示与隐藏。

◆ 实战演练

1 复制“导航一”和“导航一的二级菜单”两个元件，把“导航一”元件重命名为“导航二”，把它的二级菜单标签重命名为“导航二的二级菜单”，如图8.5所示。

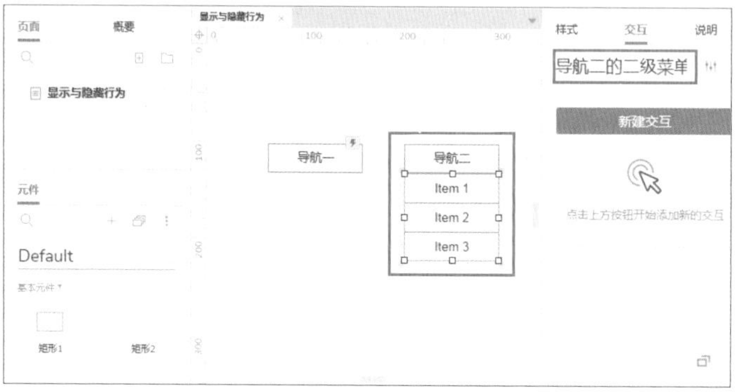

图8.5 复制导航一和二级菜单

2 添加一个全局变量，将其命名为“flag”，默认值为0，选中导航二菜单，修改其鼠标单击时触发事件，单击添加条件，设置变量值“flag”等于0，使其显示二级菜单，如图8.6所示。

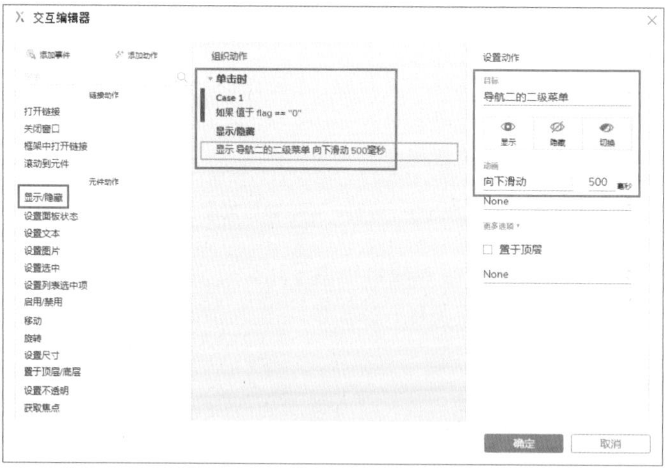

图8.6 显示导航二的二级菜单

3 在“添加动作”面板中单击“设置变量值”选项，勾选“flag”复选框，在“设置动作”面板的“设置为”下拉列表中选择“值”，在“值”数值框中输入1，如图8.7所示。

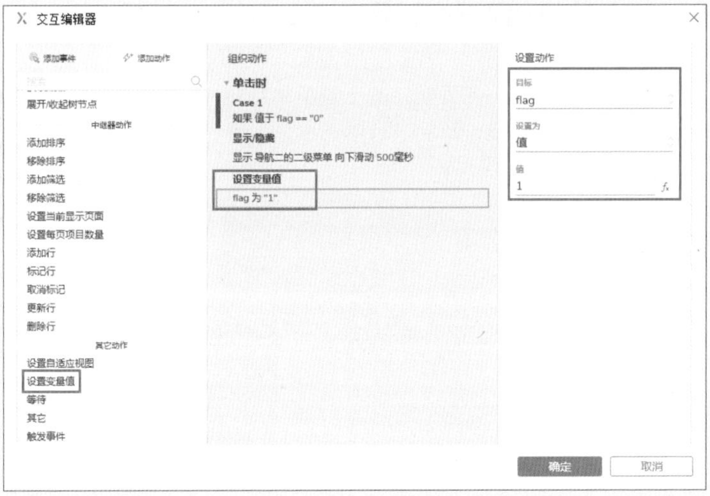

图8.7 修改变量值

4 再添加鼠标单击时触发事件，单击新增条件，设置变量值“flag”=1，来隐藏二级菜单，在“添加动作”面板单击“显示/隐藏”动作，勾选“导航二的二级菜单”复选框，在“设置动作”面板单击“隐藏”按钮，在“动画”下拉列表中选择“向上滑动”选项，接着把变量“flag”值设置为0，如图8.8所示。

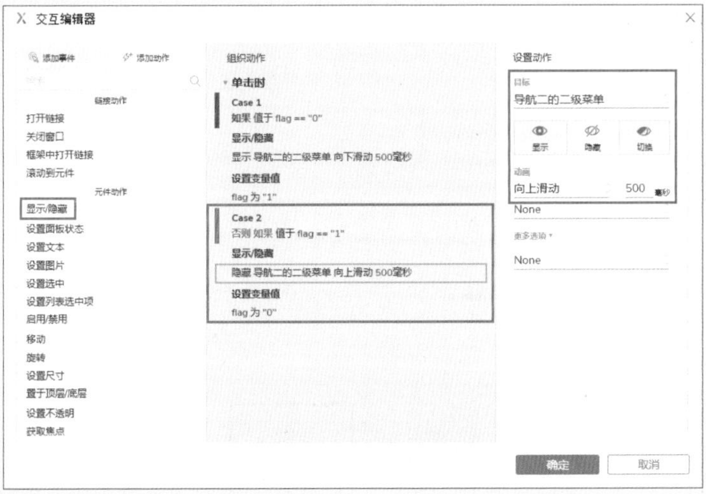

图8.8 隐藏导航二的二级菜单

5 按F5键发布原型并检查效果，单击导航二菜单，其二级菜单向下滑动显示出来，再单击一次导航二菜单，其二级菜单向上滑动隐藏起来，从而实现想要的效果。通过显示与隐藏的交互设置，就能让导航菜单互动起来，模拟真实的效果，如图8.9所示。

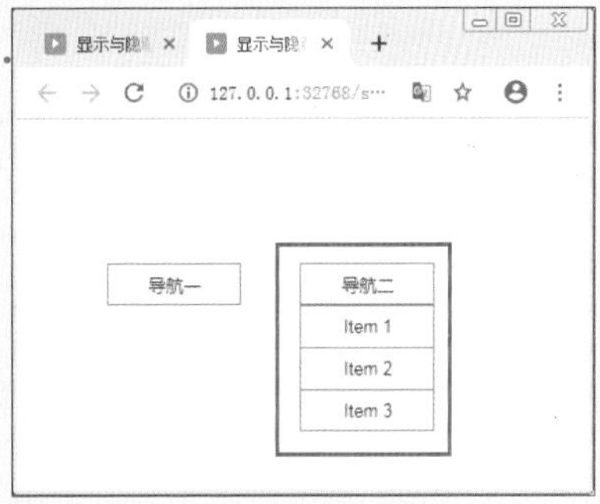

图8.9 发布原型

8.1.3 多个导航菜单联动效果

当单击导航一菜单时，想让导航一和导航二的二级菜单都显示出来，如图8.10所示，但是怎么才能实现两个甚至多个导航菜单的联动效果呢?

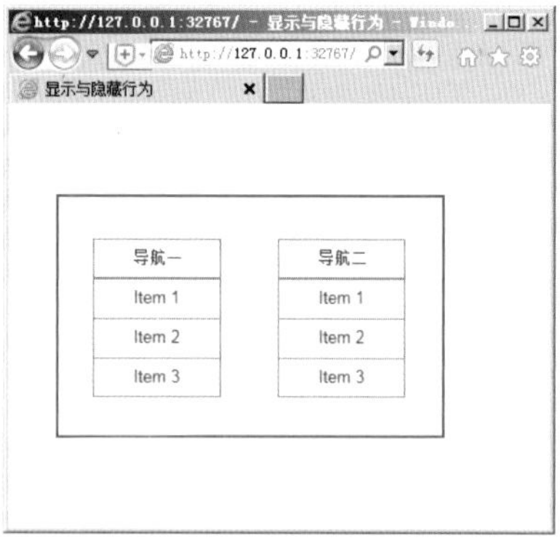

图8.10　二级菜单都显示出来

◆ 实战演练

1 复制导航一及其二级菜单，把导航一重命名为“导航三”，把二级菜单标签重命名为“导航三的二级菜单”，如图8.11所示。

2 复制导航一及其二级菜单，把导航一重命名为“导航四”，把二级菜单标签重命名为“导航四的二级菜单”，如图8.12所示。

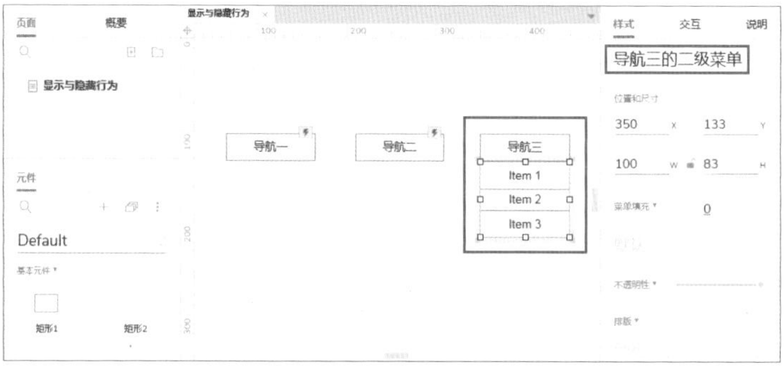

图8.11　导航三及二级菜单

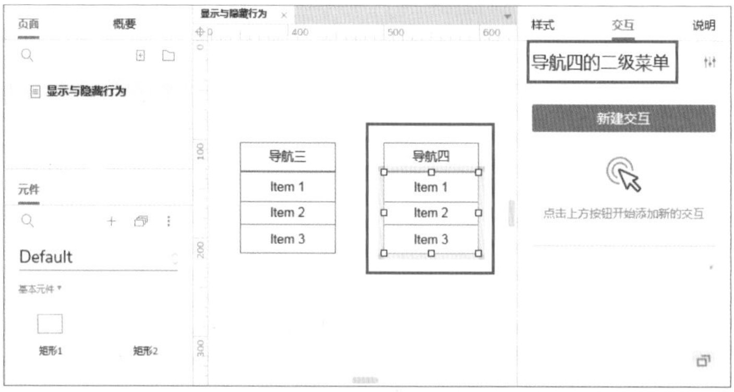

图8.12　导航四及二级菜单

3 实现“导航三”菜单和“导航四”菜单的联动效果。选中“导航三”菜单，为其添加鼠标单击时触发事件，在“设置动作”面板上单击“显示”按钮，使其显示“导航三的二级菜单”，动画效果为向上滑动，单击“隐藏”按钮，将“导航四的二级菜单”隐藏起来，动画效果为向上滑动，如图8.13所示。

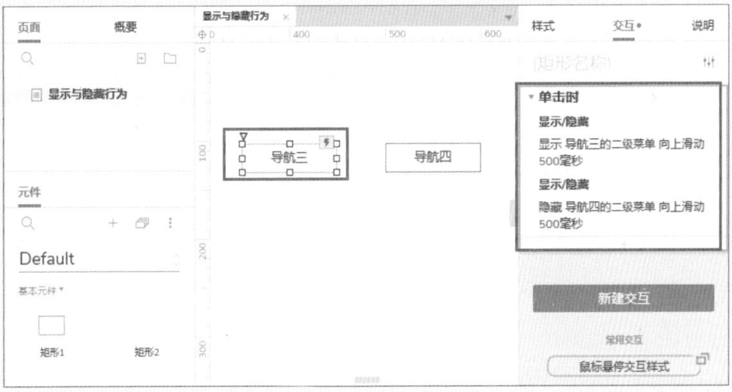

图8.13　导航三菜单交互效果

4 选中“导航四”菜单，为其添加鼠标单击时触发事件，在“设置动作”面板单击“显示”按钮，使其显示“导航四的二级菜单”，动画效果为向下滑动，单击“隐藏”按钮，将“导航三的二级菜单”隐藏起来，动画效果为向上滑动，如图8.14所示。

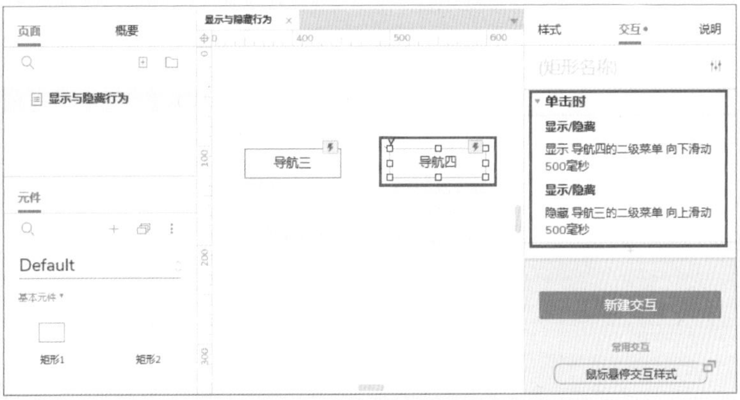

图8.14　导航四菜单交互效果

发布原型并检查效果，单击导航三菜单，导航三的二级菜单向下滑动显示出来，单击导航四菜单，导航三的二级菜单向上滑动隐藏起来，同时导航四的二级菜单向下滑动显示出来，从而实现这两个菜单的联动效果，也是想要达到的效果。

8.2　设置文本和设置图片行为

设置文本行为一般可以应用于便签元件、标题元件、矩形元件等，有文本内容的元件都可以为其设置文本行为。设置图片行为是针对图片元件的，下面看一看如何使用设置文本和设置图片行为。

慕课视频

设置文本和设置图片

8.2.1 设置文本行为

◆ 实战演练

1 拖曳一个“矩形1”元件到工作区域，调整其大小，把它的标签命名为“content”。拖曳两个“按钮”元件到工作区域，将其文本内容分别重命名为“设置文本一”“设置文本二”，如图8.15所示。

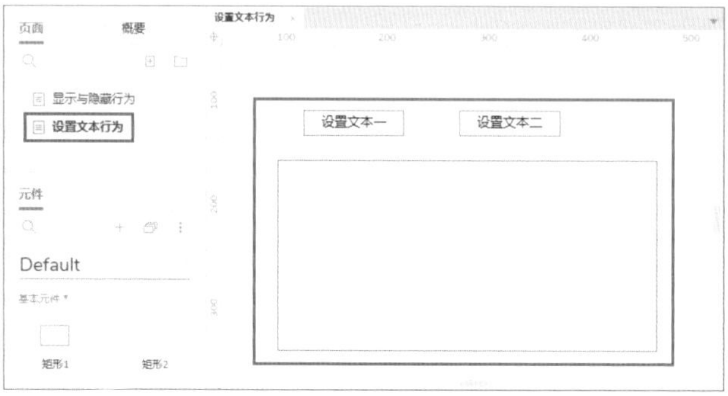

图8.15 设置文本行为

2 选中“设置文本一”按钮元件，为其添加鼠标单击时触发事件，在“添加动作”面板单击“设置文本”选项，勾选“content”复选框，该元件有多种赋值方式，“设置动作”面板包括直接设置值、通过变量值设置值或以元件文字方式设置值等多种方式，这里在“设置为”下拉列表中选择“文本”选项，在“值”文本框中输入“中国我爱你”，如图8.16所示。

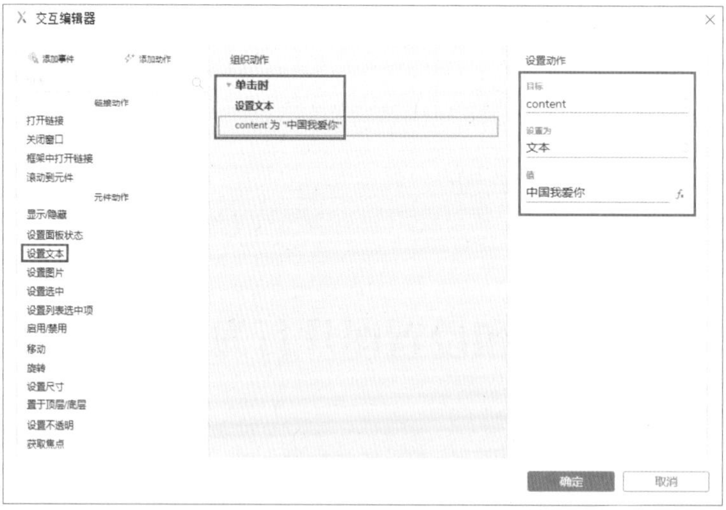

图8.16 赋值

3 用同样的方式给“设置文本二”按钮元件赋值，添加鼠标单击时触发事件，在“添加动作”面板单击“设置文本”选项，勾选“content”复选框，赋值为“北京我爱你”，如图8.17所示。

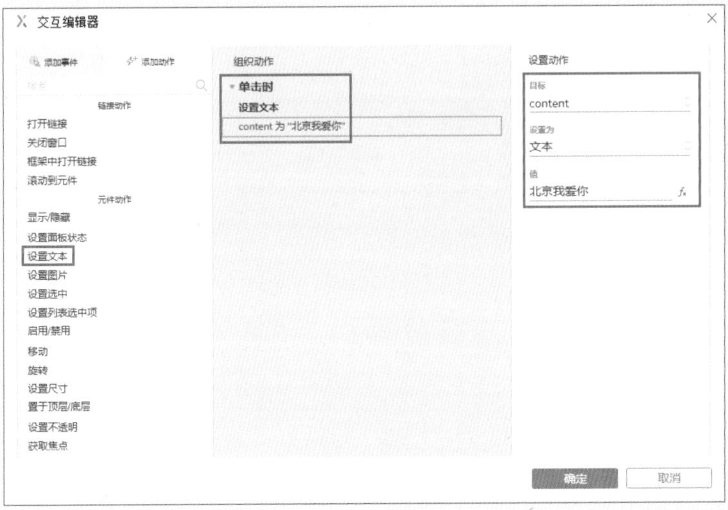

图8.17　赋值

发布原型并检查效果，单击“设置文本一”按钮，矩形框里显示“中国我爱你”，再单击“设置文本二”按钮，矩形框里显示“北京我爱你”，实现了设置文本的效果。

8.2.2 设置图片行为

◆ 实战演练

1 拖曳一个“图片”元件到工作区域，用“face”图片来替换图片元件，把它的标签命名为“image”。拖曳一个“矩形1”元件到工作区域，将其标签命名为“content”。拖曳一个“按钮”元件到工作区域，将其文本内容命名为“设置图像”，如图8.18所示。

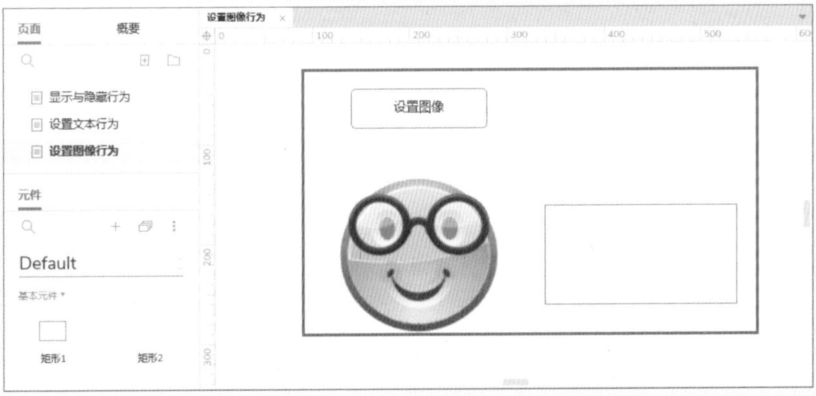

图8.18　图片、矩形元件、提交按钮元件

2 选中“设置图片”按钮元件，为其添加鼠标单击时触发事件，在“添加动作”面板单击“设置图片”选项，发现在“设置动作”面板添加的矩形元件没有被显示出来，进一步说明只能给图片元件设置图片行为，如图8.19所示。

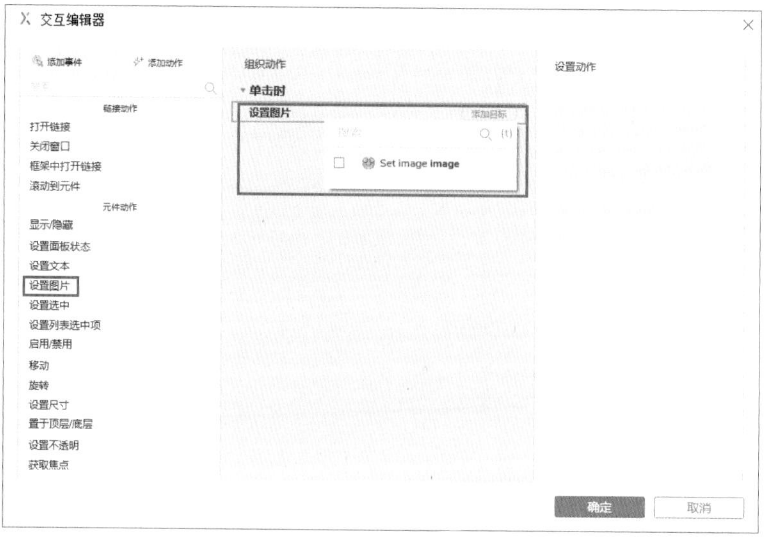

图8.19　设置图片行为

3 勾选“Set image image”复选框，在“设置动作”面板中可以设置默认图片，也就是单击按钮后显示的默认图像，也可以设置鼠标悬停图片，悬停指的是在图片上悬停，还可以设置鼠标按下图片、选中图片以及禁用图片。单击“选择”按钮可以导入图片，这里可以显示出图片的缩略图，也可以清除导入的图片，如图8.20所示。

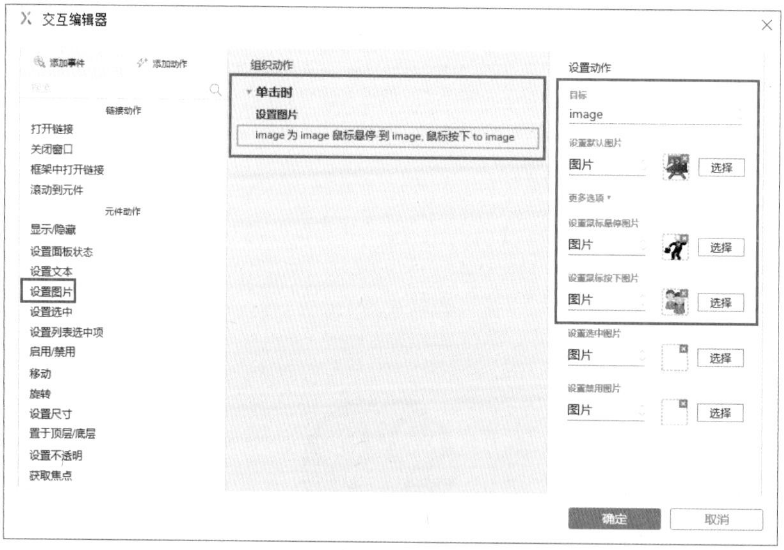

图8.20　设置图片

发布原型，当单击“设置图片”按钮时，则显示设置好的默认图片。当鼠标悬停时，图片切换成新图片。当鼠标按键按下时，图片又进行了更换，从而实现了设置图片的效果。

设置图片的效果一般为，当选中某个东西时，显示出一个对号；禁用某个东西时，显示出一个叉号。或者网站页面上的商品，默认显示的是一个小的预览图片，当鼠标悬停在预览图片上时会显示一个较大尺寸的图片，这些效果都可以通过设置图片行为来完成。

8.3 设置选中行为

设置选中行为常用于设置单选按钮元件和复选框按钮元件的选中与未选中，以及选中和未选中状态的切换效果。下面一起来看看它们的使用方法。

慕课视频

设置选中

8.3.1 单选按钮选中行为

一般给单选按钮和复选框添加单选按钮选中交互行为，下面一起来看看它的使用方法。

◆ 实战演练

1 拖曳一个“单选按钮”元件到工作区域，将其文本内容命名为“我是单选按钮”，将其标签命名为“单选”。拖曳3个“按钮”元件到工作区域，将其文本内容分别命名为“选中”“未选中”“切换选中”，如图8.21所示。

图8.21　单选按钮选中行为页面

2 单击“选中”按钮元件，为其添加鼠标单击时触发事件，在“添加动作”面板单击“设置选中”选项，勾选“单选”复选框，设置它的值为“真”，如图8.22所示。

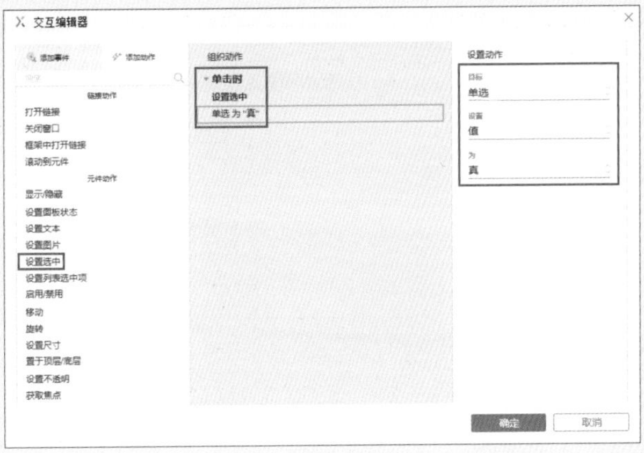

图8.22　选中行为

3 单击“未选中”按钮元件，为其添加鼠标单击时触发事件，在“添加动作”面板单击“设置选中”选项，勾选“单选”复选框，当未被选中时，设置它的值为“假”，如图8.23所示。

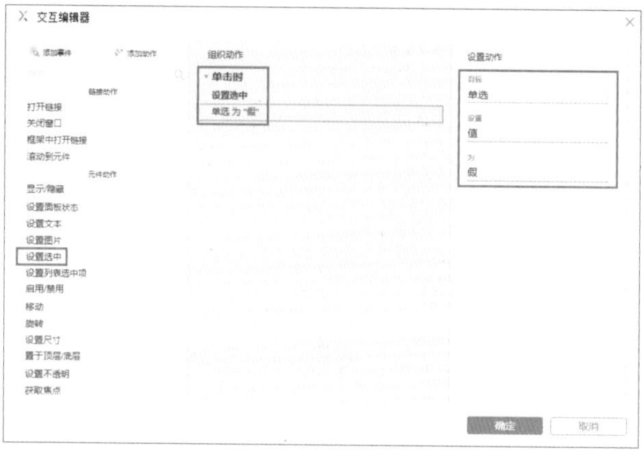

图8.23　未选中行为

4 单击“切换选中”按钮元件，为其添加鼠标单击时触发事件，在“添加动作”面板单击“设置选中”选项，勾选“单选”复选框，设置它的值为“切换”，如图8.24所示。

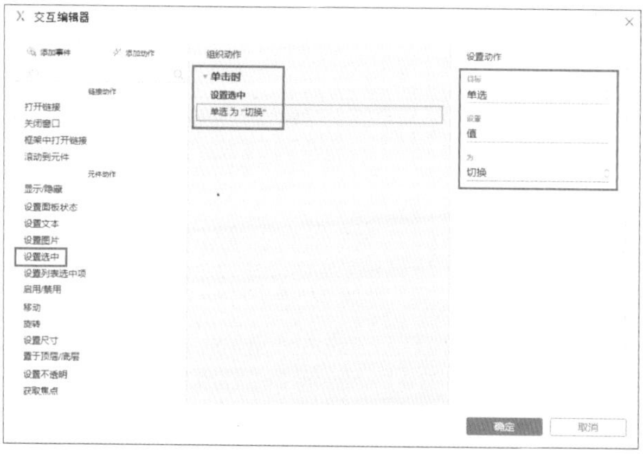

图8.24　切换选中行为

发布原型并检查效果，单击“选中”按钮，单选按钮呈现选中状态；单击“未选中”按钮，单选按钮呈现未选中状态；单击“切换选中”按钮，可以看到单选按钮在选中和未选中状态之间切换。

8.3.2 复选框选中行为

◆ 实战演练

1 拖曳一个“复选框”元件到工作区域，将其文本内容命名为“我是复选框”，将其标签命名为“复选”。拖曳3个“按钮”元件到工作区域，将其文本内容分别命名为“选中”“未选中”“切换选中”，如图8.25所示。

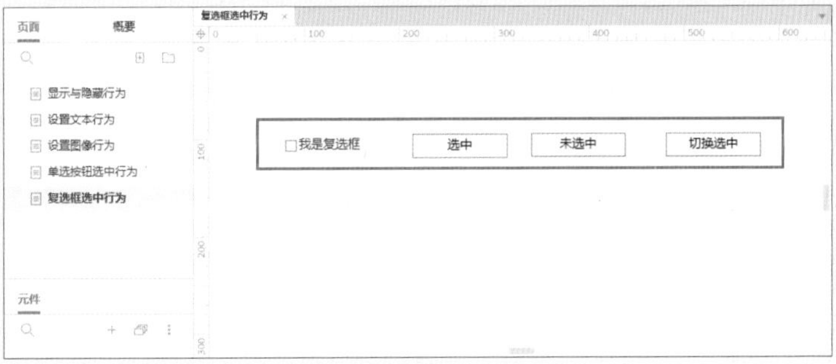

图8.25 复选框选中行为页面

2 单击“选中”按钮元件，为其添加鼠标单击时触发事件。在“添加动作”面板单击“设置选中”选项，勾选“复选”复选框，设置其值为“真”，如图8.26所示。

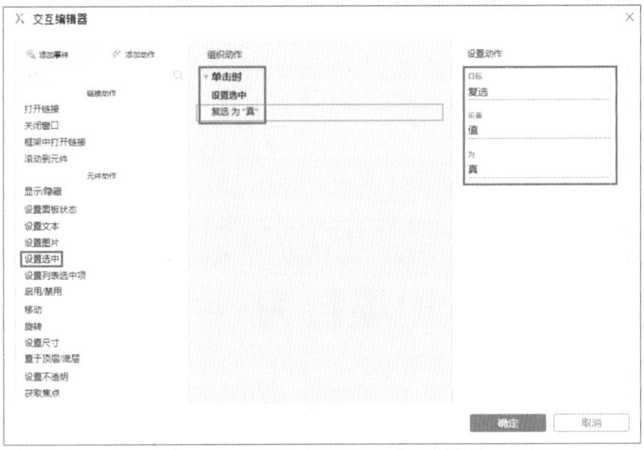

图8.26 选中行为

3 选中“未选中”按钮元件，为其添加鼠标单击时触发事件，在“添加动作”面板单击“设置选中”选项，勾选“复选”复选框，设置其值为“假”，如图8.27所示。

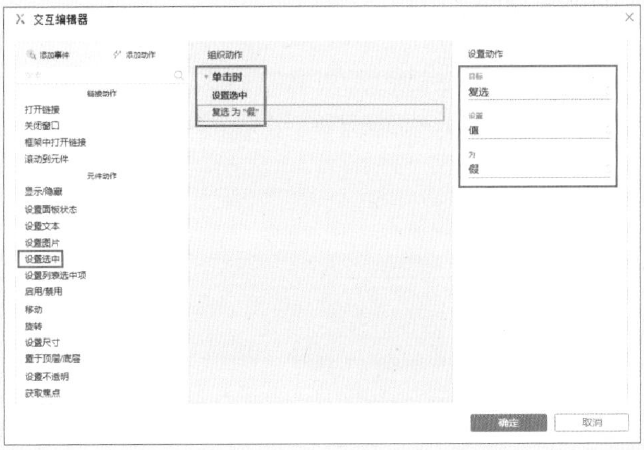

图8.27 未选中行为

4 选中“切换选中”按钮元件，为其添加鼠标单击时触发事件，在“添加动作”面板单击“设置选中”选项，勾选“复选”复选框，设置其值为“切换”，如图8.28所示。

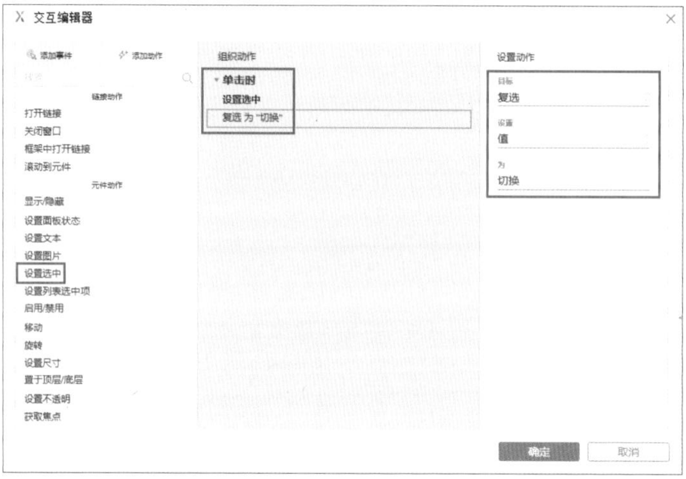

图8.28　切换选中行为

发布原型，单击“选中”按钮，复选框呈现选中状态；单击“未选中”按钮，复选框呈现未选中状态；单击“切换选中”按钮，复选框在选中和未选中状态之间切换。

8.4　设置列表选中项行为

慕课视频

设置列表选中项

设置列表选中项行为常用于下拉列表和列表框元件。下面通过设置两个下拉列表的联动效果，来学习如何设置列表选中项行为。

8.4.1 一对一联动效果

从小学到中学，再到大学，每个学生都经历了无数的考试，每次考完试都有一个成绩排名，可能是小红第一名、小虎第二名、小明第三名。下面就开始制作两个下拉列表，一个代表学生的姓名，另一个代表学生的名次，实现它们的联动效果。

◆ 实战演练

1 拖曳一个“下拉列表”元件到工作区域，将其标签命名为“name”，双击“下拉列表”元件，在弹出的“编辑下拉列表”对话框中单击“编辑多项”按钮，新增多个下拉选项，分别输入“小红”“小虎”“小明”，如图8.29所示。

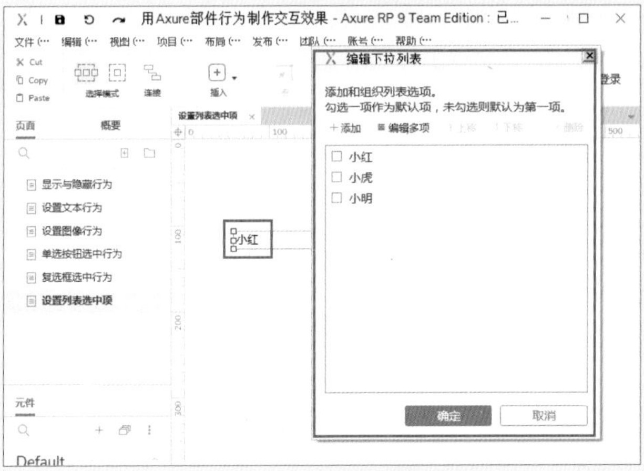

图8.29　姓名下拉列表

2 拖曳一个“下拉列表”元件到工作区域，将其标签命名为“rank”，双击“下拉列表”元件，在弹出的“编辑下拉列表”对话框中单击“编辑多项”按钮，新增多个下拉选项，分别输入“第一名”“第二名”“第三名”，如图8.30所示。

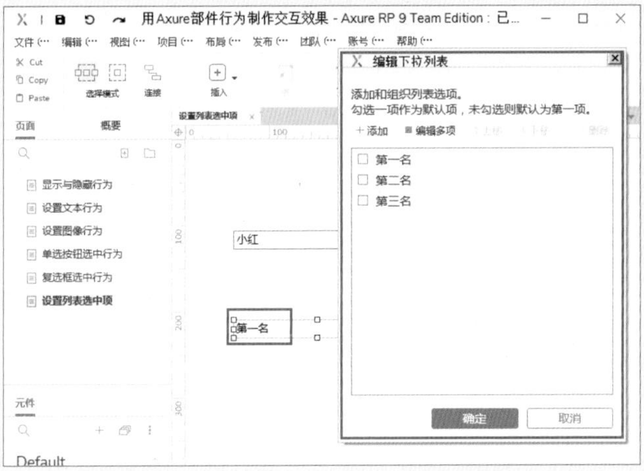

图8.30　排名下拉列表

3 选中姓名下拉列表，为其添加选项改变时触发事件，在“组织动作”面板单击“添加情形”按钮，在弹出的“情形”对话框中设置条件：选择选中项的值等于小红；在“添加动作”面板单击“设置列表选中项”动作；勾选“rank”复选框，在“设置动作”面板的“选项”下拉列表中选择“第一名”，如图8.31所示。

4 再新增一个用例，在“组织动作”面板单击“添加情形”按钮，在弹出的“情形”对话框中设置条件：选择选中项的值等于小虎；在“添加动作”面板单击“设置列表选中项”动作，勾选“rank”复选框，在“设置动作”面板的“选项”下拉列表中选择“第二名”，如图8.32所示。

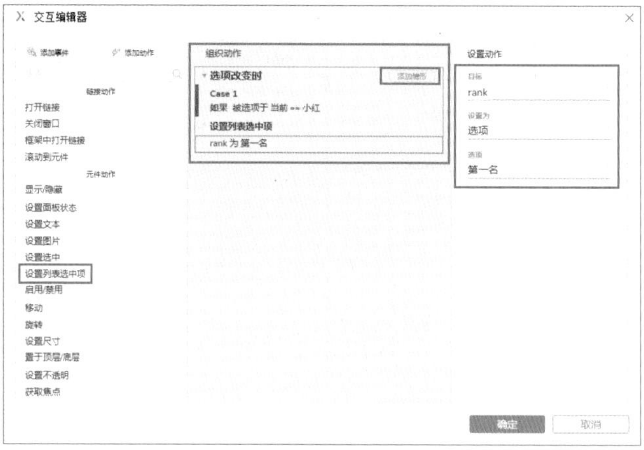

图8.31　设置小红为第一名

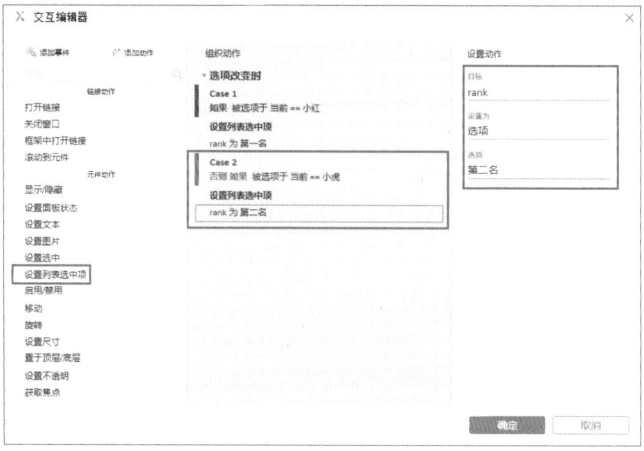

图8.32　设置小虎为第二名

5 再新增一个用例，在“组织动作”面板单击“添加情形”按钮，在弹出的“情形”对话框中设置条件：选中项值等于小明，在“添加动作”面板单击“设置列表选中项”动作，目标选择“rank”，让小明得第三名，如图8.33所示。

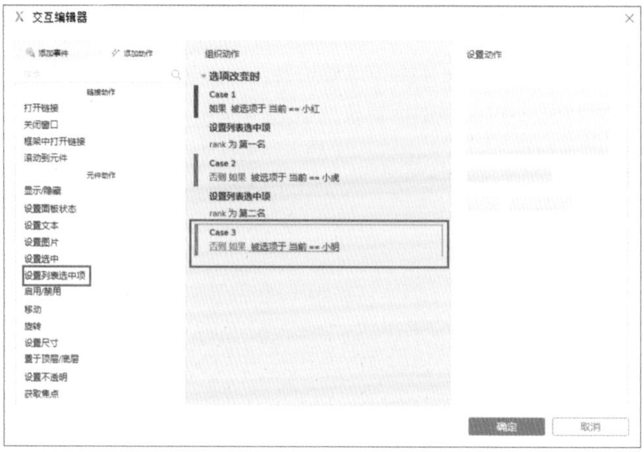

图8.33　设置小明为第三名

发布原型并检查效果，选择小虎，看到他的名次是第二名；选择小明，看到他的名次是第三名；选择小红，看到她是第一名，从而实现两个下拉列表的联动效果。

8.4.2 一对多联动效果

虽然实现了两个菜单的联动效果，但是也会发现，上一节内容中两个下拉列表是一一对应的，在实际的使用过程中，还有可能是一对多的关系。经常会碰到省市县3级联动，选择某个省份，第二个下拉列表选项里有多个市区，假如选择黑龙江省，跟着联动的下拉列表里应该有哈尔滨市、佳木斯市等，怎么才能实现这样的效果呢?

◆ 实战演练

1 拖曳一个“下拉列表”元件到工作区域，将其标签命名为“省份”，双击该下拉列表元件，在弹出的“编辑下拉列表”对话框中单击“添加”按钮，新增3个列表选项，分别是“黑龙江省”“山东省”“河北省”，如图8.34所示。

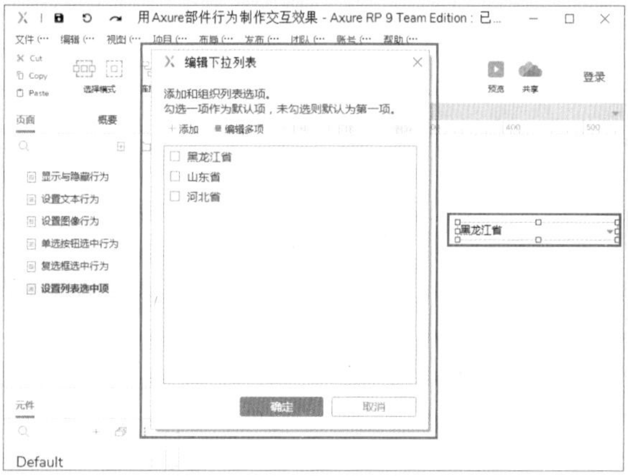

图8.34　省份下拉列表

2 拖曳一个“下拉列表”元件到工作区域，将其标签命名为“市区”，然后将该下拉列表元件转换为动态面板，用多个状态来代表各个省份的市区。具体操作是在下拉列表元件上单击鼠标右键，在弹出的快捷菜单中选择“转换为动态面板”命令，输入动态面板的名称为“市区”，并复制出3个状态“黑龙江市区”“山东市区”“河北市区”，如图8.35所示。

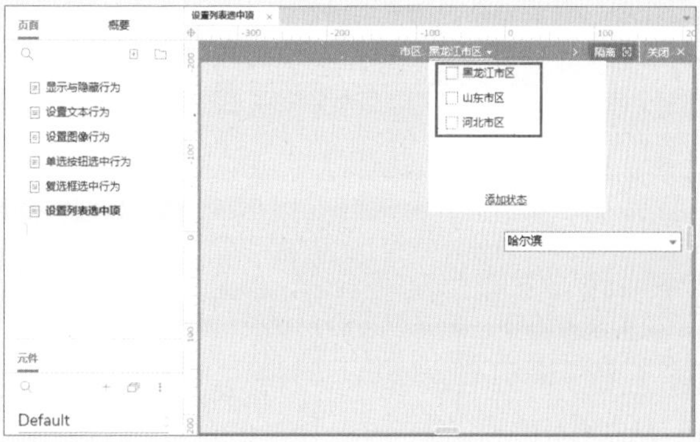

图8.35　市区动态面板

3 进入“黑龙江市区”状态，双击该下拉列表元件，单击“添加”按钮，新增多个黑龙江市区，如图8.36所示。

图8.36　编辑黑龙江市区状态

4 进入“山东市区”状态，双击该下拉列表元件，单击“添加”按钮，新增多个山东市区，如图8.37所示。

图8.37　编辑山东市区状态

5 进入“河北市区”状态，双击该下拉列表元件，单击“添加”按钮，新增多个河北市区，如图8.38所示。

6 编辑完状态内容之后，选中省份下拉列表元件，为其添加选项改变时触发事件。在“组织动作”面板中单击“添加情形”按钮，在弹出的“情形”对话框中使“选中项”值等于黑龙江省，在“添加动作”面板单击“设置面板状态”选项，勾选“市区”复选框，在“设置动作”面板的状态下拉列表中选择“黑龙江市区”状态，如图8.39所示。

图8.38 编辑河北市区状态

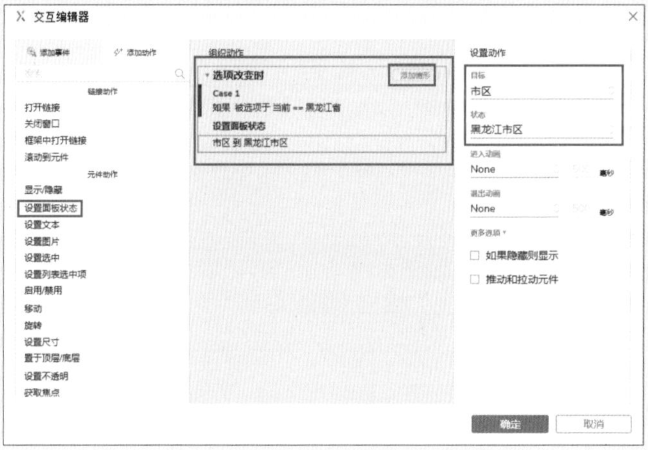

图8.39 黑龙江省对应市区

7 运用同样的方式，设置山东省对应市区和河北省对应市区，如图8.40所示。

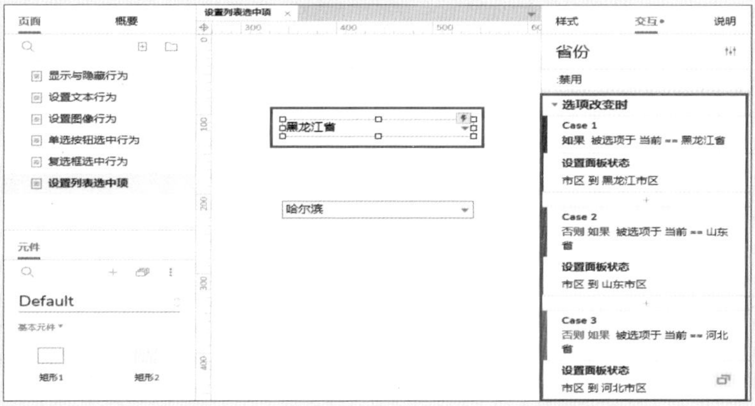

图8.40 省市对应设置

发布原型并检查效果。在下拉列表中选择山东省，可以看到山东省的一些市区；选择河北省，可以看到河北省的一些市区；选择黑龙江省，可以看到黑龙江省的一些市区。该原型实现下拉列表一对多的联动效果。

8.5 启用/禁用行为

慕课视频

启用/禁用

在默认的情况下，拖曳到工作区域中的元件是处于启用状态的，但有时需要禁用一些元件，如复选框在某些情况下是不能勾选的。因此，可以对文本框、文本段落、下拉列表、复选框、单选按钮、提交按钮等元件设置启用或者禁用。

◆ 实战演练

1 拖曳两个“按钮”元件到工作区域，将其文本内容分别重命名为“启用”“禁用”，标签命名为“启用按钮”“禁用按钮”，再分别拖曳一个复选框、单选按钮、文本框、文本段落、下拉列表和提交按钮到工作区域，将它们的标签分别命名为“复选框”“单选按钮”“文本框”“文本段落”“下拉列表”“按钮”，如图8.41所示。

图8.41 启用/禁用元件

2 选中“禁用”按钮，为其添加鼠标单击时触发事件，弹出“交互编辑器”对话框。在“添加动作”面板单击“启用/禁用”选项，分别勾选“复选框”“单选按钮”“单行文本框”“文本段落”“下拉列表”“按钮”等复选框后，在“设置动作”面板中单击“禁用”按钮，将这些元件禁用，如图8.42所示。

3 选中“启用”按钮，为其添加鼠标单击时触发事件，弹出“交互编辑器”对话框。在“添加动作”面板单击“启用/禁用”选项，分别勾选“复选框”“单选按钮”“单行文本框”“文本段落”“下拉列表”“按钮”等复选框后，在“设置动作”面板中单击“启用”按钮，将这些元件启用，如图8.43所示。

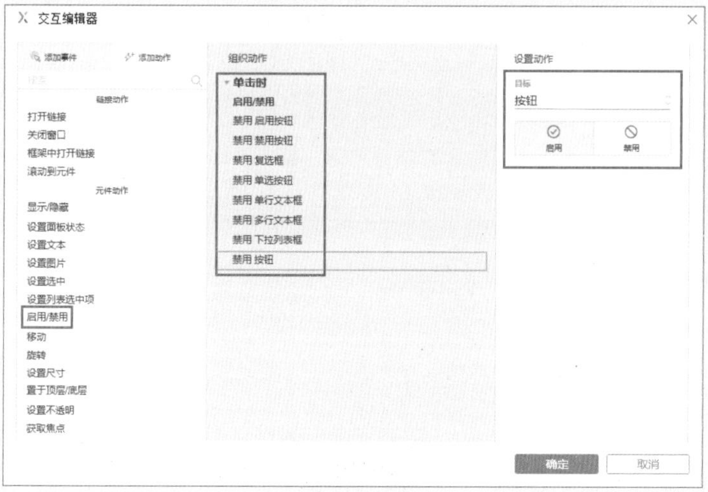

图8.42 禁用元件

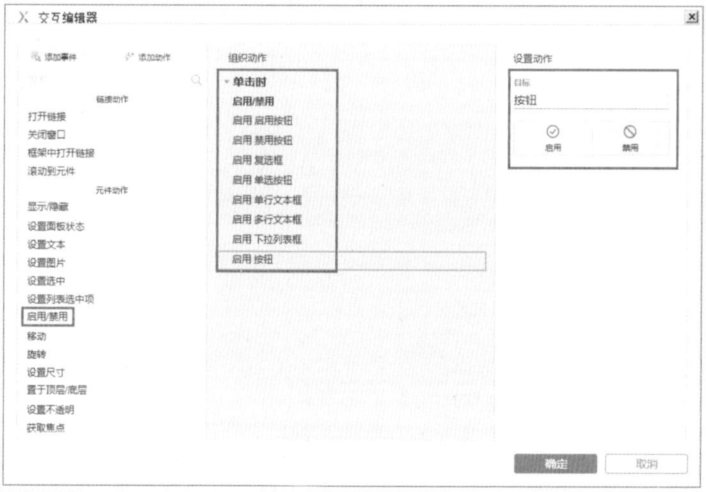

图8.43 启用元件

按F5键发布制作的原型，当按“禁用”按钮时复选框和单选按钮等元件不可用；当按“启用”按钮时复选框和单选按钮等元件为可用状态，从而实现元件的启用与禁用效果。

8.6 移动/旋转和置于顶层/底层行为

移动行为可以设置元件移动的相对位置、绝对位置、动画效果和移动的时间，经常用于制作导航菜单时，移动菜单选中的背景可以体现导航菜单被选中的效果；旋转行为用于调整元件的角度，可以定义元件的角度；置于顶层/底层行为可以控制元件上下关系，设置元件处于顶层或者底层，以达到元件的显示效果。

慕课视频

移动/旋转和置于顶层/底层

◆ 实战演练

1 拖曳3个“标题2”元件到工作区域，将其文本内容分别命名为“导航一”“导航二”“导航三”；拖曳一个矩形元件到工作区域，将其宽度设置为140，高度设置为50，颜色填充为绿色（#00CC00），放置在“导航一”菜单下面，置于底层，标签命名为“菜单选中背景”，作为导航菜单的背景，如图8.44所示。

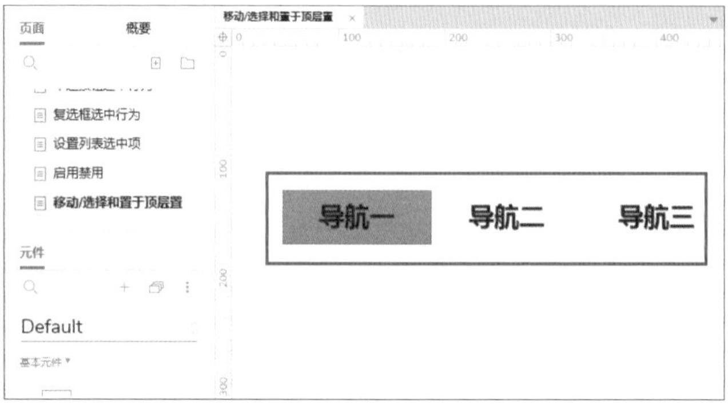

图8.44　导航菜单

2 选中“导航二”菜单，为其添加鼠标单击时触发事件，在“添加动作”面板中单击“移动”按钮，勾选“菜单选中背景”复选框，在“设置动作”面板设置移动到绝对位置（190,132），动画效果为线性，用时为500毫秒，如图8.45所示。

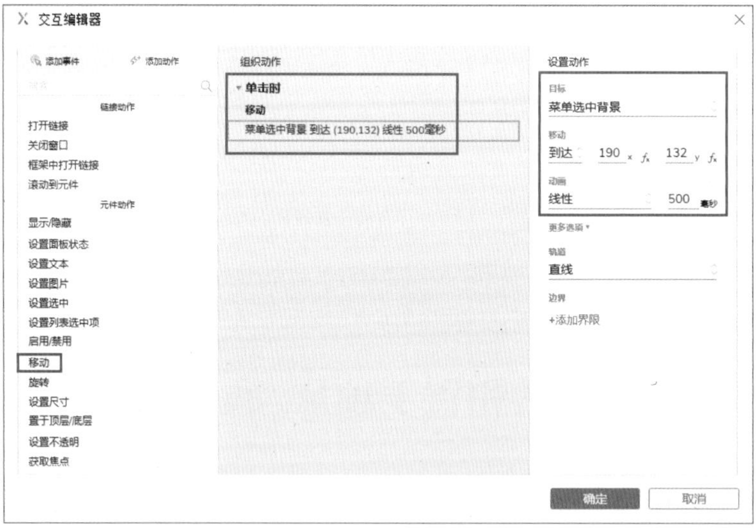

图8.45　移动菜单选中背景

3 选中“导航三”菜单，为其添加鼠标单击时触发事件，在“添加动作”面板中单击“移动”按钮，勾选“菜单选中背景”复选框，在“设置动作”面板设置移动到绝对位置（332,132），动画效果为线性，用时为500毫秒。然后单击置于顶层，将“菜单选中背景”置于顶层。最后单击旋转动作，将菜单选中背景旋转45°，如图8.46所示。

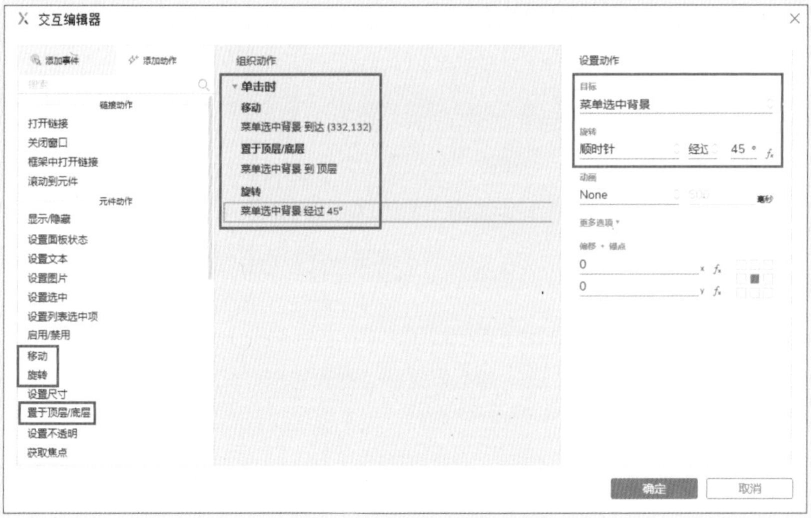

图8.46　菜单选中背景置于顶层

4 按F5键发布制作的原型，单击导航二菜单，会发现绿色的菜单选中背景移动到导航二菜单后面；单击导航三菜单，会发现菜单选中背景移动到导航三菜单位置并旋转45°，由于将其设置为置于顶层，它会覆盖住导航三菜单，如图8.47所示。

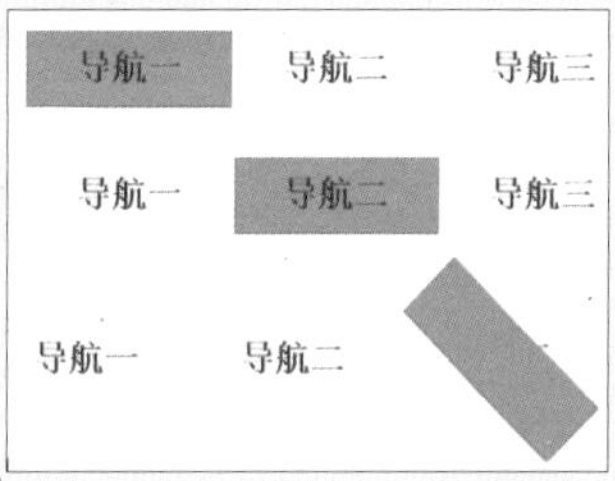

图8.47　发布原型

8.7　获取焦点和展开/收起树节点行为

获取焦点行为常用于文本框、文本段落。展开/收起树节点行为常用于展开或收起树形结构，如图8.48所示。

慕课视频

获得焦点和展开/收起树节点

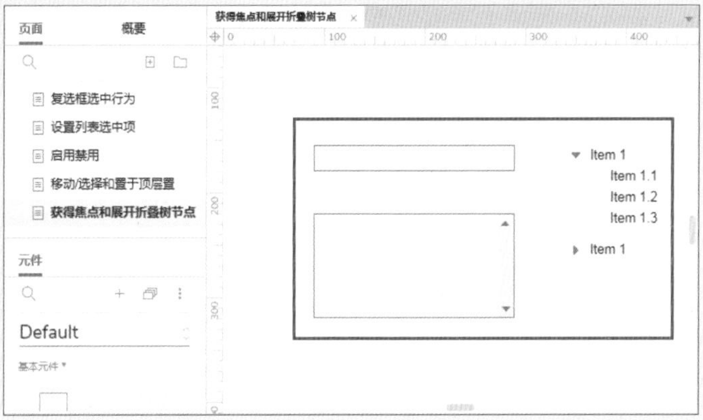

图8.48　获得焦点元件和树形元件

8.8 小结

本章主要学习使用Axure元件行为制作交互效果，应当学会以下知识。

（1）学会使用Axure元件的显示与隐藏行为，通过切换方式控制元件的显示与隐藏交互效果；通过变量方式控制元件显示与隐藏效果；学会设置多个导航菜单联动效果。

（2）学会使用设置文本和设置图片行为，给文本通过多种方式赋值，使图片在不同触发事件下显示不同的图像。

（3）学会使用设置选中行为，常用于单选按钮选中和复选框选中效果。

（4）学会使用设置列表选中项行为，学会设置下拉列表的一对一联动效果和一对多联动效果。

（5）学会使用元件的启用、禁用、移动、旋转、置于顶层和置于底层行为。

（6）学会使用元件的获取焦点、展开、收起树节点行为。

8.9 练习

实现京东商城手风琴式菜单显示与隐藏效果，如图8.49所示。

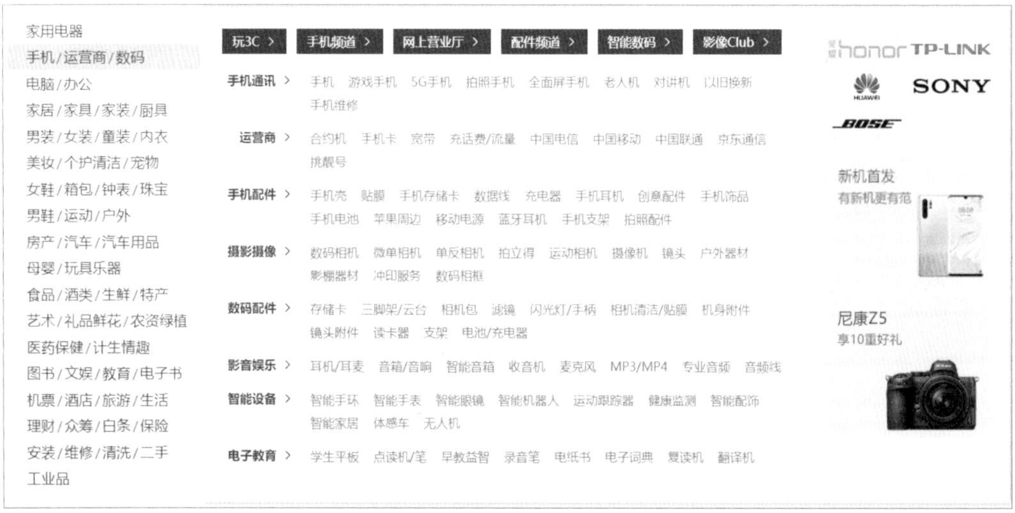

图8.49　京东商城手风琴式菜单

第9章 用中继器模拟数据库操作

中继器元件是在Axure RP 7后新增的元件，也有人把中继器叫作数据集，因为从表面上看它可以动态存储数据，也可以模拟数据库的操作，如增、删、改、查、搜索、排序以及分页操作等。中继器元件可以通过动态的管理数据，给用户一种动态的交互效果，提高用户的体验度，如图9.1所示。

图9.1　中继器模仿数据库的交互效果

9.1　认识中继器

中继器元件可以用来显示重复的文本、图片、链接，但需要注意，它是用来显示重复的、有规律可循的文本和图表，并动态地管理它们。中继器可以模拟数据库的操作，进行数据库的增、删、改、查操作，因此经常会使用它来显示商品列表信息、联系人信息、用户信息等。

图9.2所示就是中继器元件的图标，它像一个数据库表，来表示对数据的操作。

慕课视频

认识中继器

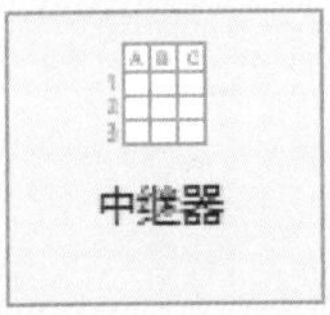

图9.2　中继器图标

中继器元件由两方面组成，即中继器数据集和中继器的项。

先来看看什么是中继器的数据集。拖曳一个“中继器”元件到工作区域，在检视区域可以看到中继器的数据集，如图9.3所示。

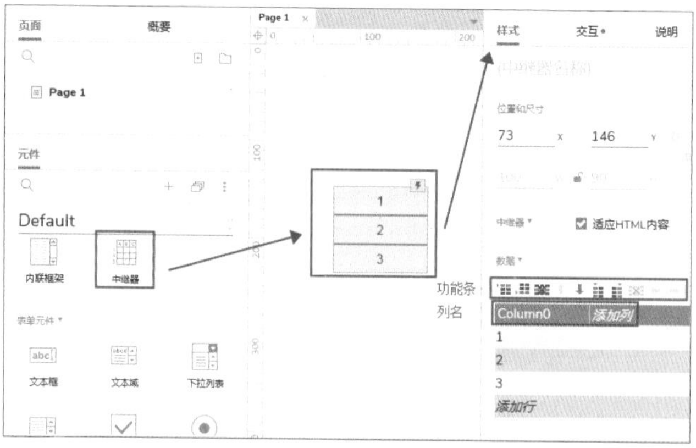

图9.3　中继器数据集

中继器数据集有点像数据库的表，数据集的列名就是数据库表的列名，可以对其重新命名，要注意一点，不可以将数据集的列命名为中文，如果命名为中文，它会提示列名无效。

数据集功能条的操作包括新增行操作、删除行操作、上移行操作、下移行操作、新增列操作、删除列操作、左移列操作、右移列操作等，通过这些功能条操作，可以对中继器数据集进行管理。

什么是中继器的项呢？

当双击中继器元件进入中继器时，会看到一个矩形元件，如图9.4所示。而在检视区域可以看到它包括3行数据，而矩形元件只有一个，它是中继器元件的基础布局元件，就把它称为中继器的项，数据集有3行数据，它就被重复使用3次。

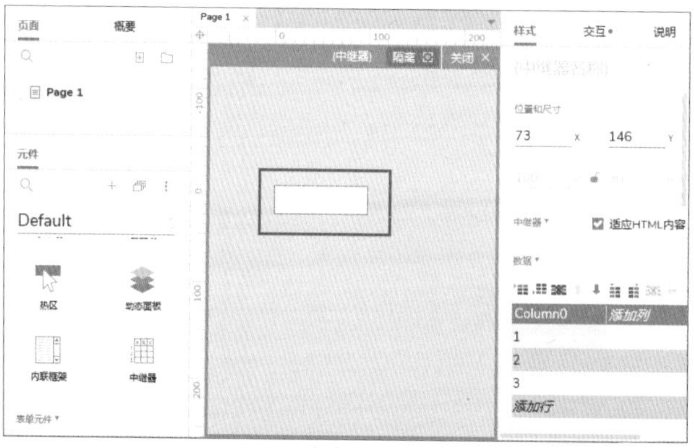

图9.4　中继器的项

可以删除该矩形元件，自己重新制作中继器的项，也就是重新制作重复的单元。删除矩形元件，拖曳一个“水平菜单”元件到工作区域，可以看到该水平菜单元件也被使用了3次，中继器的项可以作为基础布局，也就是可以重复的单元，如图9.5所示。

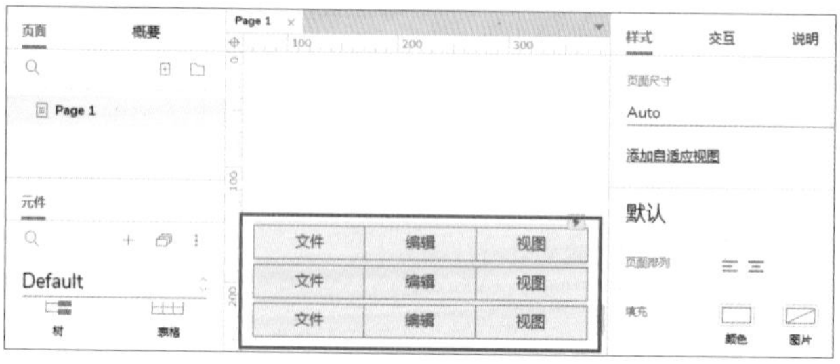

图9.5　中继器

9.2 中继器绑定数据

制作软件时经常会有员工信息管理的需求，员工信息表格可能包含员工编号、姓名、部门、职务等，在管理员工信息时，如果某位员工入职，就要新增员工信息，如果某位员工离职，就要删除员工信息，只要员工信息有变动，就要修改员工信息，除了这些还可能要查询员工信息，如图9.6所示。

慕课视频

中继器绑定数据

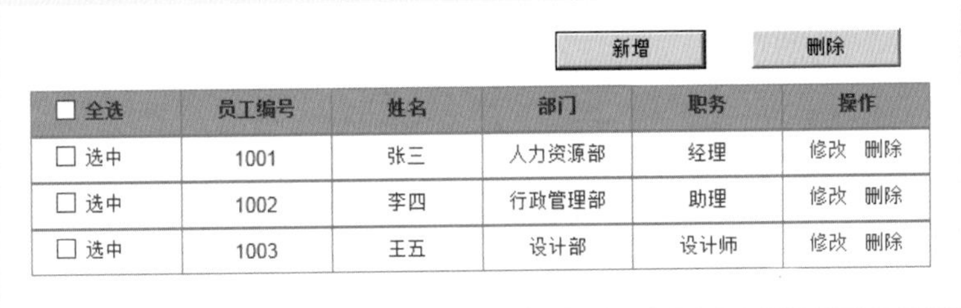
新增
删除
全选
员工编号
姓名
部门
职务
操作
选中
1001
张三
人力资源部
经理
修改 删除
选中
1002
李四
行政管理部
助理
修改 删除
选中
1003
王五
设计部
设计师
修改 删除

图9.6 员工信息管理

下面利用中继器来完成员工信息的管理，看看中继器是如何动态地新增员工数据以及删除员工数据，来达到和数据库同样的操作效果的。

9.2.1 中继器布局设计

◆ 实战演练

1 先来制作表格的标题，有6列，拖曳一个“水平菜单”元件到工作区域，将其第1列作为复选框的选中列，可以选中所有行。拖曳一个“复选框”元件到工作区域，将其文本内容命名为“全选”，标签命名为“全选复选框”，将表格的第2~6列的文本内容分别命名为“员工编号”“姓名”“部门”“职务”“操作”，字体加粗，设置表格背景为灰色（#999999），如图9.7所示。

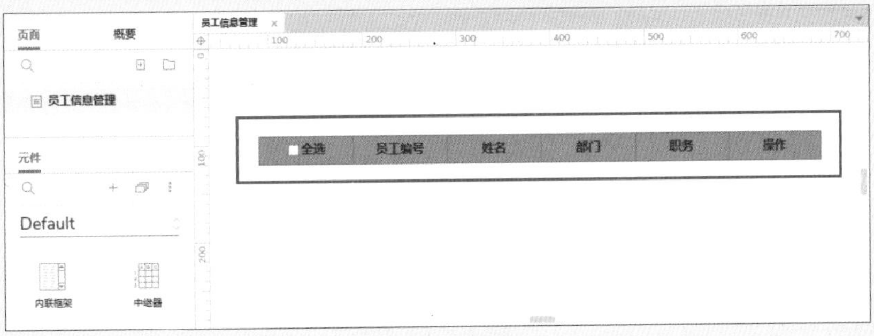

图9.7 表格标题

2 拖曳一个“中继器”元件到工作区域，将其标签命名为“员工信息”，双击进入中继器元件，先来设计它的数据集，需要4列，分别是“员工编号”“姓名”“部门”“职务”，把它们命名为英文“employeeID”“employeeName”“department”“job”，然后添加3行数据，如图9.8所示。

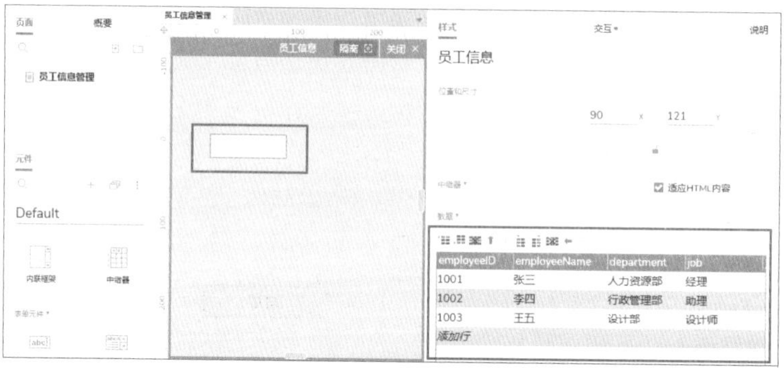

图9.8　编辑中继器数据集

3 接下来设计中继器的项，也就是重复显示的布局。先把“矩形”元件删除，拖曳一个“表格”元件到工作区域，删除表格的后两行，新增几列使表格总列数为6列，第一列放置“选中”复选框，用来进行选中行操作，标签命名为“行内复选框”，如图9.9所示。

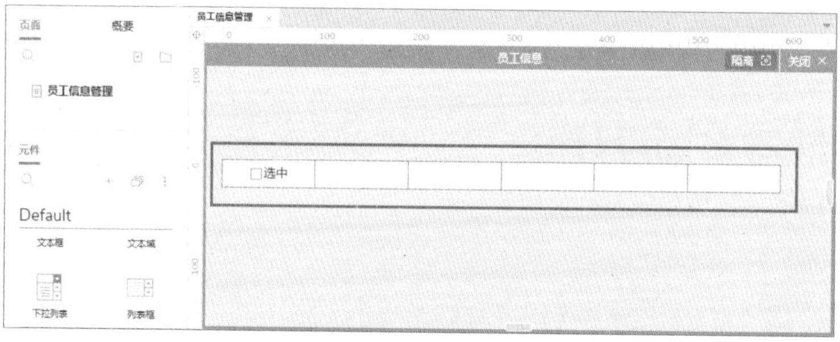

图9.9　编辑中继器的项

4 最后一列是操作列，提供修改和删除操作，拖曳两个“标签”元件到工作区域，将其文本内容分别命名为“修改”“删除”，字体颜色设置为蓝色（#0000FF），如图9.10所示。

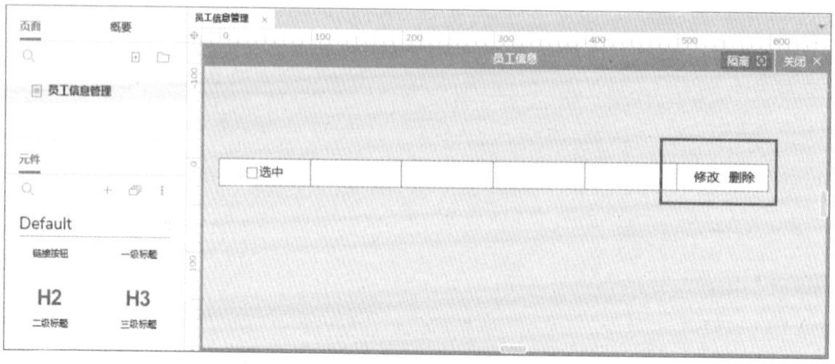

图9.10　修改删除操作

5 需要给各个列添加标签，分别为“复选框”“员工编号”“姓名”“部门”“职务”“操作”，如图9.11所示。

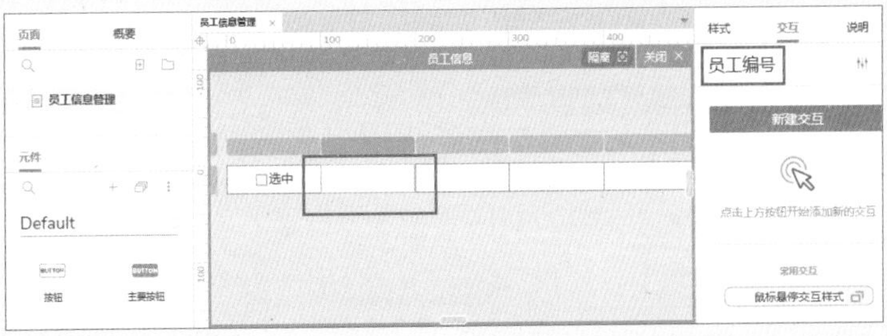

图9.11 表格列命名

9.2.2 中继器数据绑定

◆ 实战演练

1 中继器数据集和中继器的项编辑结束后，中继器中并没有显示数据集中的数据，如图9.12所示。

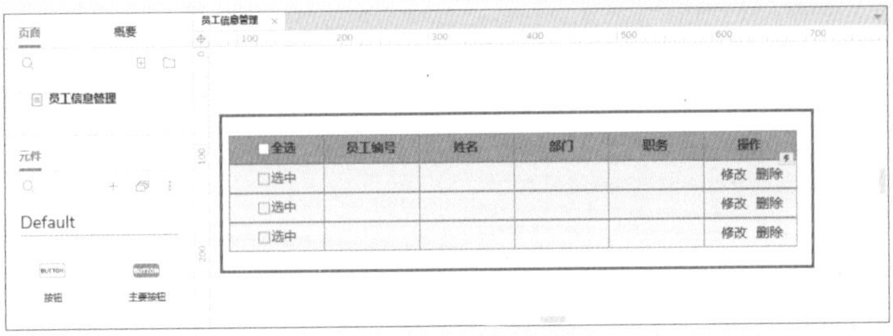

图9.12 员工信息中继器

2 选中“员工信息”中继器，添加每项加载时触发事件，先绑定员工编号数据，操作是在“添加动作”面板单击“设置文本”选项，勾选“员工编号”复选框，在“设置动作”面板单击f_x图标，如图9.13所示。

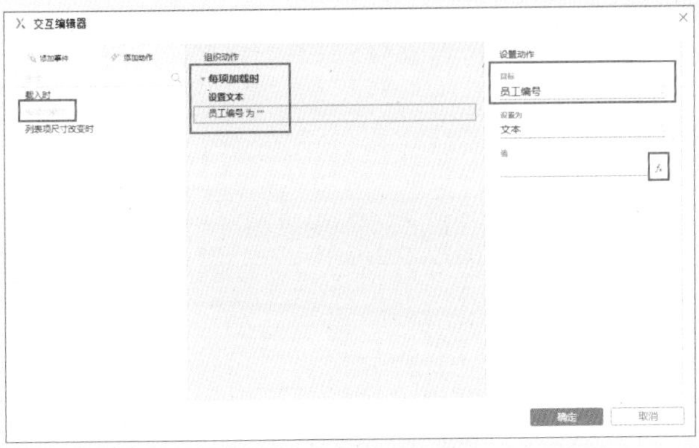

图9.13 员工编号设置为文本

3 在弹出的“编辑文本”对话框中单击“插入变量或函数…”链接，要给中继器里的员工编号赋值，就要插入数据集里的员工编号这一列值，即在弹出的下拉列表中选择“Item.employeeID”。这样就可以把数据集里的数据绑定到中继器上，如图9.14所示。

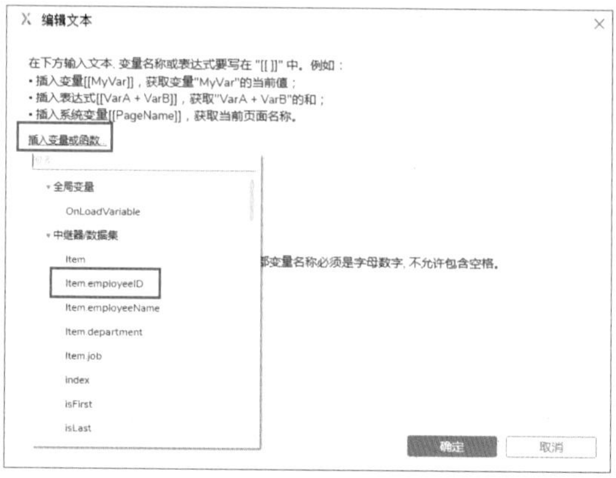

图9.14　插入数据集里的值

4 用同样的方式绑定姓名、部门、职务3列数据，如图9.15所示。

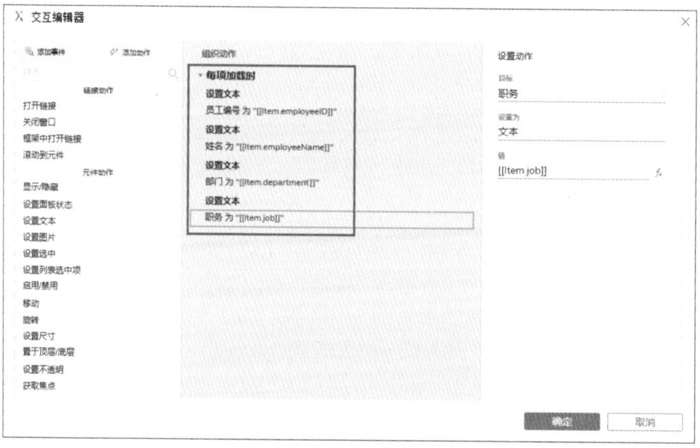

图9.15　中继器绑定数据

5 返回“员工信息管理”页面，可以看到数据集里的数据已被绑定到中继器，如图9.16所示。

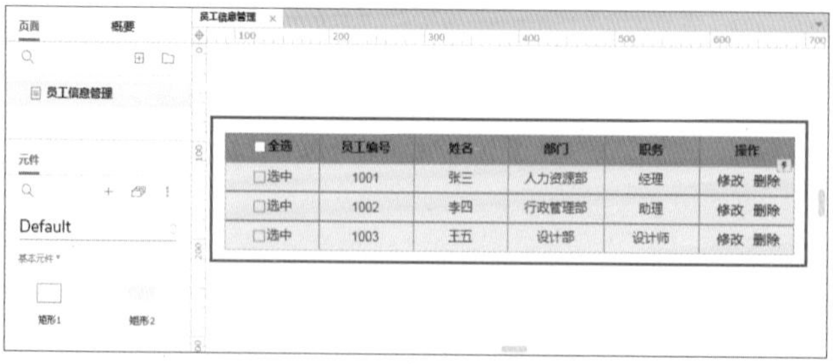

图9.16　数据绑定成功

回顾绑定的步骤：拖曳一个中继器，设计中继器的数据集，接着设计中继器的项，添加每项加载时的触发事件，选中要赋值的目标，插入变量，找到数据集的列，这样就可以将数据集里的数据绑定到中继器上。

9.3 新增数据弹出框设计

在新增数据时，往往会用一个弹出框来显示新增数据的页面，修改数据时也会用到弹出框，用来显示修改数据的页面。下面开始来设计新增数据的弹出框。

慕课视频

新增数据弹出框设计

◆ 实战演练

1 拖曳一个“按钮”元件到工作区域，将其作为新增数据的按钮。拖曳一个“动态面板”元件到工作区域，将其宽度设置为1200，高度设置为1000，动态面板命名为“员工信息”，状态命名为“新增修改弹出框”，新增和修改数据都可以使用此弹出框，如图9.17所示。

图9.17 员工信息动态面板

2 进入“新增修改弹出框”状态，拖曳一个“矩形1”元件到工作区域，将其宽度设置为1200，高度设置为1000，填充为黑色（#000000），将其标签命名为“遮罩层”。遮罩层一般是半透明的，因此需设置不透明度为30。再拖曳一个“矩形1”元件到工作区域，将其作为弹出框的背景，将矩形1元件的宽度设置为340，高度设置为330，填充为蓝色（#0099FF），设置圆角半径为3，如图9.18所示。

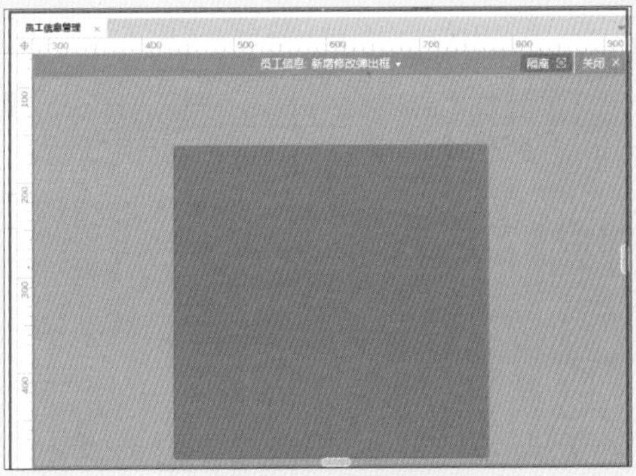

图9.18 弹出框背景

3 拖曳一个“文本标签”元件到工作区域，将其作为弹出框的标题，文本内容为“员工信息管理”，字号为15号，加粗，白色（#FFFFFF）字体。拖曳一个“文本标签”元件到工作区域，将其作为关闭按钮，文本内容为“关闭”，放在右侧，字号为15号，加粗，白色（#FFFFFF）字体，如图9.19所示。

图9.19　弹出框标题及关闭按钮

图9.20　员工编号输入框

4 拖曳一个“矩形1”元件到工作区域，将其作为新增页面的背景，去掉边框并调整大小。拖曳一个标签元件到工作区域，将其重新命名为“员工编号”，字体加粗。拖曳一个“文本框”元件到工作区域，将其标签命名为IDInput，如图9.20所示。

5 选中员工编号标签和文本框，按住Ctrl键向下拖曳鼠标复制文本框，修改标签元件为“姓名”，修改文本框标签为“nameInput”，再复制一个标签元件，重命名其为“部门”，拖曳一个“下拉菜单”元件到工作区域，为其设置几个下拉选项，将其标签命名为“departInput”，如图9.21所示。

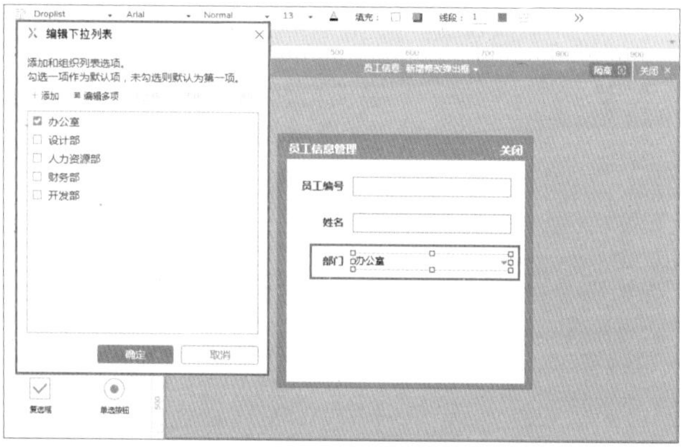

图9.21　姓名和部门输入框

6 选中员工编号标签和文本框，按住Ctrl键复制，修改标签元件为“职位”，修改文本框标签为“jobInput”。拖曳两个“按钮”元件到工作区域，分别命名为“保存”“关闭”，如图9.22所示。

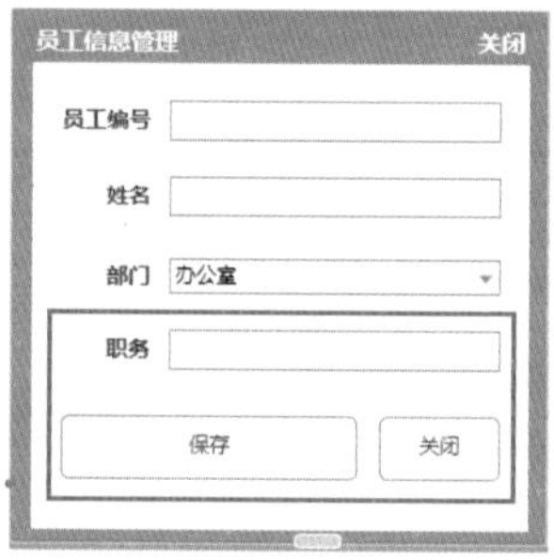

图9.22　职务及保存按钮

这样就把员工信息管理的新增数据弹出框设计完成了。应该先把弹出框隐藏起来，并置于底层，然后给新增按钮添加鼠标单击时触发事件，在单击新增按钮时显示员工信息动态面板，并将该动态面板置于顶层，如图9.23所示。

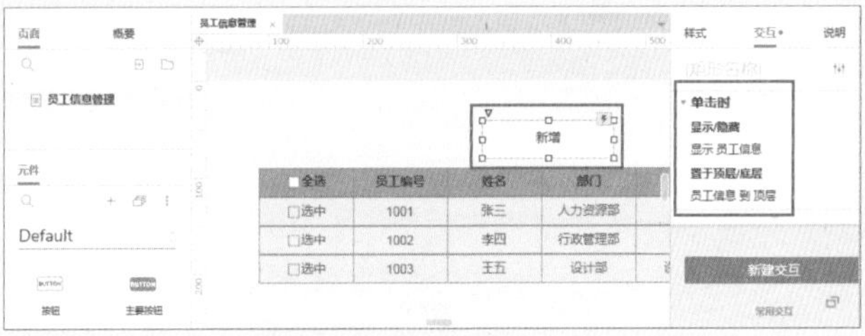

图9.23　新增按钮交互

9.4　中继器新增数据操作

慕课视频

中继器新增数据操作

利用中继器元件和新增数据的弹出框来实现新增数据的操作，下面看看如何通过中继器新增数据。

◆ 实战演练

1 进入“新增修改弹出框”的状态，选中“关闭”按钮，为其添加鼠标单击时触发事件，隐藏“员工信息”动态面板，并且将它置于底层。设置员工编号、姓名、职务输入框里的值为空值，并设置部门为默认值——办公室，如图9.24所示。

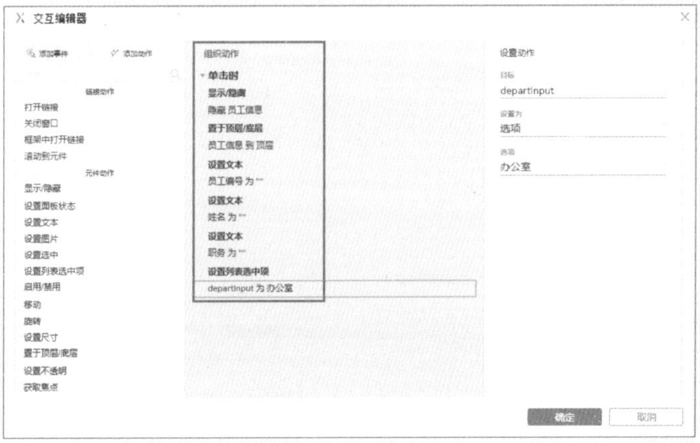

图9.24　关闭按钮交互

2 选中“保存”按钮，为其添加鼠标单击时触发事件，在“添加动作”面板中单击“添加行”选项，勾选“员工信息”复选框，在“设置动作”面板单击“添加行”按钮，如图9.25所示。

3 先给中继器数据集里的员工编号赋值，在弹出的“添加行到中继器”对话框中单击employeeID列中的f_x图标，在弹出的“编辑值”对话框中将员工编号输入框里的值赋给中继器数据集里的员工编号，如图9.26所示。

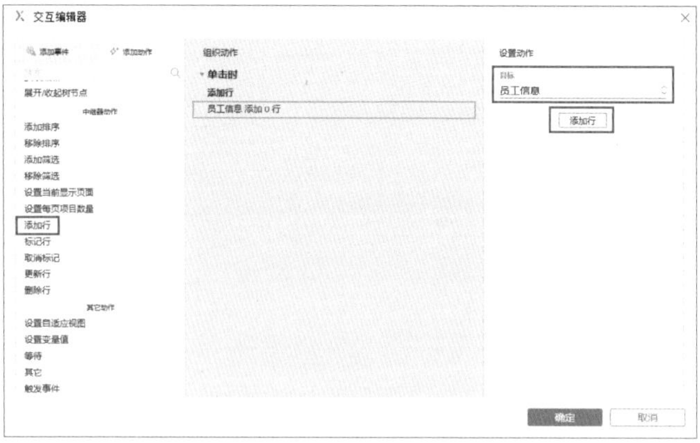

图9.25　添加行操作

图9.26　中继器数据集员工编号赋值

4 运用同样的方式给中继器数据集里的姓名、职务、部门赋值，但在给部门赋值时要注意，局部变量赋值方式是通过被选项进行赋值的，因为部门项是下拉列表，而其他都是文本输入框，如图9.27所示。

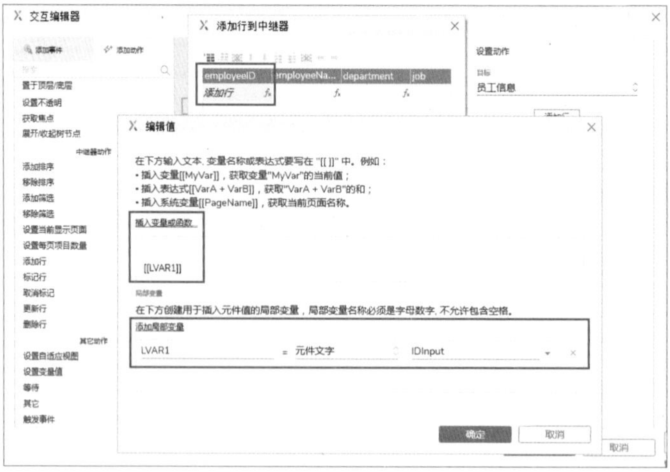

图9.27　中继器数据集姓名、部门、职务赋值

5 中继器新增完数据之后，隐藏“员工信息”动态面板，并且将它置于底层，设置员工编号、姓名、职务输入框里的值为空值，并设置部门为默认值——办公室，如图9.28所示。

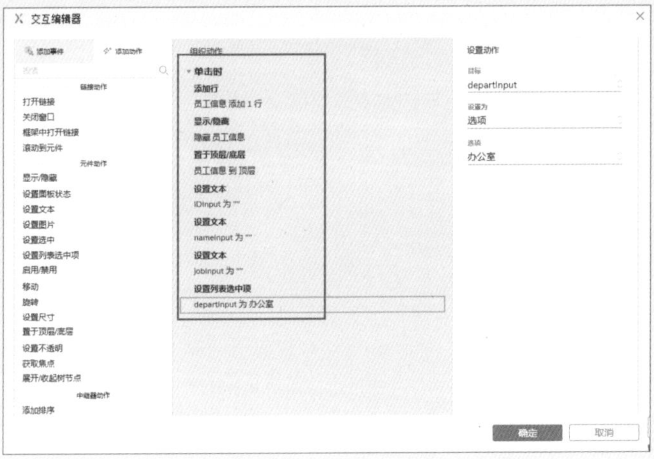

图9.28　隐藏弹出框

6 按F5键发布原型并检查效果，单击“新增”按钮，显示弹出框，单击“关闭”按钮，隐藏弹出框并插入一条数据，如图9.29所示。

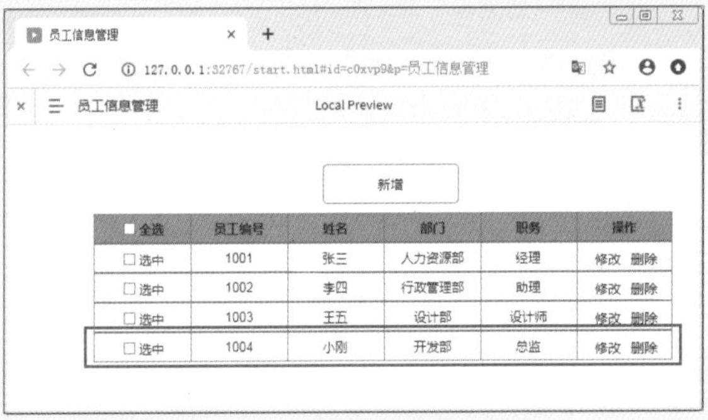

图9.29　插入数据

可以看到该表格插入了一条新的数据。进行动态的新增数据，与操作数据库的效果在外观上是一致的，使用数据库新增数据，数据会将数据保存到库里，而使用中继器新增数据，并没有将数据保存到数据集里，刷新浏览器页面，发现新增的数据会丢失，表格中仅显示数据集里默认添加的数据。

9.5　中继器删除数据操作

中继器元件除了可以新增数据还可以删除数据。用中继器进行删除数据操作，分为行内删除数据和全局删除数据，行内删除数据只能将当前行删除掉，而全局删除数据，可以删除选中行数据。

慕课视频

中继器删除数据操作

9.5.1 行内删除数据

◆ 实战演练

1 进入“员工信息管理”中继器，选中“删除标签”元件，为其添加鼠标单击时触发事件，在“添加动作”面板单击“标记行”选项，勾选“员工信息”复选框，在“设置动作”面板选择“当前”单选项，将当前行先标记起来，如图9.30所示。

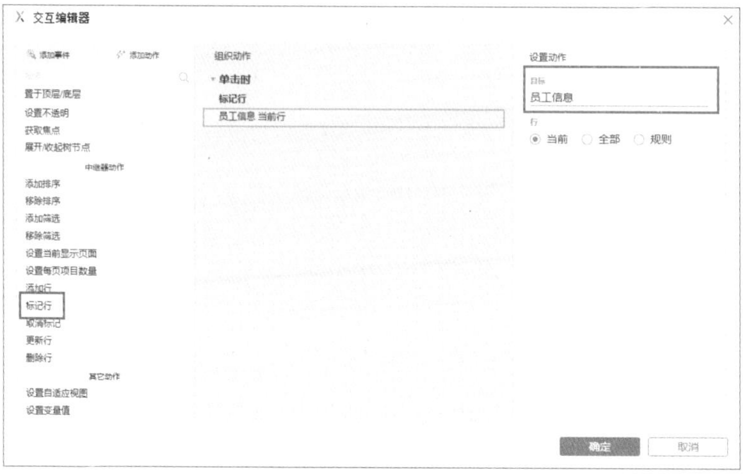

图9.30 标记要删除的行数据

2 在“添加动作”面板单击“删除行”选项，勾选“员工信息”复选框，在“设置动作”面板选中“已标记”单选项，将当前行删除，如图9.31所示。

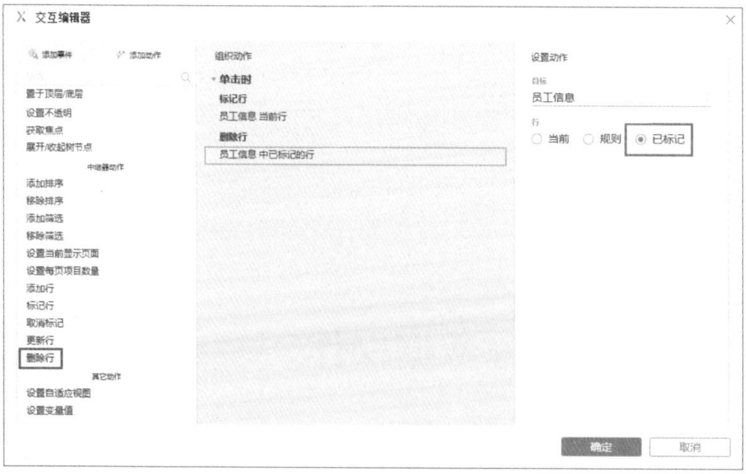

图9.31 删除标记数据

3 按F5键发布原型，单击“删除”标签，可以看到当前行数据被删除，如图9.32所示。

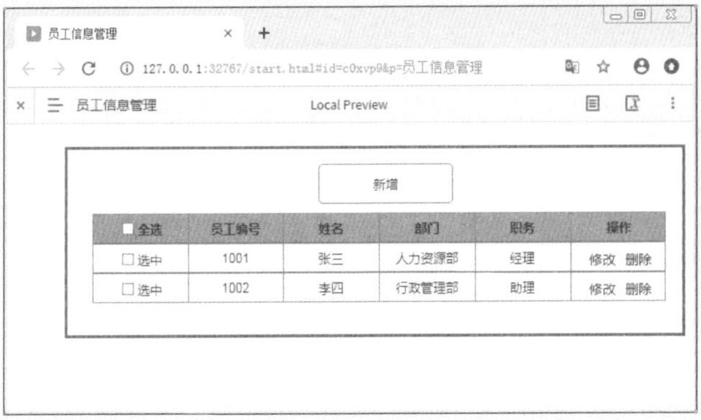

图9.32　发布原型

9.5.2 全局删除数据

全局数据可以删除一条或者多条数据，它是通过复选框选中要删除的行数据，然后再单击删除按钮删除数据。

◆ 实战演练

1 拖曳一个“按钮”元件到工作区域，将其文本内容命名为“删除”，作为全局删除按钮，如图9.33所示。

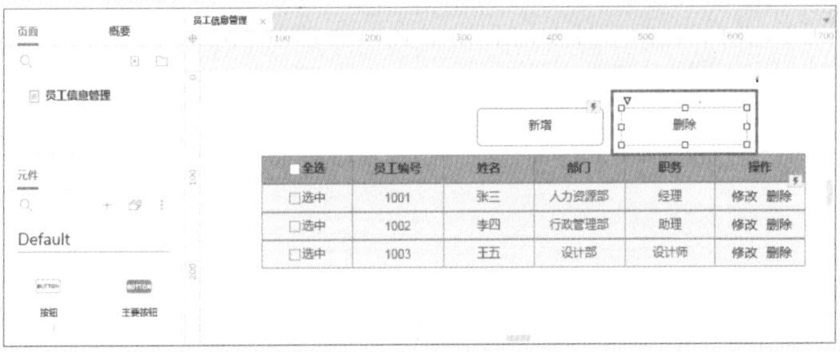

图9.33　全局删除按钮

2 进入“员工信息”中继器，选中行内复选框，为其添加选中时触发事件。标记当前行，再添加取消选中时触发事件，取消标记当前行，如图9.34所示。

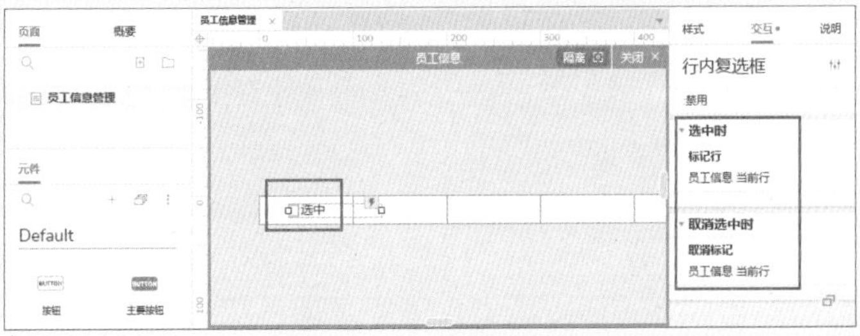

图9.34　行内复选框交互

3 回到“员工信息管理”页面，选中全选复选框，为其添加选中时触发事件；选中行内复选框，再为其添加取消选中时触发事件，取消选中行内复选框，如图9.35所示。

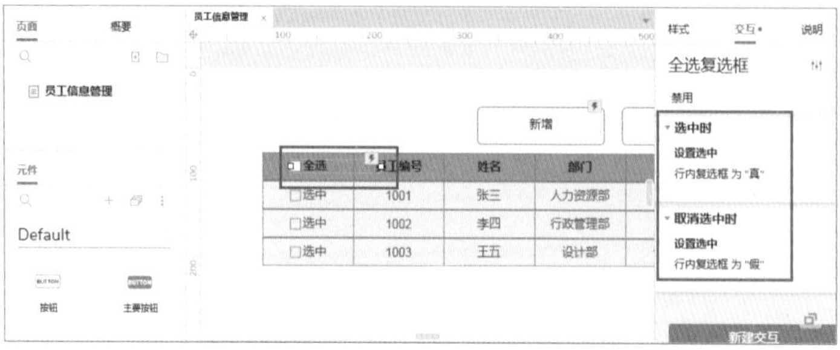

图9.35　全选复选框交互

4 选中“全局删除”按钮，为其添加鼠标单击时触发事件，在“添加动作”面板单击“删除行”选项，删除已标记的行，如图9.36所示。

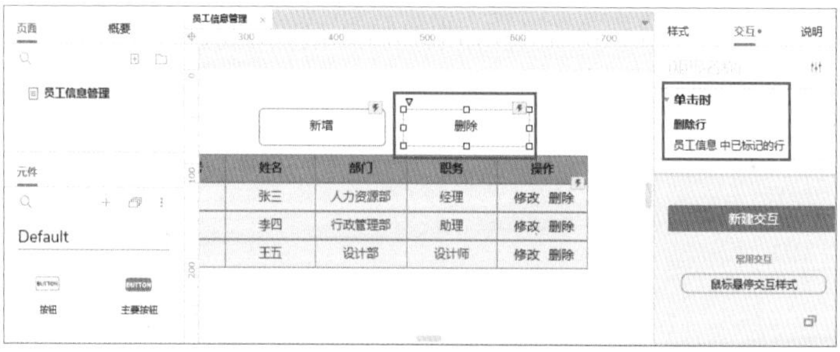

图9.36　全局删除按钮交互

5 按F5键发布原型，勾选多个要删除的行数据，再单击“全局删除”按钮，可以看到同时删除多行数据，也可以有选择性地进行删除，如图9.37所示。

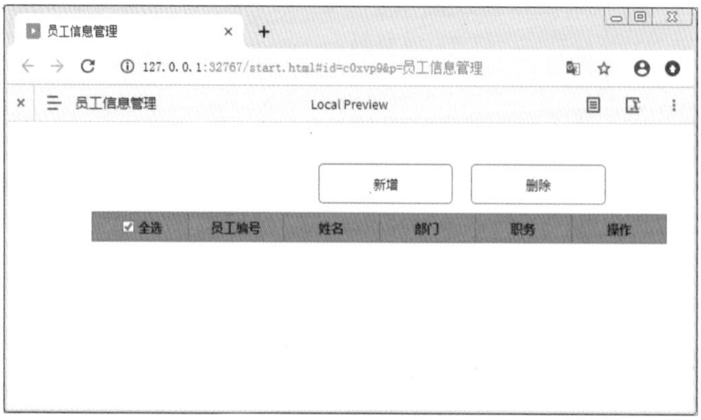

图9.37　全局删除

9.6 小结

本章主要学习Axure中继器模拟数据库操作，应当学会以下知识。

（1）学会什么是中继器、中继器数据集和中继器的项。

（2）学会将中继器数据集里的数据绑定到中继器上，然后在中继器里显示出来。

（3）学会利用Axure元件制作新增数据弹出框。

（4）学会利用中继器元件来动态地进行新增数据操作。

（5）学会使用中继器进行行内删除数据操作和全局删除数据操作。

9.7 练习

利用中继器元件来设计余额宝转入记录及余额宝界面布局，同时将数据绑定到中继器元件，并显示出来，如图9.38所示。

图9.38　余额宝转入记录

第三篇 综合实战应用

第10章 支付宝App低保真原型设计

Axure不仅可以用于网站原型的制作，同时也可以进行移动App的软件原型制作。下面综合应用Axure的相关知识，进行支付宝App的低保真原型设计，如图10.1所示。

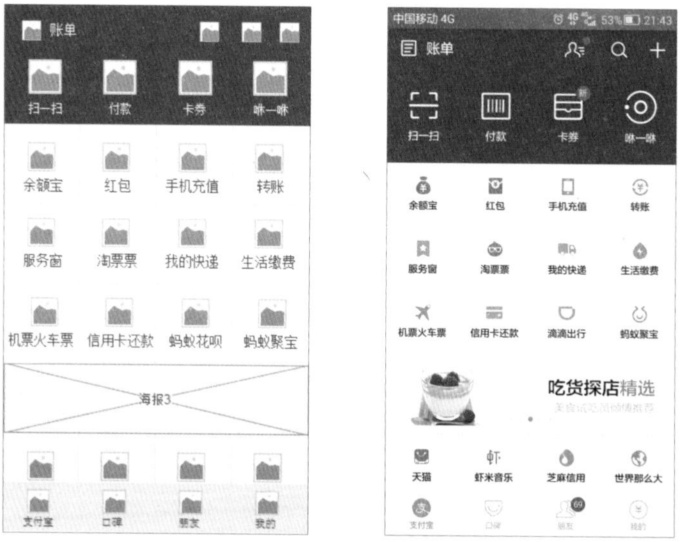

图10.1 支付宝App低保真原型设计及最终效果

10.1 需求描述

利用Axure RP9原型工具绘制支付宝App低保真原型，主要设计以下几个方面。

（1）利用Axure的母版功能绘制支付宝App的底部标签导航。

（2）绘制“支付宝”界面的九宫格导航布局。

（3）制作“支付宝”界面的海报轮播效果。

（4）绘制“余额宝”界面的布局。

（5）制作“余额宝”界面内容上下滑动效果。

（6）实现“支付宝”界面与“余额宝”界面切换显示效果。

10.2 设计思路

如何进行支付宝App的低保真原型制作呢？

（1）进行页面布局，需要用到文本标签、矩形1、占位符、横线、图片、动态面板等元件。

（2）在设计底部标签导航栏时，需要把底部标签导航栏设计成母版，这样设计一次，在页面里可以直接使用，避免重复制作和重复添加交互效果。

（3）海报轮播效果需要进行动态面板的状态自动切换效果设置，设置状态自动切换就可以实现海报轮播效果。

（4）界面内容的上下滑动效果和左右滑动效果需要使用两个动态面板元件，一个用来外层控制显示区域，另一个用来添加拖动效果，以实现界面内容上下滑动效果或者左右滑动效果。

10.3 准备工作

进行低保真原型设计，不要使用截图或者过多的颜色，最好使用黑白灰3种颜色。交互设计师或者产品经理在制作完低保真原型后，将原型交给视觉设计师（UI设计师或者美工）来进行界面的设计。视觉设计师会制作界面图片，并且切图。原型里采用什么图片和色调应该交给视觉设计师或者UI设计师来决定。

10.4 设计流程

10.4.1 底部标签导航母版设计

绝大部分移动App软件喜欢采用底部标签导航方式，App一般会设计3~5个标签导航菜单。标签导航菜单将软件模块划分得很清晰，每个菜单承载自己的内容，用户看到菜单名称，大致可以知道该界面所要表达的内容。

支付宝App采用标签导航方式，分为4个标签：支付宝、口碑、朋友、我的，这4个标签在很多页面都会用到，把它制作成母版，可以实现一次制作，多次重复使用的效果。

慕课视频

底部标签导航母版设计

1 在母版区域里新建一个母版“标签导航”，打开该母版。拖曳一个“矩形1”元件到工作区域作为手机屏幕背景，将其宽度设置为320，高度设置为480，坐标位置设置为（0,0），颜色填充为灰色（#F2F2F2），去除边框线，如图10.2所示。

2 拖曳一个“矩形1”元件到工作区域，将其宽度设置为320，高度设置为50，坐标位置设置为（0,430），边框颜色设置为灰色（#E4E4E4），作为底部标签导航背景。拖曳4个“图片”元件到工作区域，将其宽度和高度设置为25，如图10.3所示。

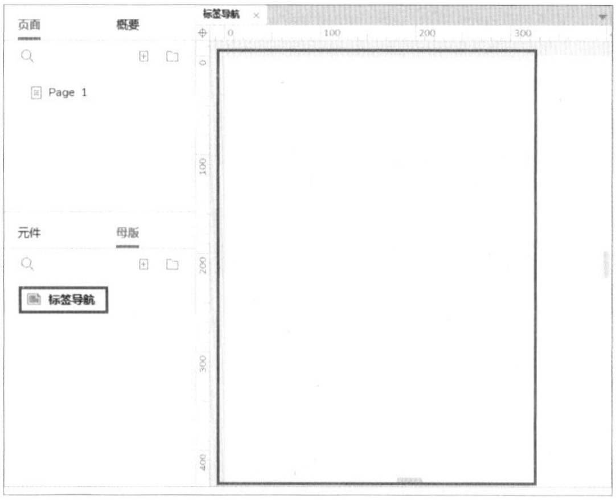

图10.2　手机屏幕背景

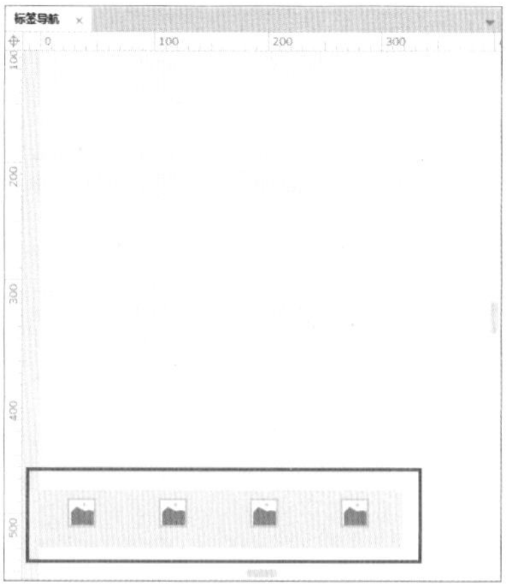

图10.3　标签导航图标

注 意

在摆放标签导航图片或者标签导航文字时，可以采用横向均匀分布的方式，只需控制第一个图片的位置和最后一个图片的位置，采用横向均匀分布就可以让它们等间距分布排列。

3 拖曳4个“文本标签”元件到工作区域，将其文本内容分别命名为“支付宝”“口碑”“朋友”“我的”，字号设置为11号，标签也分别命名为“支付宝”“口碑”“朋友”“我的”。在页面区域上建立4个页面“支付宝”“口碑”“朋友”“我的”，如图10.4所示。

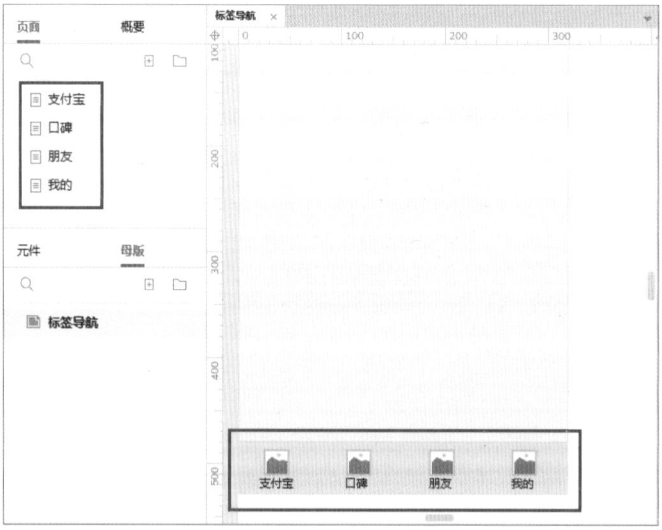

图10.4　导航菜单名称及页面名称

4 拖曳一个“热区”元件到“支付宝”标签导航上，为其添加鼠标单击时触发事件：在当前窗口打开相应“支付宝”页面，如图10.5所示。

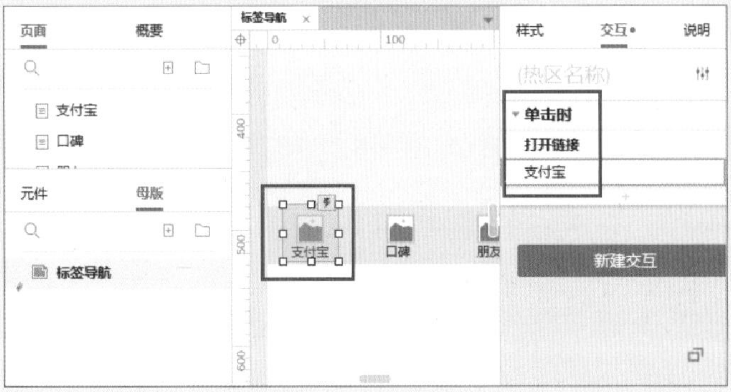

图10.5　打开支付宝页面

5 分别拖曳一个“热区”元件到“口碑”“朋友”“我的”标签上，为其添加鼠标单击时触发事件：在当前窗口打开相应页面，如图10.6所示。

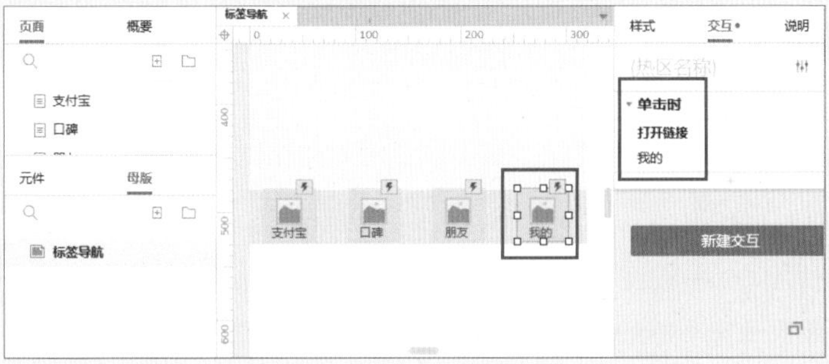

图10.6　打开相应页面

6 将标签导航母版通过新增页面的方式引用到“支付宝”“口碑”“朋友”“我的”4个页面，如图10.7所示。

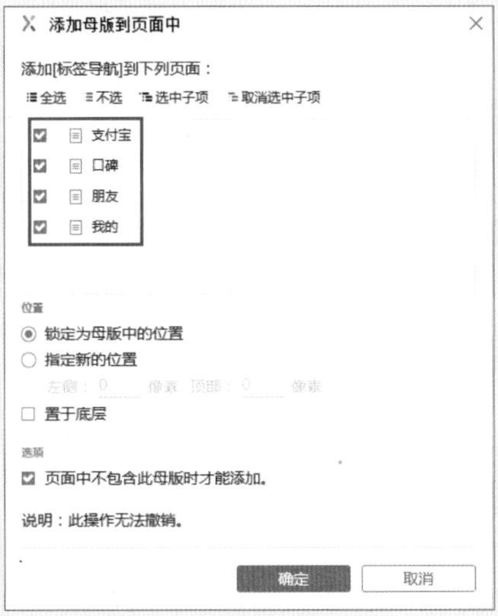

图10.7　母版引用到页面

7 进入“支付宝”页面，添加页面载入时触发事件，通过富文本的方式设置“支付宝”文本，字体加粗，该标签导航菜单呈现为选中状态。运用同样的方式为其他3个标签导航设置选中状态，如图10.8所示。

图10.8　标签导航选中状态设置

注　意

第一次进入支付宝页面时，标签导航菜单的支付宝菜单应该呈现为选中状态，要实现这一效果，需要借助页面载入时触发事件，在页面载入时将支付宝菜单变为选中状态。

8 按F5键发布原型，单击不同的标签导航，相应的标签字体加粗，呈现为选中状态，如图10.9所示。

图10.9　发布原型

10.4.2 “支付宝”九宫格导航布局设计

慕课视频

“支付宝”九宫格导航布局设计

“支付宝”界面主要由3部分组成，界面状态栏、界面内容以及标签导航菜单。界面内容采用九宫格导航方式。九宫格导航方式是一种宫格导航布局，它并非只有9个导航菜单。通过这样的导航方式，用户可以清晰地看到各个业务功能导航，便于查找和使用。

1 进入“支付宝”页面，拖曳一个“矩形1”元件到工作区域，将其宽度设置为320，高度设置为120，颜色填充为灰色（#3A3A3A）。再拖曳4个“图片”元件到工作区域，将其宽度和高度都设置为20，作为账单、用户、放大镜、加号图标。拖曳一个“文本标签”元件到工作区域，将其文本内容命名为“账单”，字体颜色设置为白色（#FFFFFF），如图10.10所示。

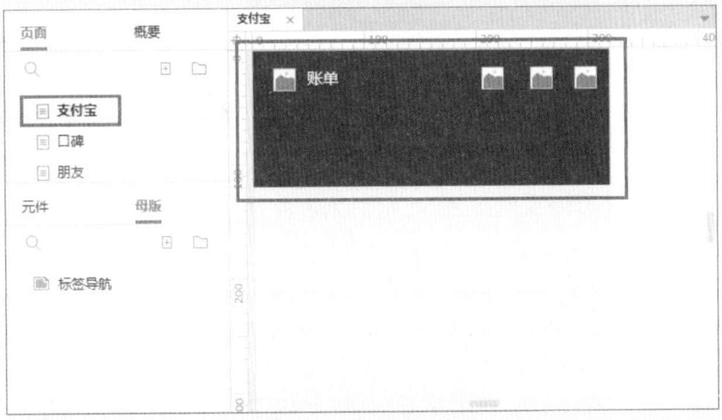

图10.10　状态栏设计

2 拖曳4个“图片”元件到工作区域，将其宽度和高度都设置为35，再拖曳4个“文本标签”元件到工作区域，将其文本内容分别设置为“扫一扫”“付款”“卡券”“咻一咻”，字体颜色设置为白色（#FFFFFF），字号设置为12号，如图10.11所示。

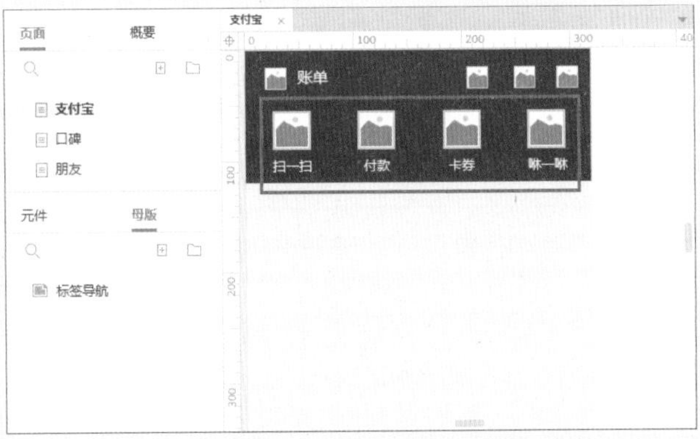

图10.11　快捷功能按钮

3 拖曳一个“动态面板”元件到工作区域，将其宽度设置为320，高度设置为358，坐标位置设置为（0,120），动态面板的名称设置为“支付宝屏幕显示区”，状态名称设置为“支付宝屏幕”，如图10.12所示。

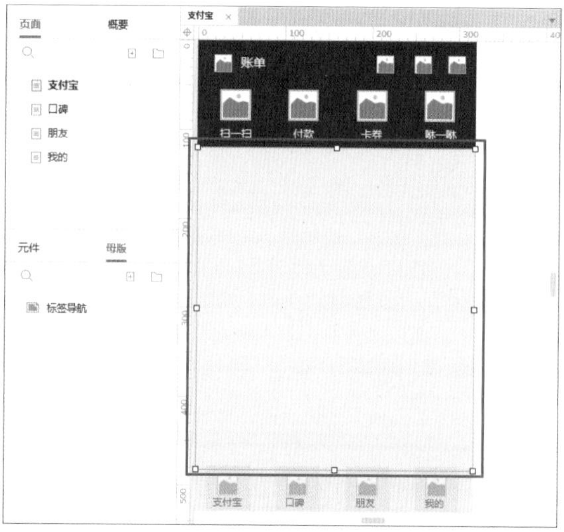

图10.12 支付宝屏幕显示区

4 进入“支付宝屏幕”状态，拖曳一个“矩形1”元件到工作区域，将其宽度和高度都设置为80，将边框线的颜色设置为灰色（#E4E4E4），然后复制出11个同样的矩形框，如图10.13所示。

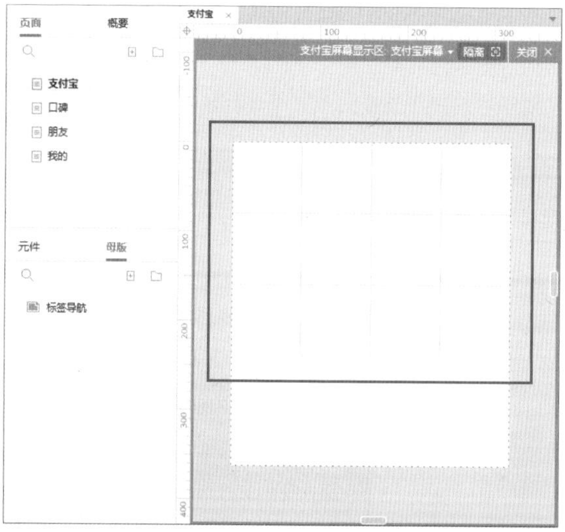

图10.13 九宫格导航框

5 九宫格导航菜单由两部分组成：一个是导航菜单图标，可以使用图片元件来代替，拖曳一个“图片”元件，将其宽度和高度都设置为30；另一个是导航菜单名称，拖曳一个“文本标签”元件到工作区域，将其字号设置为11号，如图10.14所示。

6 拖曳一个“动态面板”元件到工作区域，将其宽度设置为320，高度设置为70，坐标位置设置为（0,250），动态面板的名称设置为“海报轮播显示区”，3个状态分别命名为“海报1”“海报2”“海报3”，如图10.15所示。

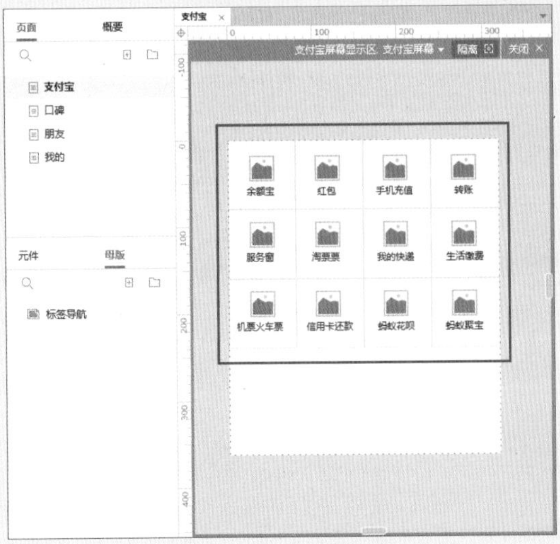

图10.14 九宫格导航菜单

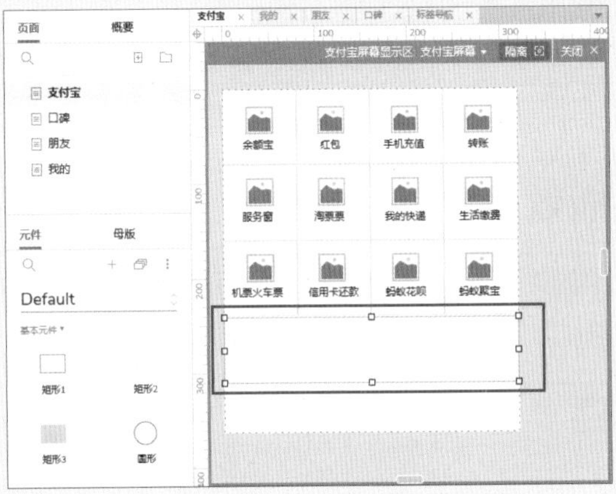

图10.15 海报轮播显示区

7 在“海报1”“海报2”两个状态里，分别放置两个“占位符”元件，将其宽度均设置为320，高度均设置为70，文本内容分别设置为“海报1”“海报2”，如图10.16所示。

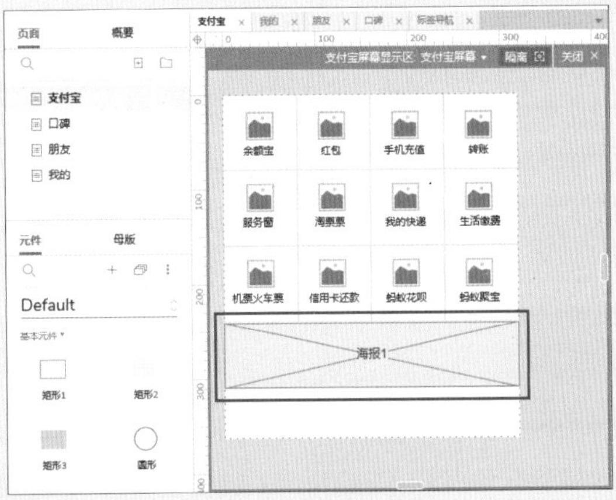

图10.16 海报内容

8 复制制作好的九宫格导航，在其基础上修改，成为图10.17所示的九宫格导航方式。

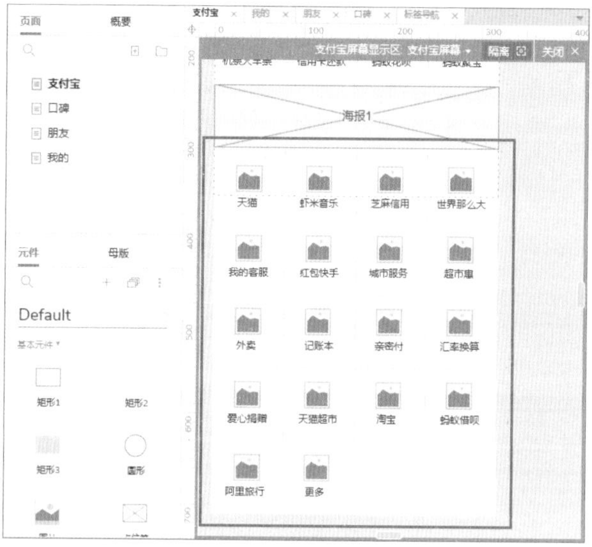

图10.17 九宫格导航菜单设计

10.4.3 海报轮播效果制作

慕课视频

海报轮播效果制作

海报轮播效果用于动态地显示商品的广告信息，如果需要在有限的区域展示多个商品的广告信息，就可以使用海报轮播效果。

1 进入“支付宝屏幕显示区”状态，选中“海报轮播显示区”动态面板，为其添加载入时触发事件，在“添加动作”面板选择“设置面板状态”选项，勾选“海报轮播显示区”复选框，在“设置动作”面板的“状态”下拉列表中选择“下一项”，勾选“向后循环”复选框，在“进入动画”下拉列表中选择“向左滑动”，在其右侧的数值框中输入1000，勾选“循环间隔”复选框，在“循环间隔”后的数值框中输入3000，如图10.18所示。

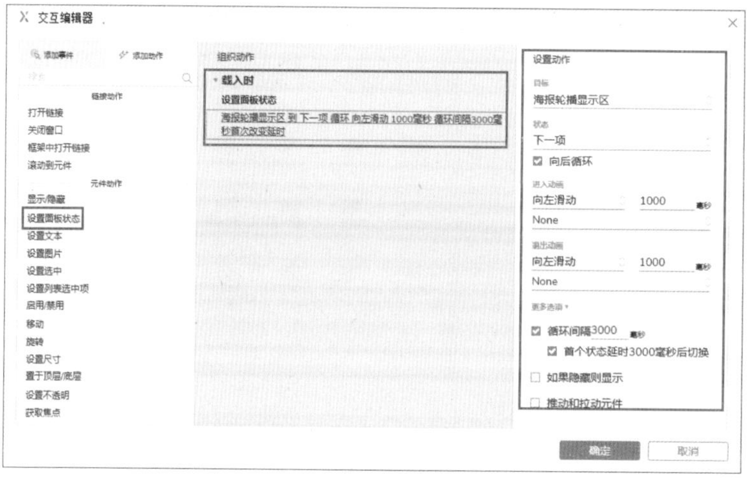

图10.18 海报轮播设置

注 意

海报轮播效果就是让动态面板的状态进行自动的切换显示，而触发它切换显示的事件就是载入时触发事件。

2 按F8键发布原型，可以看到海报进行自动循环轮播，如图10.19所示。

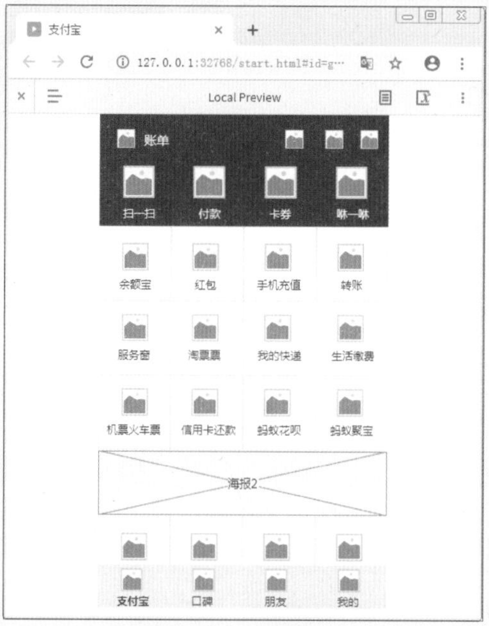

图10.19 发布原型

10.4.4 “余额宝”界面布局设计

在支付宝界面，单击九宫格导航栏的余额宝导航菜单，会进入余额宝界面。该界面用于显示余额宝总金额以及收益情况，可以将钱转入余额宝，也可以转出余额宝，如图10.20所示。

慕课视频

“余额宝”界面布局设计

图10.20 余额宝界面

1 拖曳一个“动态面板”元件到工作区域，将其宽度设置为320，高度设置为530，将动态面板的名称设置为“余额宝”，将其状态命名为“余额宝内容”，背景色设置为灰色（#F2F2F2），如图10.21所示。

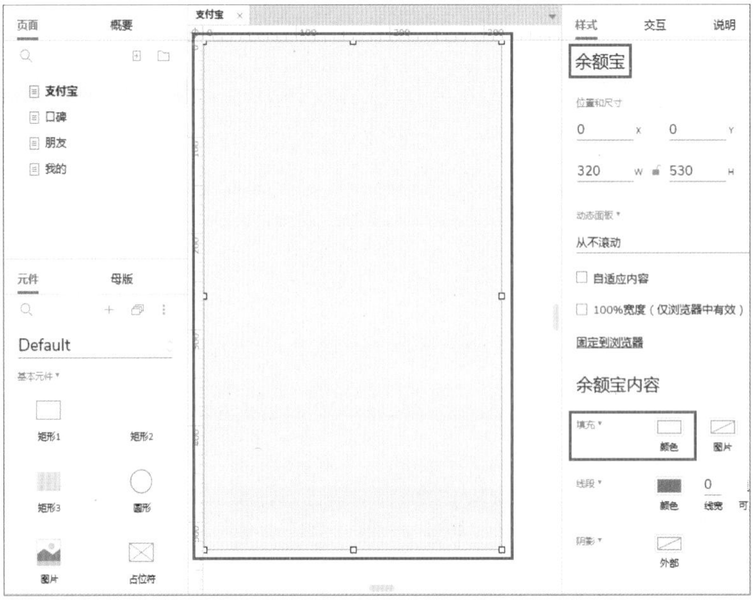

图10.21　余额宝动态面板

2 进入“余额宝内容”状态，拖曳一个“矩形1”元件到工作区域作为状态栏背景，将其宽度设置为320，高度设置为50，坐标位置设置为（0,0），颜色填充为深灰色（#3A3A3A）。拖曳一个“水平线”元件到工作区域，将其颜色设置为白色（#FFFFFF），添加一个向左的箭头，作为返回按钮。拖曳一个“垂直线”元件作为间隔线到工作区域，将其颜色设置为白色（#FFFFFF），高度设置为17，如图10.22所示。

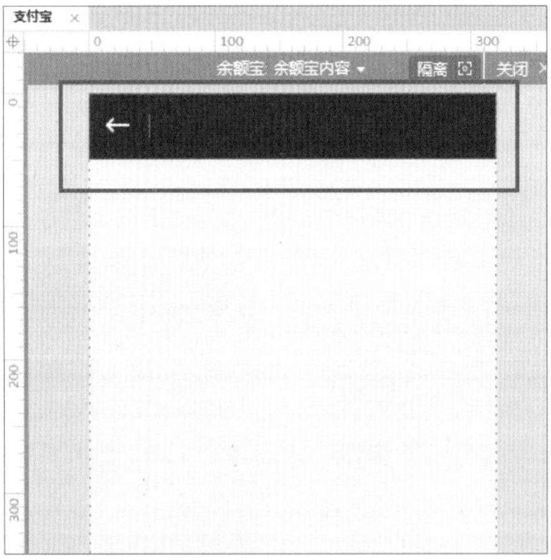

图10.22　状态栏背景

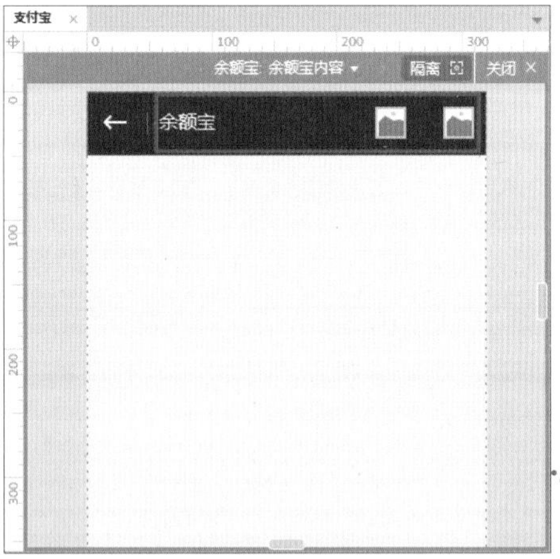

图10.23　快捷图标

3 拖曳一个“文本标签”元件到工作区域，将其文本内容设置为“余额宝”，字号设置为15号，颜色设置为白色（#FFFFFF）。拖曳两个“图片”元件到工作区域，将其宽度和高度都设置为25，作为查看转入记录图标和设置的图标，如图10.23所示。

4 拖曳一个“矩形1”元件到工作区域，将其宽度设置为320，高度设置为50，边框颜色设置为灰色（#E4E4E4）。拖曳两个“文本标签”元件到工作区域，将其文本内容分别设置为“转出”“转入”，字号设置为15号，加粗，如图10.24所示。

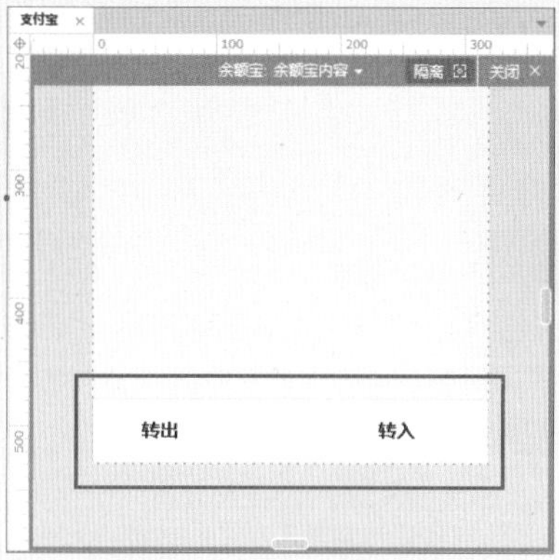

图10.24　转入、转出导航

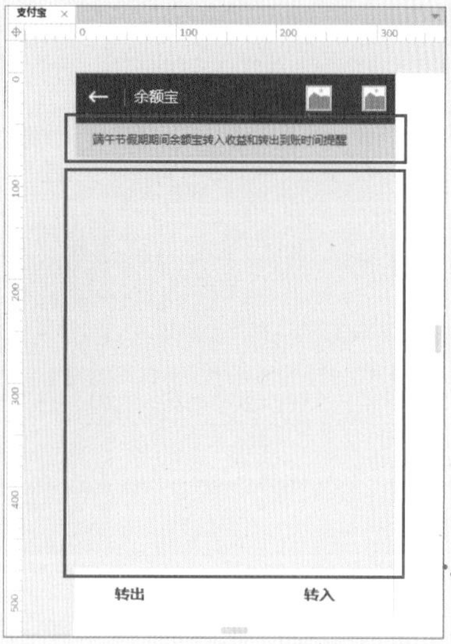

图10.25　余额宝收益显示区

5 拖曳一个“动态面板”元件到工作区域，将其宽度设置为320，高度设置为429，坐标位置设置为（0,50），动态面板的名称设置为“余额宝收益显示区”，状态名称设置为“余额宝收益”。拖曳一个“矩形3”元件到工作区域，将其宽度设置为320，高度设置为40，文本内容设置为“端午假期期间余额宝转入收益和转出到账时间提醒”，如图10.25所示。

6 进入“余额宝收益”状态，拖曳一个“动态面板”元件到工作区域，将其宽度设置为320，高度设置为600，坐标位置设置为（0,0），动态面板的名称设置为“余额宝收益内容显示区”，状态名称设置为“余额宝收益内容”，如图10.26所示。

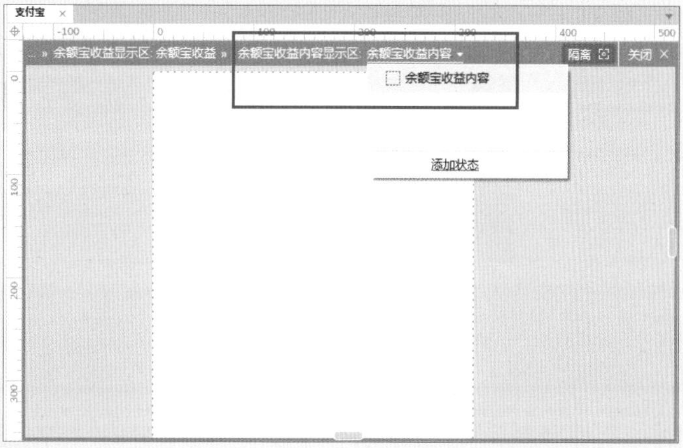

图10.26　余额宝收益内容显示区

7 进入“余额宝收益内容”状态，拖曳一个“矩形1”元件到工作区域，将其宽度设置为320，高度设置为280，颜色填充为灰色（#666666）。拖曳4个“文本标签”元件到工作区域，将其文本内容分别设置为“昨日收益(元)”“1000.99”“总金额(元)”“2.45”，字体颜色设置为白色（#FFFFFF），将“昨日收益(元)”字号设置为14号，将“1000.99”字号设置为72号，将“总金额(元)”字号设置为12号，将“2.45”字号设置为24号，如图10.27所示。

图10.27　收益情况

注　意

将文本内容设置成不同的字号可以突出重点，弱化不重要的内容，使页面内容显得有层次感。

8 拖曳两个“文本标签”元件到工作区域，将其文本内容分别命名为“万分收益(元)”“累计收益(元)”。拖曳两个“文本标签”元件到工作区域，将其文本内容分别命名为“0.7181”“236.32”，将其字号设置为24号。拖曳一个“垂直线”元件到工作区域作为间隔线，将其边框颜色设置为灰色（#E4E4E4），如图10.28所示。

图10.28　万分收益

9 拖曳一个“文本标签”元件到工作区域，将其文本内容命名为“七日年化收益率(%)”。拖曳一个“矩形1”元件到工作区域，将其宽度设置为80，高度设置为25，文本内容命名为“提升收益”，字号设置为12号。拖曳一个“占位符”元件到工作区域，将其宽度设置为320，高度设置为180，文本内容命名为“收益率走势图”，如图10.29所示。

图10.29　收益率走势

10.4.5 “余额宝”界面上下滑动设计

余额宝界面内容很长，一整屏无法显示所有内容，如果想查看完整的界面内容，可以通过上下滑动余额宝界面，来查看完整的界面内容。下面开始制作余额宝界面上下滑动效果。

慕课视频

“余额宝”界面上下滑动设计

1 选中“余额宝收益内容显示区”动态面板，为其添加拖动动态面板时触发事件，如图10.30所示。

图10.30　添加拖动动态面板时触发事件

2 在“添加动作”面板选择“移动”选项，选择“余额宝收益内容显示区”选项，在“设置动作”面板的“移动”下拉列表中选择“跟随垂直拖动”选项，如图10.31所示。

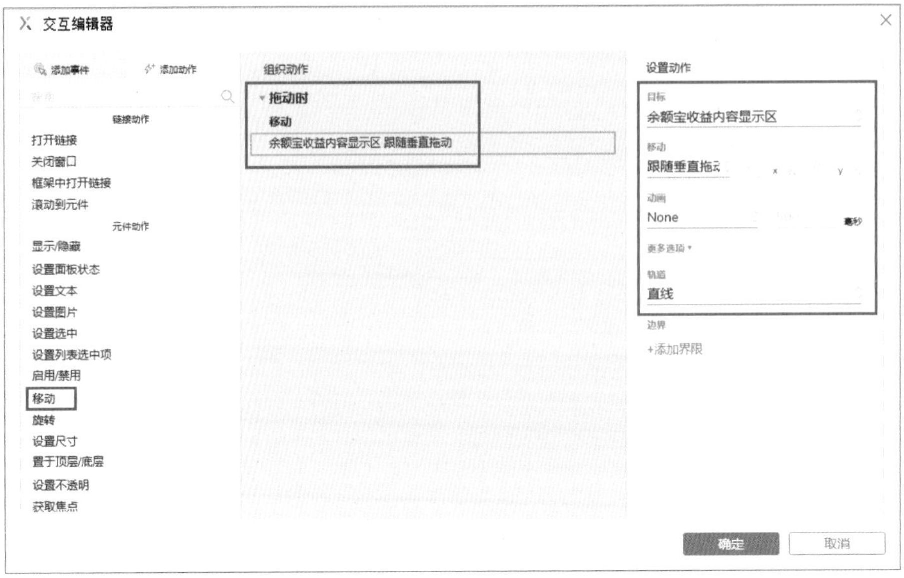

图10.31　垂直拖动

3 再为“余额宝收益内容显示区”动态面板添加拖动结束时触发事件。上下滑动有两种情况，向下滑动时，如果滑动的值大于0，就使“余额宝收益内容显示区”动态面板回到原始位置，如图10.32和图10.33所示。

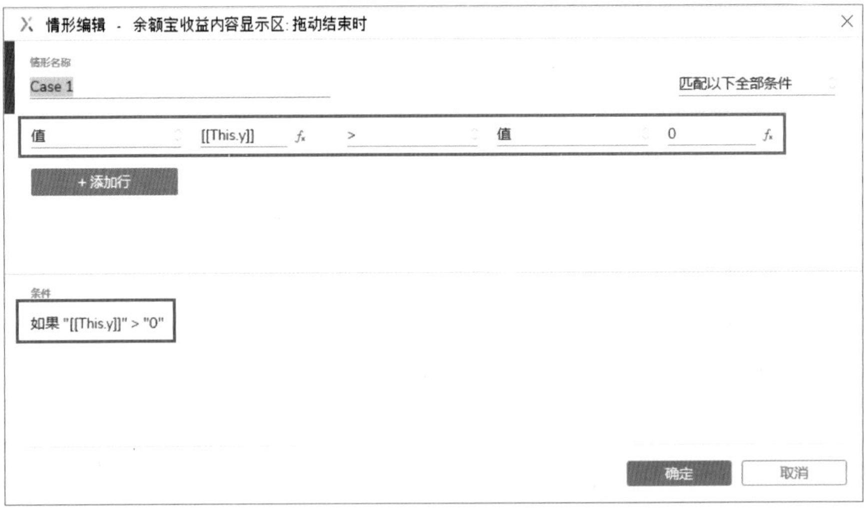

图10.32　动态面板元件滑动y值大于0

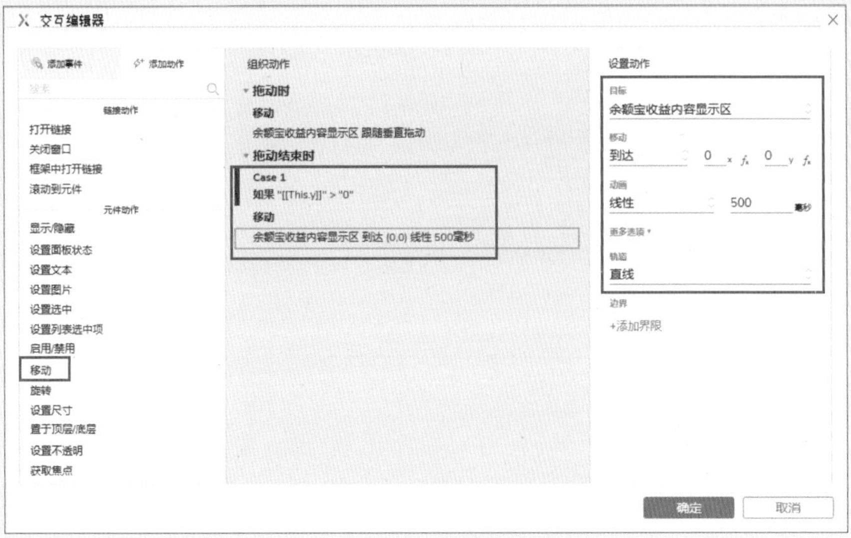

图10.33　动态面板回到初始位置

4 向上滑动时，最外层动态面板“余额宝收益显示区”的高度是429，里层动态面板“余额宝收益内容显示区”的高度为600，向上滑动最大距离为170，当滑动距离大于170时，同样使“余额宝收益内容显示区”动态面板回到原始位置，如图10.34和图10.35所示。

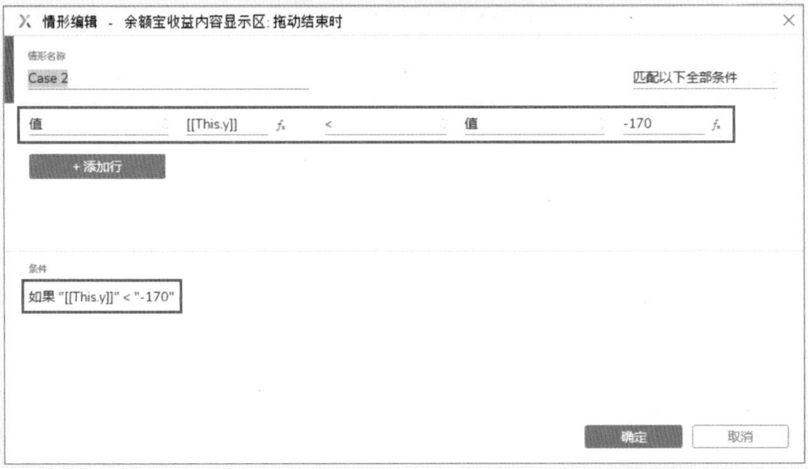

图10.34　动态面板向上滑动

注　意

向上滑动时，*y*的值是负值，所以使它小于220；向下滑动时，*y*的值是正值，所以使它大于0。

5 按F8键发布原型，上下拖动余额宝界面，可以实现上下滑动效果，如图10.36所示。

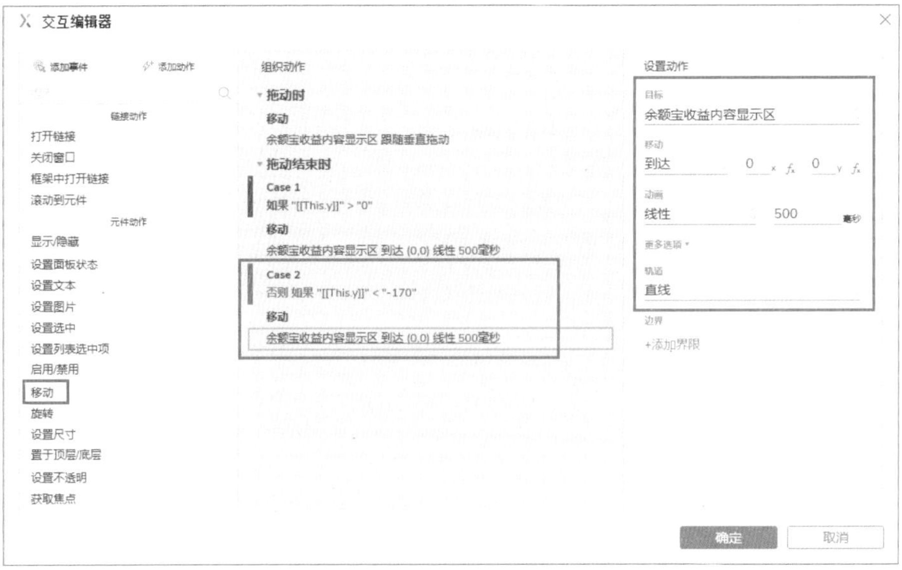

图10.35 动态面板回到初始位置

图10.36 发布原型

10.4.6 “支付宝”与“余额宝”切换显示效果

慕课视频

“支付宝”与“余额宝”切换显示效果

在支付宝页面里，单击余额宝导航菜单会进入余额宝界面，在余额宝界面里，单击“返回”按钮可以回到支付宝界面，这样可以实现支付宝界面和余额宝界面切换显示效果，如图10.37所示。

图10.37 支付宝与余额宝切换显示

1 隐藏“余额宝”动态面板，并且将其置于底层。进入“支付宝屏幕显示区”动态面板的“支付宝屏幕”状态，拖曳一个“热区”元件并放置在余额宝导航上，为其添加鼠标单击时触发事件，使其显示“余额宝”动态面板，并且将“余额宝”动态面板置于顶层，如图10.38所示。

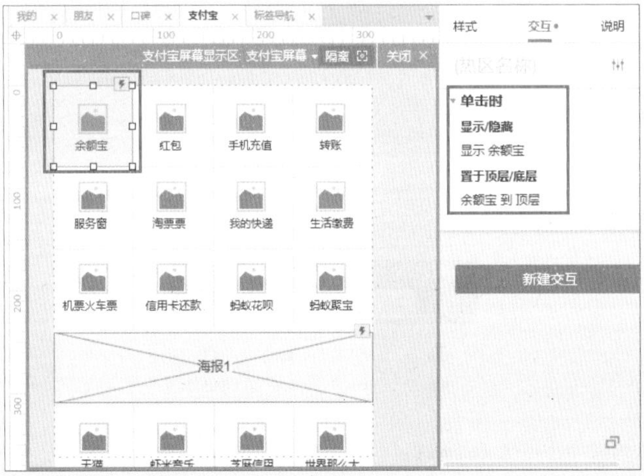

图10.38 显示余额宝动态面板

2 进入“余额宝”动态面板的“余额宝内容”状态，拖曳一个“热区”元件到余额宝返回按钮上，为其添加鼠标单击时触发事件，使其隐藏“余额宝”动态面板，并且将“余额宝”动态面板置于底层，如图10.39所示。

发布原型，单击余额宝导航菜单，会进入余额宝界面，单击“返回”按钮，余额宝界面隐藏起来，支付宝页面显示出来，从而可以实现支付宝界面和余额宝界面切换显示效果。

图10.39　隐藏余额宝动态面板

10.5　小结

本章通过支付宝App低保真原型的制作，应当学会以下知识。

（1）学会使用标签元件、矩形元件、占位符元件、水平线元件、垂直线元件、图片元件、动态面板元件等元件进行页面的布局设计。

（2）学会使用Axure母版功能来设计App软件的底部标签导航。将底部标签导航制作成母版，这样制作一次，其他页面可以直接使用，不需要进行重复制作。

（3）学会海报轮播效果的制作。

（4）学会实现界面内容上下滑动效果。

10.6　练习

进行口碑界面内容的布局设计以及制作界面内容上下滑动效果，如图10.40所示。

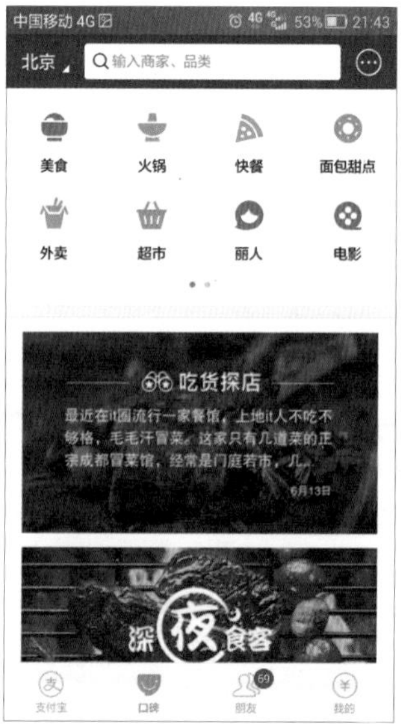

图10.40　口碑界面

第11章 携程旅游网站高保真原型设计

Axure原型设计工具不仅可以设计出低保真的软件原型，同时也可以设计出高保真原型。高保真原型无论在软件界面还是在软件交互上，与真实软件的体验效果几乎一样，图11.1是携程旅游网站首页的原型设计，它的网站界面和操作效果与真实软件几乎一样。

图11.1 携程旅游网站首页

本章通过携程旅游网站的高保真原型设计案例，利用Axure原型设计工具绘制软件的高保真原型。

11.1 需求描述

利用Axure软件绘制携程旅游网站的高保真原型，主要设计以下几个方面。

（1）绘制携程旅游网站的注册页面并进行表单验证。

（2）制作验证码30s倒计时重新获取交互效果。

（3）绘制携程旅游网站的登录页面，不进行表单验证。

（4）制作携程旅游网站导航菜单母版。

（5）制作首页搜索区域导航悬浮效果。

（6）制作首页海报轮播效果。

（7）制作首页图片放大、缩小效果。

11.2 设计思路

如何实现携程旅游网站登录与注册页面、首页以及商品详情页的高保真原型设计呢？

（1）在进行页面布局时，需要用到标签、矩形、文本框、横线、图片、动态面板等元件。

（2）进行注册表单的验证时，需要用到动态面板和条件设置，当用户输入用户名和密码时，动态面板根据不同的条件显示不同的提示信息。

（3）倒计时交互设计需要使用页面加载时触发事件，并且使用两个同样的页面加载时触发事件。

（4）将网站的顶部信息、导航菜单以及版权信息制作成母版，这样一次制作，其他页面可以直接使用，不需要进行重复制作。

（5）海报轮播效果制作需要借助动态面板元件，海报轮播效果可以使多个状态自动切换显示。

（6）图片放大、缩小效果制作需要动态地改变图片的尺寸，以实现图片放大、缩小的效果。

11.3 准备工作

进行高保真原型设计时，需要使用大量的图片，在真实项目中，交互设计师会绘制一版低保真原型，然后交给视觉设计师（UI设计师或者美工）来进行界面的设计，他们会制作界面图片，并且切图，交互设计师拿到图片，替换低保真原型里的图片，最终制作出一版高保真原型设计。制作高保准原型需要做以下准备工作。

1 需要准备携程旅游网站注册界面和登录界面相关图片，如图11.2和图11.3所示。

图11.2　携程旅游网站注册界面

图11.3　携程旅游网站登录界面

2 需要准备携程旅游网站首页界面的图片，如图11.4所示。

图11.4　携程旅游网站首页界面

11.4　设计流程

11.4.1　网站注册表单的布局设计

慕课视频

网站注册表单的布局设计

携程旅游网站的注册表单是一个向导型表单，分为3个步骤：填写、验证、注册成功。注册表单内容包含手机号、E-mail、密码、确认密码等表单项，如图11.5和图11.6所示。

图11.5　填写表单

图11.6 邮箱验证

1 进入注册页面，拖曳一个“图片”元件到工作区域，用“1-状态栏”图片替换图片元件，设置x、y坐标值为（0,0）。拖曳一个“图片”元件到工作区域，用“27-填写向导”图片替换图片元件，设置x、y坐标值为（0,0），如图11.7所示。

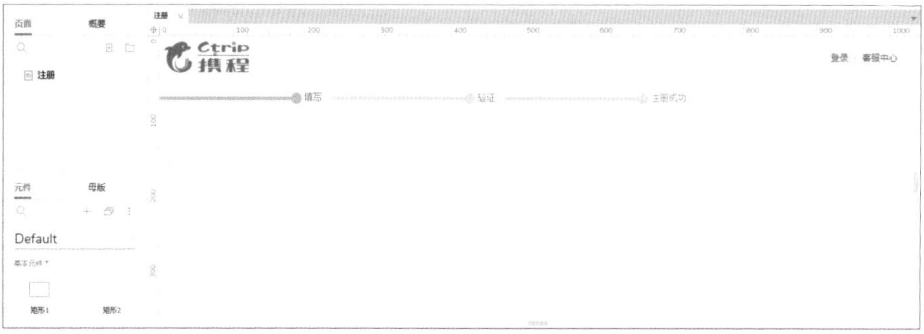

图11.7 状态栏和表单向导

2 拖曳一个“文本标签”元件到工作区域，将其文本内容命名为“会员注册 注册成功可获1000积分+返现特权”，将“会员注册”字号设置为24号，将“1000”字体颜色设置成绿色（#006600），字体加粗，将“返现”字体颜色设置为橙色（#FF9900），字体加粗，如图11.8所示。

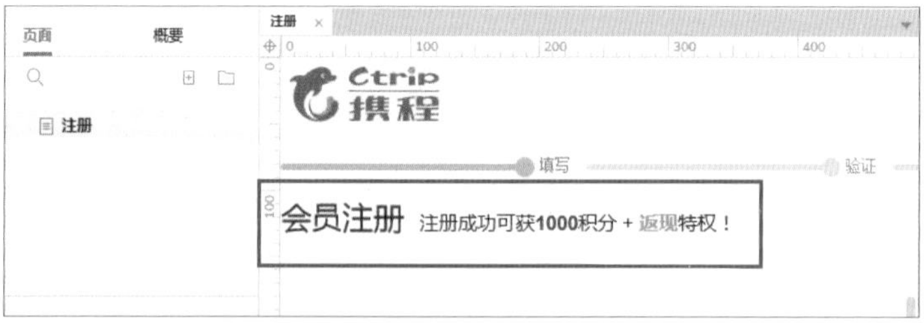

图11.8 会员注册说明

3 拖曳3个“文本标签”元件到工作区域，将其文本内容分别命名为“手机号”“Email”“密码”，字号设置为16号。拖曳一个“矩形1”元件到工作区域，将其宽度设置为320，高度设置为32，边框颜色设置为灰色（#CCCCCC）。拖曳一个“文本框”元件到工作区域，将其宽度设置为210，高度设置为25，如图11.9所示。

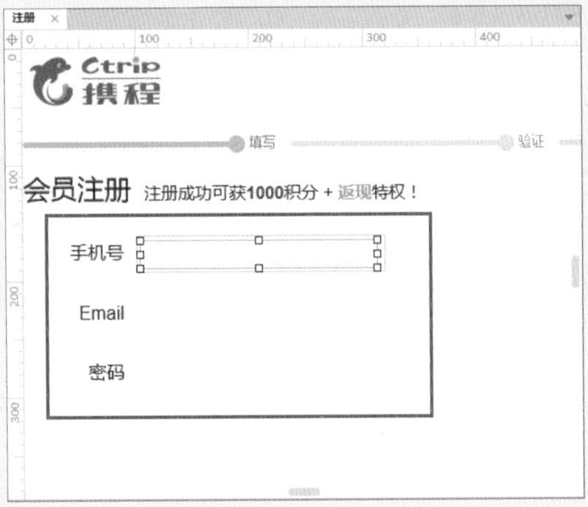

图11.9 设置表单标签和边框

4 设置文本框的提示文字为“可用作登录名”，去掉隐藏边框，然后复制该文本框两次，分别作为Email和密码的输入框，将它们的提示文字分别设置为“可用作登录名”“8-20位字母、数字和符号”，如图11.10所示。

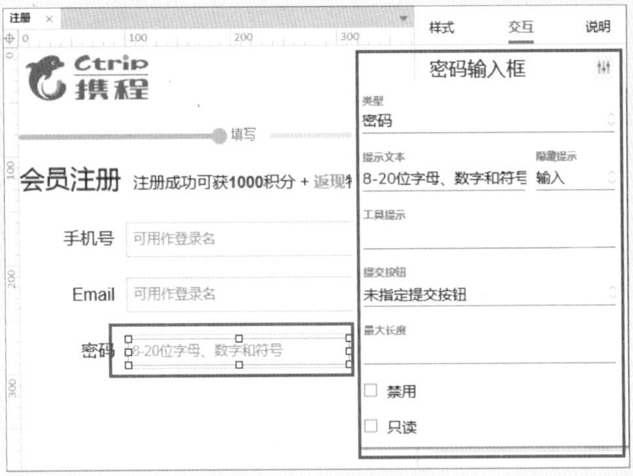

图11.10 设置提示文字

5 拖曳一个“动态面板”元件到工作区域，将其名称设置为“确认密码组合”，状态命名为“密码组合”，复制手机号标签和文本框到“密码组合”状态里，修改表单标签为“确认密码”，修改提示文字为“再次输入密码”，如图11.11所示。

6 拖曳一个“复选框”元件到工作区域，将其文本内容重新命名为“同意<<携程旅行网服务协议>>”。拖曳一个“图片”元件到工作区域，用“20-验证按钮”图片替换图片元件。拖曳一个“文本标签”元件到工作区域，将其放置在Email文本输入框的后面，文本内容为“填写Email并通过验证，可额外获得200积分！”，将“200”文字设置为绿色（#006600），字体加粗，如图11.12所示。

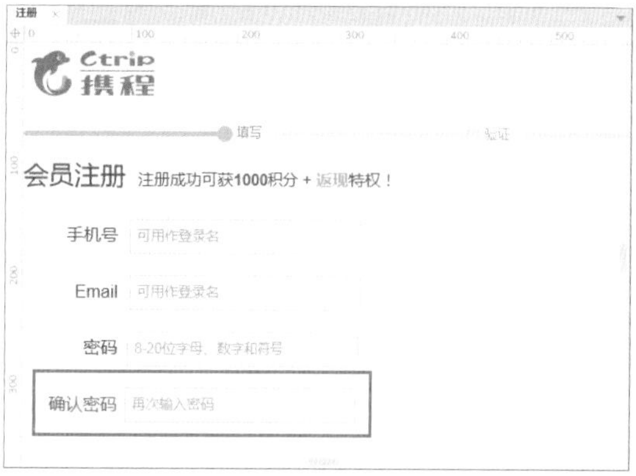

图11.11 确认密码

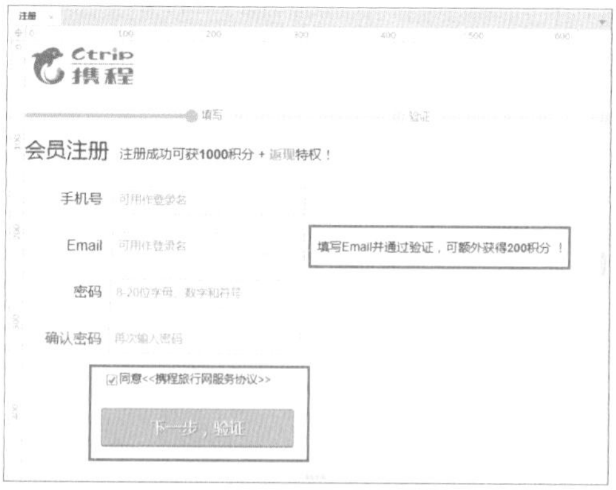

图11.12 注册协议

7 拖曳一个“动态面板”元件到工作区域，将其名称设置为“密码强度显示区”，建立4个状态“密码默认等级”“密码弱”“密码中”“密码强”，分别用“14-注册密码默认”“15-注册密码等级弱”“16-注册密码等级中”“14-注册密码等级强”图片作为状态内容，如图11.13所示。

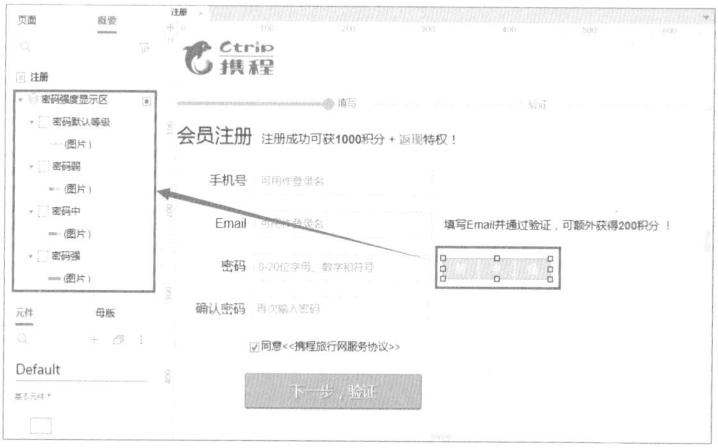

图11.13 密码强度

11.4.2 网站注册表单校验

慕课视频

网站注册表单校验

携程网站注册表单用于会员注册，通过输入手机号、邮箱、密码和确认密码来创建会员账号。

1. 密码校验内容

当密码输入框获得焦点时，显示提示信息“请设置登录密码”，密码强度为默认等级。

当密码长度小于8位或大于20位时，提示“密码需为8-20个字符，由字母、数字和符号组成。”，密码强度为默认等级。

当密码长度等于8位时，提示“密码过于简单，有被盗风险”，密码强度为弱等级。

当密码长度大于8位小于等于10位时，隐藏密码提示信息，密码强度为中等级。

当密码长度大于10位小于等于20位时，隐藏密码提示信息，密码强度为强等级。

1 拖曳一个“动态面板”元件到工作区域，将其重命名为“密码验证显示区”，建立3个状态“密码默认提示”“密码过于简单”“8-20位字母或数字”，分别用“17-密码-请设置密码”“19-密码-过于简单”“18-密码-8到20个字符”图片作为状态内容，如图11.14所示。

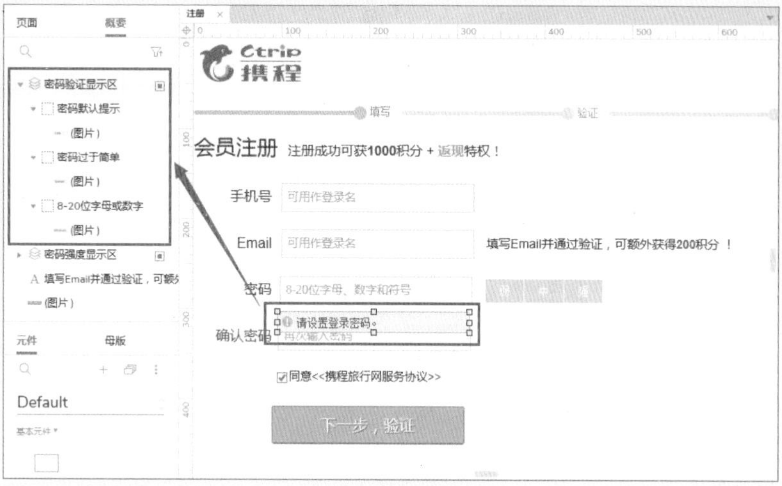

图11.14　密码验证显示区

2 将“密码验证显示区”动态面板隐藏起来，置于底层，选中密码输入框，为其添加获得焦点时触发事件，显示“密码验证显示区”动态面板，在更多选项里选择“推拉”元件，设置“密码验证显示区”动态面板的状态为“密码默认提示”，如图11.15所示。

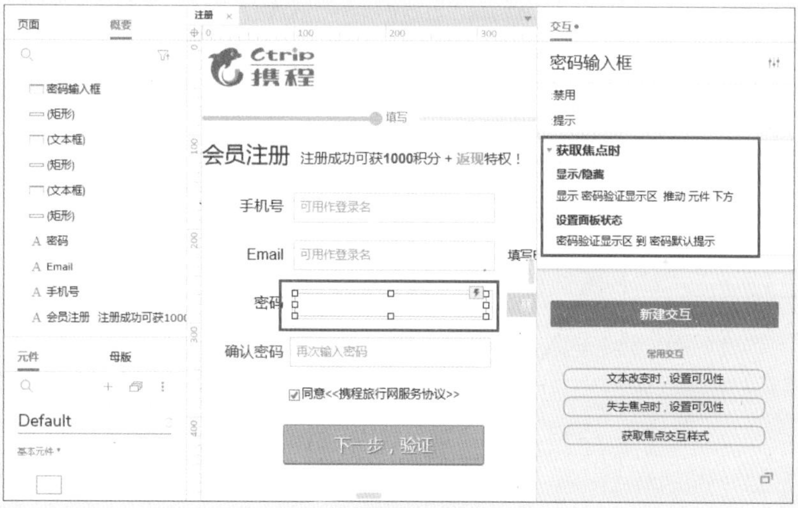

图11.15　密码输入框获得焦点

3 密码输入框失去焦点时，为其添加失去焦点时触发事件，如图11.16所示。

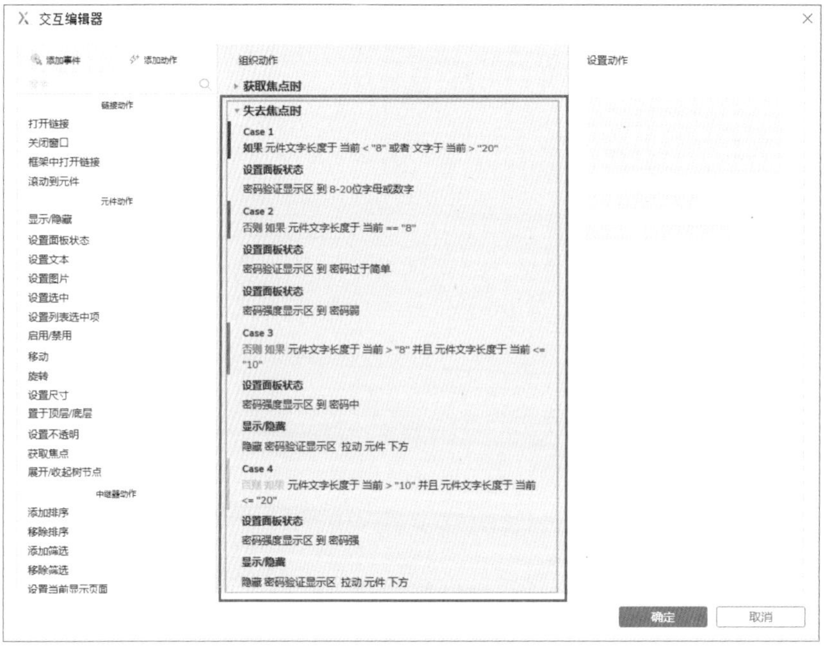

图11.16　密码输入框失去焦点

2. 确认密码校验内容

当确认密码输入框获得焦点时，显示提示信息“请再次输入密码”。

当确认密码输入框失去焦点时，如果两次密码输入不一致，提示“您两次输入的密码不一致”。

1 拖曳一个“动态面板”元件到工作区域，将其重命名为“确认密码显示区”，建立两个状态“请确认密码”“两次密码不一致”，分别用“20-确认密码-请再次输入密码”“21-确认密码-两次密码不一致”图片作为状态内容，如图11.17所示。

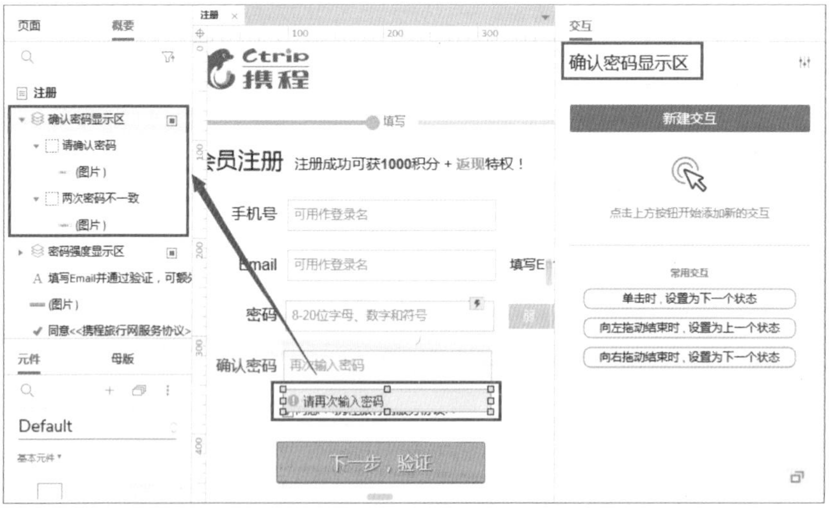

图11.17　确认密码显示区

2 将“确认密码显示区”动态面板隐藏起来，置于底层，选中确认密码输入框，为其添加获得焦点时触发事件，显示“确认密码显示区”动态面板，在更多选项里选择“推拉”元件，设置“确认密码显示区”动态面板的状态为“请确认密码”，如图11.18所示。

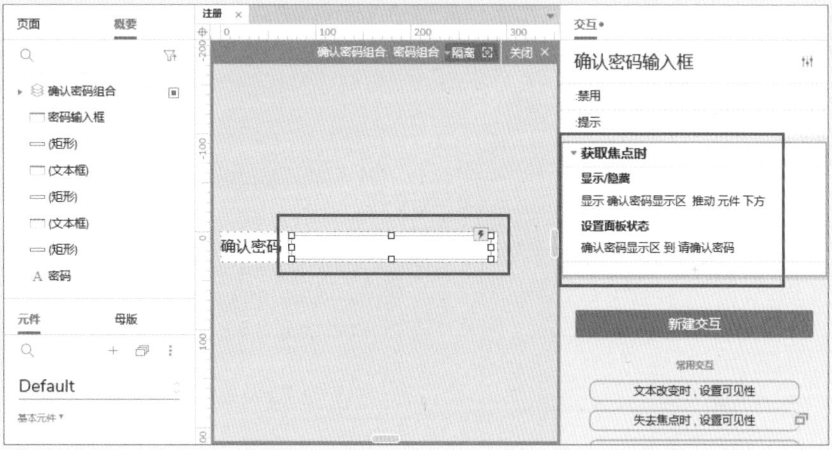

图11.18　确认密码输入框获得焦点

3 为密码输入框和确认密码输入框进行标签命名，分别命名为“密码输入框”“确认密码输入框”。确认密码输入框失去焦点时，添加失去焦点时触发事件，来判断密码和确认密码两次输入是否一致，如图11.19所示。

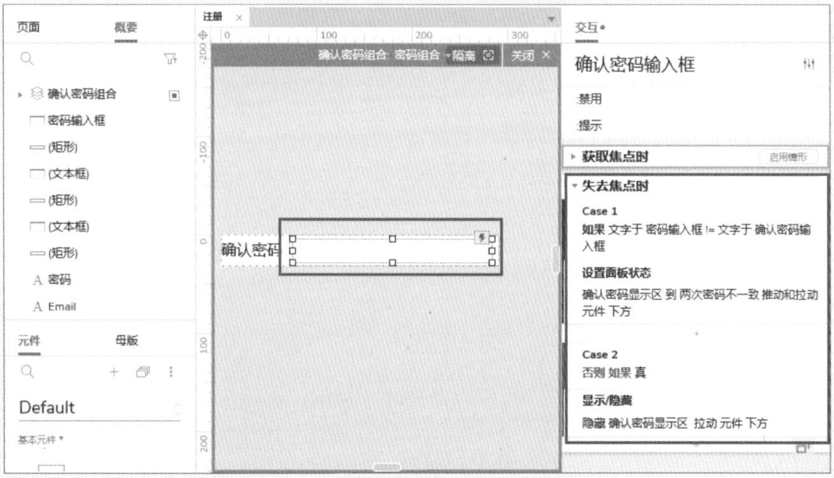

图11.19　确认密码输入框失去焦点

11.4.3 倒计时交互设计

慕课视频

倒计时交互设计

在携程旅游网站填写完注册表单后，网站会对填写的表单信息进行验证，通过两种方式进行验证，分别是手机号验证和邮箱验证。如果没有填写手机号，则会进入邮箱验证页面进行验证，邮箱验证时会有倒计时交互效果，如果在规定时间内没有输入验证码，可以重新获取验证码，如图11.20所示。

图11.20 邮箱验证

下面开始进行邮箱验证页面的布局设计以及倒计时交互设计。

1 在页面区域新建一个页面“验证”，进入页面，拖曳3个“图片”元件到工作区域，分别用“1-状态栏”“28-验证向导”“2-邮箱验证内容”图片替换图片元件，如图11.21所示。

图11.21 邮箱验证布局

2 拖曳一个“矩形1”元件到工作区域，将其宽度设置为124，高度设置为24，圆角半径设置为5，文本内容设置为“30s后可重新获取”，标签命名为“获取验证码”，如图11.22所示。

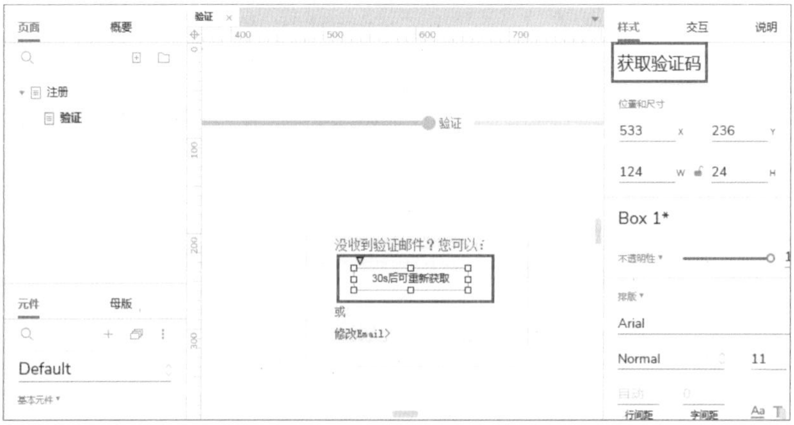

图11.22 倒计时布局设计

3 新增一个全局变量“totaltime”，默认值为“30”，为其添加页面载入时触发事件，添加条件，如果“totaltime”大于0，使变量值减1，然后为获取验证码重新设置文本内容，等待1s后，重新加载页面载入时触发事件，如图11.23所示。

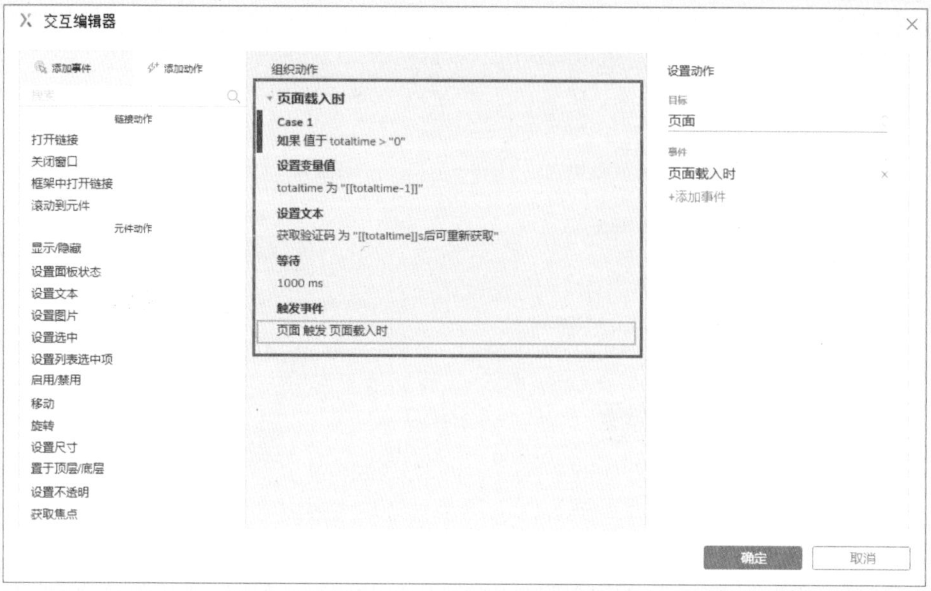

图11.23　页面载入时触发事件

4 如果变量值“totaltime”等于0，设置获取验证码文本内容为“30s后可重新获取”，设置变量值“totaltime”为30，等待1s后，重新加载页面载入时触发事件，如图11.24所示。

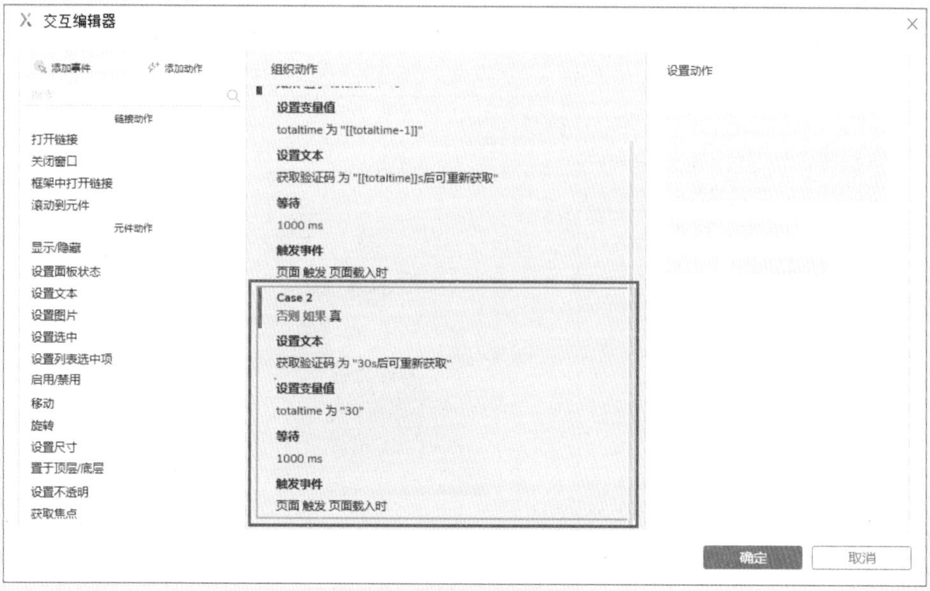

图11.24　重新获取验证码

发布原型并检查效果，页面载入时可以看到时间不断减少，时间减少到0后，重置时间为30并继续减少，这样就实现倒计时的交互效果了。

慕课视频

网站登录布局与交互设计

11.4.4 网站登录布局与交互设计

携程旅游网站提供两种登录方式，分别是普通登录和手机动态密码登录，两种登录方式的切换通过单选按钮操作来完成，通过单击单选按钮，选择相应的登录方式进行登录，如图11.25和图11.26所示。

图11.25 普通登录

图11.26 手机动态密码登录

1 在页面区域新建一个页面“登录”，拖曳两个“图片”元件到工作区域，分别用“6-携程logo”“7-登录图片”替换图片元件，如图11.27所示。

图11.27 网站logo及广告

2 拖曳一个“矩形1”元件到工作区域，将其宽度设置为390，高度设置为433，边框颜色设置为蓝色（#00CCCC），标签命名为“登录边框”。拖曳一个“文本标签”元件到工作区域，将其文本内容命名为“会员登录”，字号为16号。拖曳一个“文本标签”元件到工作区域，将其文本内容命名为“立即注册，享积分换礼、返现等专属优惠！”，字号设置为12号，将“立即注册”文字的颜色设置为蓝色（#0000FF）。拖曳一个“横线”元件到工作区域，将其作为间隔线，如图11.28所示。

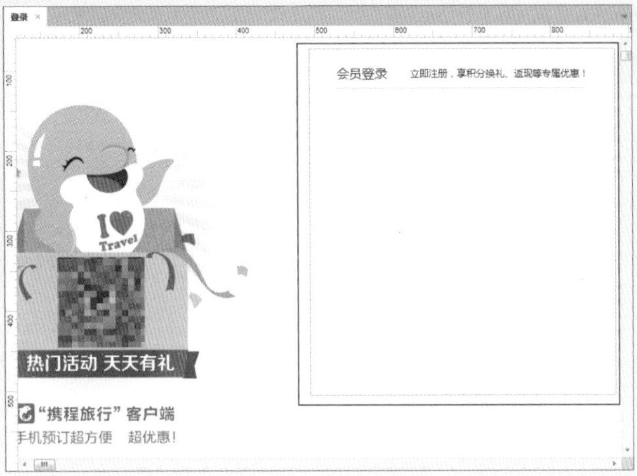

图11.28 登录边框

3 拖曳两个“单选按钮”元件到工作区域，将其文本内容分别命名为“普通登录”“手机动态密码登录”，同时选中这两个单选按钮元件，单击鼠标右键，在弹出的快捷菜单中选择“指定单选按钮的组”命令，在弹出的“选项组”对话框的“组名称”文本框中输入“登录按钮组”，这样每次只能选中一个单选按钮元件，如图11.29所示。

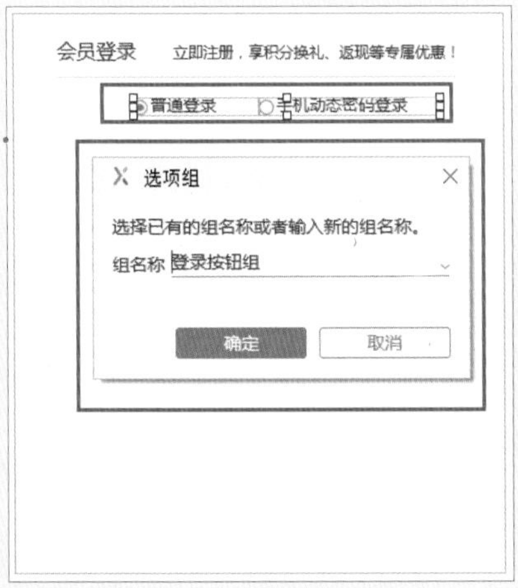

图11.29 登录按钮组

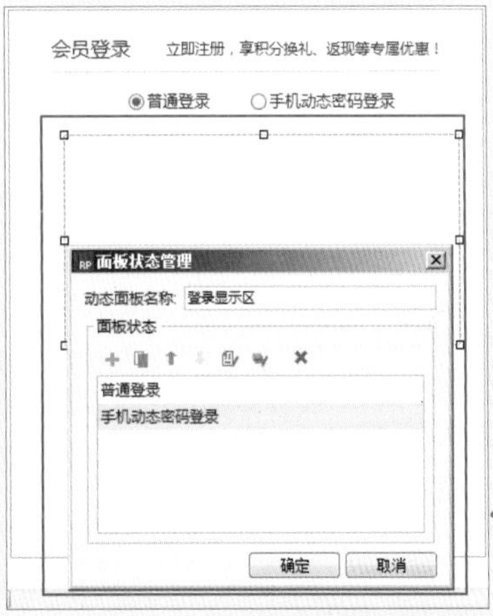

图11.30 登录显示区

4 拖曳一个“动态面板”元件到工作区域，将其命名为“登录显示区”，建立两种状态“普通登录”“手机动态密码登录”，如图11.30所示。

5 进入“普通登录”状态，拖曳3个“文本标签”元件到工作区域，将其文本内容分别命名为“登录名”“密码”“忘记密码？”，将“登录名”“密码”的字号设置为15号，将“忘记密码？”字号设置为12号，颜色设置为蓝色（#0000FF）。拖曳两个“文本框”元件到工作区域，将宽度均设置为195，高度均设置为30，在登录名后的文本框输入添加提示文字“用户名/卡号/手机/邮箱”，如图11.31所示。

图11.31 登录名及密码

图11.32 登录按钮

6 拖曳一个“复选框”元件到工作区域，将其文本内容设置为“30天内自动登录”。拖曳一个“图片”元件到工作区域，用“12-登录按钮”图片替换图片元件，作为登录按钮，如图11.32所示。

7 进入“手机动态密码登录”状态，拖曳3个“文本标签”元件到工作区域，将其文本内容分别设置为“登录名”“验证码”“密码”，字号设置为15号。拖曳3个“文本框”元件到工作区域，分别在输入框中添加提示文字“请输入注册手机号”“不区分大小写”“动态密码”，如图11.33所示。

图11.33 手机号及密码

图11.34 登录按钮及验证码

8 拖曳两个“图片”元件到工作区域，分别用“11-登录验证码”“25-发送动态密码默认”图片替换图片元件，作为验证码和获取动态密码。拖曳一个“复选框”元件到工作区域，将其文本内容设置为“30天内自动登录”，拖曳一个“图片”元件到工作区域，用“12-登录按钮”图片替换图片元件，作为登录按钮，如图11.34所示。

9 回到登录页面，单击鼠标右键“登录显示区”动态面板，在弹出的快捷菜单中选择“自适应内容”命令，使动态面板跟随内容的变化而变化。拖曳一个“图片”元件到工作区域，用“10-合作登录”图片替换图片元件，如图11.35所示。

图11.35 合作登录方式

10 选中“普通登录”单选按钮，为其添加选中时触发事件，设置“登录显示区”动态面板的状态为“普通登录”，并勾选“推动/拉动”元件。设置“登录边框”的尺寸，宽度设置为390，高度设置为433，动态地改变登录边框的高度和宽度，如图11.36所示。

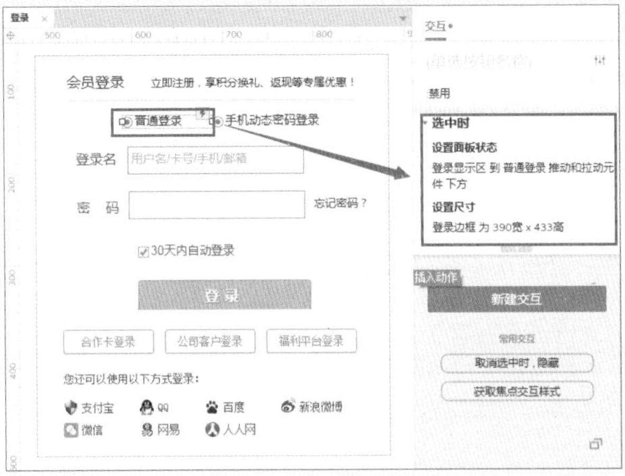

图11.36 普通登录交互

11 选中“手机动态密码登录”单选按钮，将其添加选中时触发事件，设置“登录显示区”动态面板的状态为“手机动态密码登录”并且勾选“推动和拉动元件”复选框。设置“登录边框”的尺寸，将其宽度设置为390，高度设置为484，动态地改变登录边框的高度和宽度，如图11.37所示。

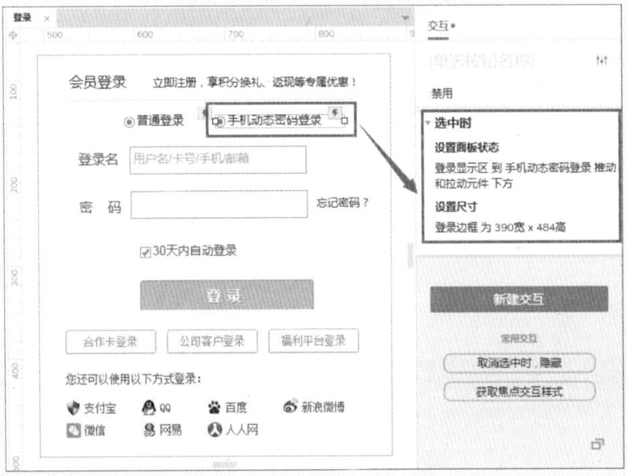

图11.37 手机动态密码登录交互

现在可以发布原型并检查效果，单击“普通登录”按钮，显示的是普通登录按钮的内容；单击“手机动态密码登录”按钮，显示的是手机动态密码登录的内容，并且合作登录方式和登录边框都发生变化，可以动态移动位置或者修改边框的高度。

慕课视频

导航菜单母版设计

11.4.5 导航菜单母版设计

携程旅游网站导航菜单有很多内容，一级导航菜单有十几个，每个一级导航菜单下面有对应的二级导航菜单，如图11.38所示。在设计原型时，把导航菜单设计成母版，这样可以直接引用到页面中，不需要重复制作导航菜单，从而大大减少工作量，提高工作效率。

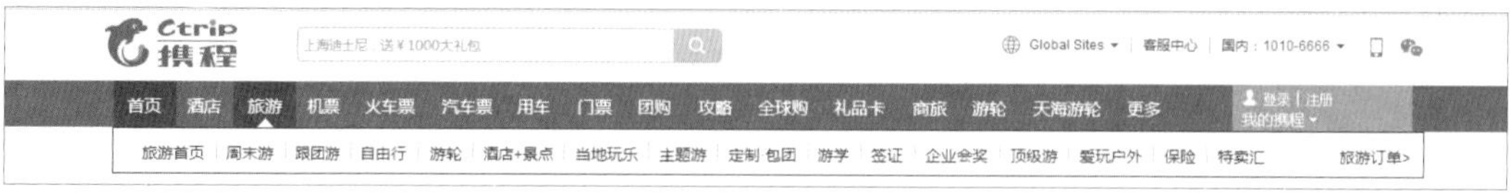

图11.38 导航菜单

1. 导航菜单布局设计

1 在母版区域新建一个母版，命名为“导航菜单”，双击进入“导航菜单”母版，拖曳一个“图片”元件到工作区域，用“1-状态栏”图片替换图片元件，坐标位置设置为（134,0）。拖曳一个“图片”元件到工作区域，用“0-背景”图片替换图片元件，宽度设置为1366，坐标位置设置为（40,60），作为导航菜单背景，如图11.39所示。

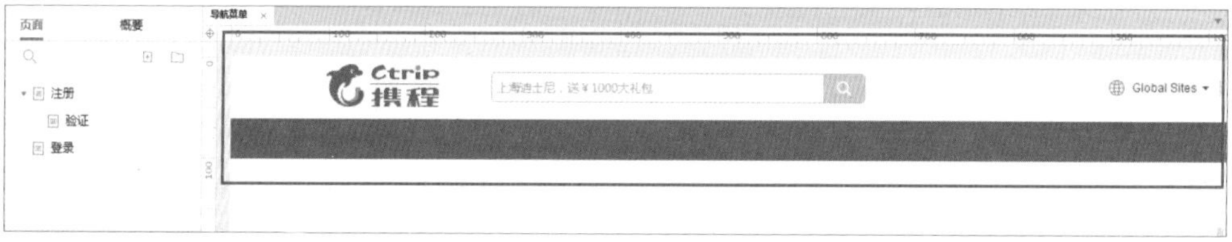

图11.39 状态栏及导航菜单背景

2 拖曳16个“文本标签”元件到工作区域，将其文本内容分别修改为“首页”“酒店”“旅游”“机票”“火车票”“汽车票”“用车”“门票”“团购”“攻略”“全球购”“礼品卡”“商旅”“游轮”“天海游轮”“更多”，将字体颜色设置为白色（#FFFFFF），字号设置为15号。将“首页”的x、y坐标位置设置为（158,72），“更多”的x、y坐标位置设置为（1049,72），设定好第一个和最后一个文本标签位置，使其他文本标签水平均匀分布，如图11.40所示。

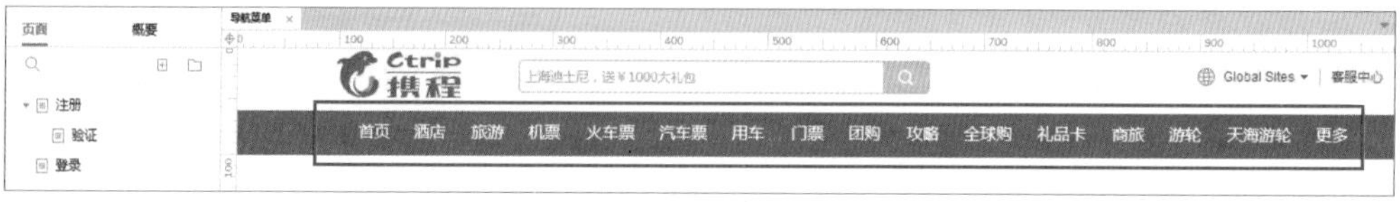

图11.40 一级导航菜单放置

3 拖曳一个“矩形1”元件到工作区域，将其宽度设置为56，高度设置为40，坐标位置设置为（106,61），颜色填充为黑色（#000000），不透明度设置为38，标签命名为“菜单选中背景”。把“首页”置于顶层，使其位于“菜单选中背景”上面。复制“菜单选中背景”元件，将新元件的标签命名为“菜单悬浮背景”，坐标位置设置为（43,61），隐藏起来，如图11.41所示。

图11.41　菜单选中及悬浮背景

图11.42　登录和注册

4 拖曳一个“图片”元件到工作区域，用“17-我的登录”图片替换图片元件，坐标位置设置为（1102,61），作为登录和注册的区域，如图11.42所示。

5 拖曳一个“动态面板”元件到工作区域，将其动态面板的名称修改为“二级导航菜单显示区”，建立两种状态“酒店二级导航菜单”“旅游二级导航菜单”，将它们的宽度均设置为1168，高度均设置为40，坐标位置设置为（145,101），如图11.43所示。

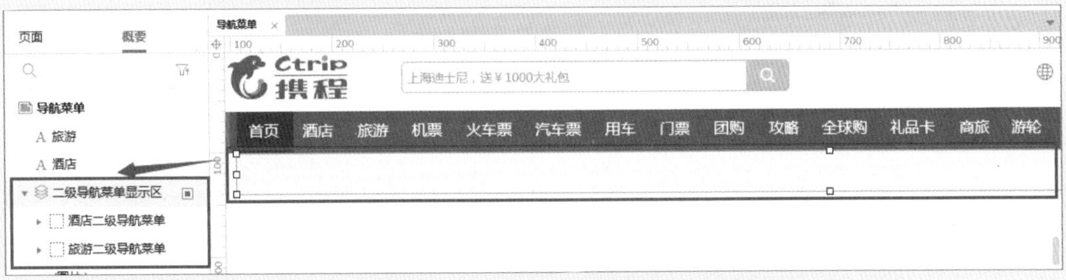

图11.43　二级导航菜单显示区

6 进入“酒店二级导航菜单”状态，拖曳一个“矩形1”元件到工作区域，将其宽度设置为1168，高度设置为40，边框颜色设置为蓝色（#0000FF），坐标位置设置为（145,101）。拖曳9个“文本标签”元件到工作区域，将其文本内容分别修改为“国内酒店”“海外酒店”“海外民宿+短租”“团购”“特价酒店”“途家公寓”“酒店+景点”“客栈民宿”“会场+团队房”，它们两两之间添加一个间隔线，将“国内酒店”坐标位置设置为（26,12），将“会场+团队房”坐标位置设置为（623,12），设定好第一个和最后一个菜单位置，使其他标签水平均匀分布，如图11.44所示。

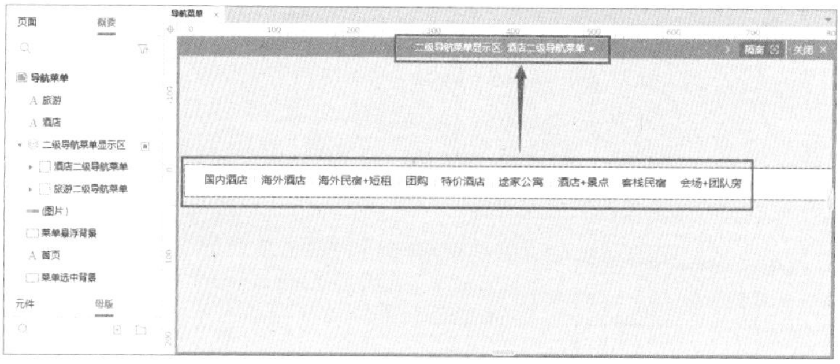

图11.44 酒店二级导航菜单

7 拖曳一个“文本标签”元件到工作区域，修改其文本内容为“酒店订单>”，坐标位置设置为（1092,12），如图11.45所示。

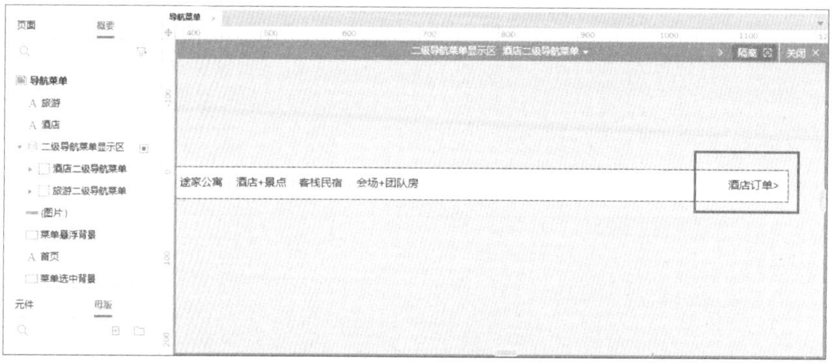

图11.45 酒店订单入口

8 复制“酒店二级导航菜单”的内容到“旅游二级导航菜单”状态，并修改导航菜单名称，如图11.46所示。

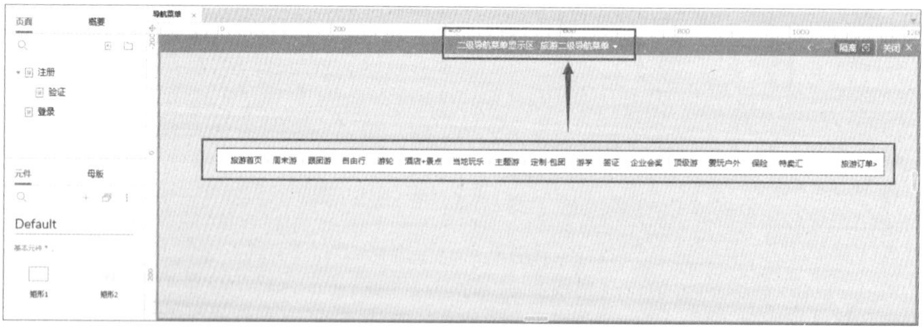

图11.46 旅游二级导航菜单

9 回到导航菜单母版，拖曳一个“矩形1”元件到工作区域，调整其形状为向上三角形，将其宽度设置为21，高度设置为12，将其标签命名为“向上三角形”，去除边框线，将其坐标位置设置为（177,93），如图11.47所示。

图11.47　向上三角形

2. 导航菜单交互设计

1 将“向上三角形”和“二级导航菜单显示区”隐藏起来，在页面区域建立3个页面“首页”“酒店”“旅游”。选中“首页”一级导航菜单，为其添加鼠标单击时触发事件，使其在新窗口打开“首页”页面，如图11.48所示。

图11.48　打开首页

2 选中“酒店”一级导航菜单，为其添加鼠标单击时触发事件，使其在新窗口打开“酒店”页面。添加鼠标移入时触发事件，当鼠标移入时显示“向上三角形”，移动“向上三角形”至绝对位置（177,93），显示“二级导航菜单显示区”，设置面板状态为“酒店二级导航菜单”，显示“菜单悬浮背景”，移动“菜单悬浮背景”至绝对位置（158,61）。添加鼠标移出时触发事件，隐藏“向上三角形”“二级导航菜单显示区”“菜单悬浮背景”，如图11.49所示。

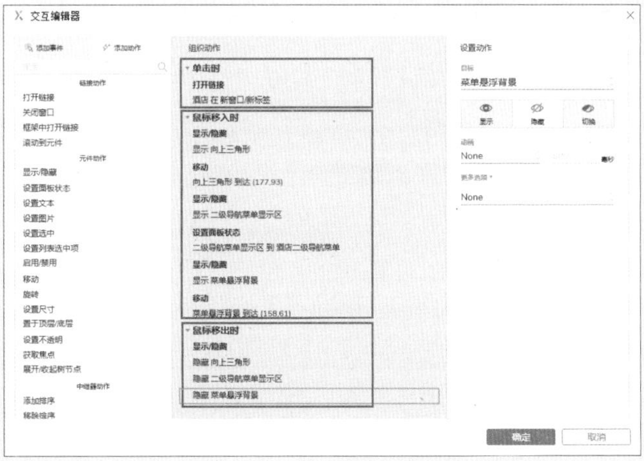

图11.49　酒店导航菜单交互

3 选中“旅游”一级导航菜单，为其添加鼠标单击时触发事件，使其在新窗口打开“旅游”页面。添加鼠标移入时触发事件，显示“向上三角形”，移动“向上三角形”到绝对位置（230,93），显示“二级导航菜单显示区”，设置面板状态为“旅游二级导航菜单”，显示“菜单悬浮背景”，移动菜单悬浮背景”到绝对位置（212,61）。添加鼠标移出时触发事件，隐藏“向上三角形”“二级导航菜单显示区”“菜单悬浮背景”，如图11.50所示。

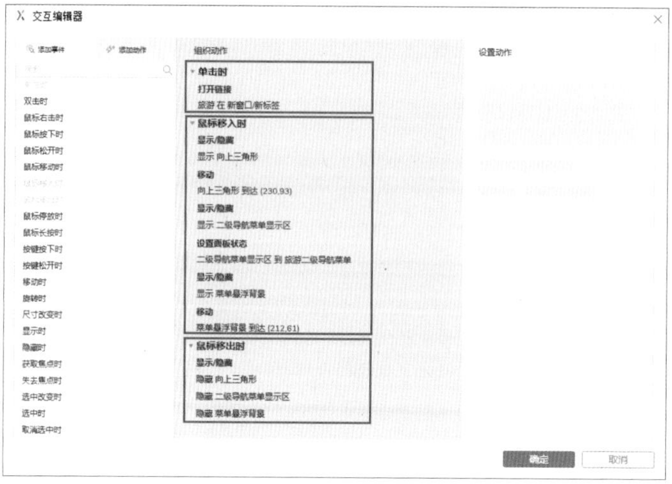

图11.50 旅游导航菜单交互

4 在母版区域单击鼠标右键“导航菜单”母版，在弹出的快捷菜单中选择“添加到页面中…”命令，在弹出的“添加母版到页面中”对话框里将“导航菜单”母版引入到“首页”“酒店”“旅游”页面，如图11.51所示。

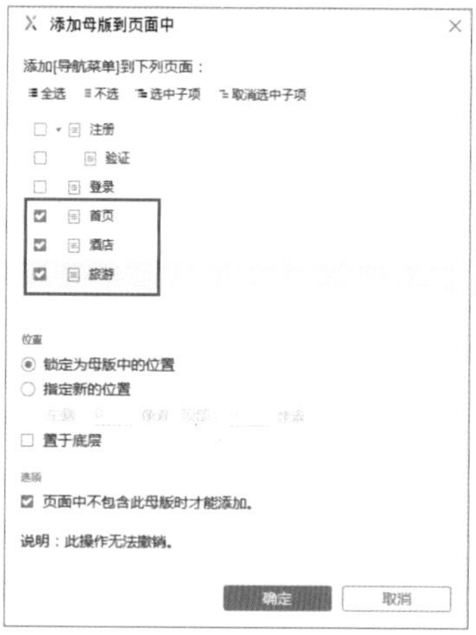

图11.51 导航菜单引入到页面

5 进入“首页”可以看到引入的“导航菜单”，按F5键发布原型并检查效果。当鼠标移到酒店或者旅游导航菜单上面时，会出现二级菜单，移出时二级菜单隐藏起来，如图11.52所示。

图11.52 发布原型

6 在“首页”页面添加页面载入时触发事件，移动“菜单选中背景”到绝对位置（106,61），如图11.53所示。

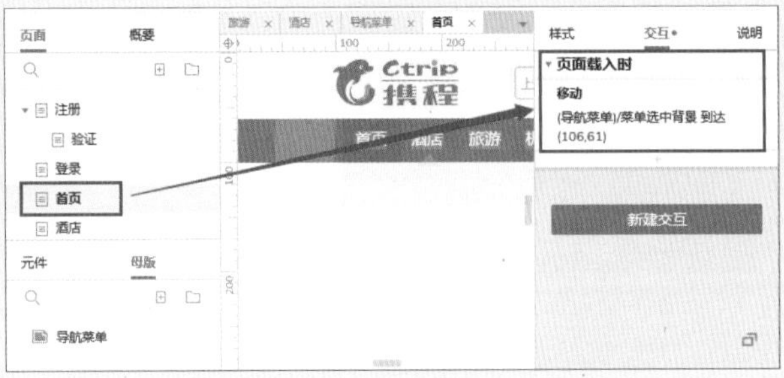

图11.53 首页菜单选中背景

7 在“酒店”页面添加页面载入时触发事件，移动“菜单选中背景”到绝对位置（158,61），如图11.54所示。

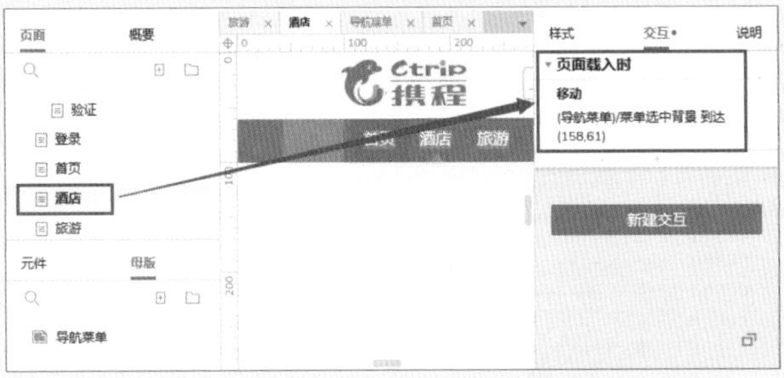

图11.54 酒店菜单选中背景

8 在“旅游”页面添加页面载入时触发事件，移动“菜单选中背景”到绝对位置（212,61），如图11.55所示。

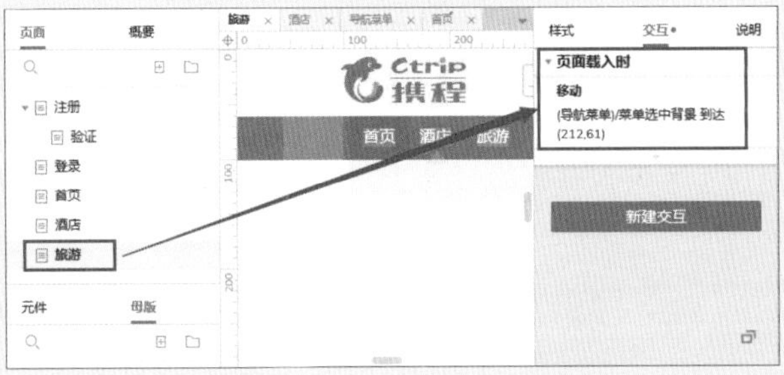

图11.55 旅游菜单选中背景

这样就制作完导航菜单母版了，整个过程可概括为先在母版区域新建一个母版，然后在母版里面设计内容，最后将母版引入页面。

11.4.6 首页海报轮播效果制作

慕课视频

首页海报轮播效果制作

携程网站为了在首页展示广告信息，会采用海报轮播效果展现广告信息，在有限的区域内展现不同的广告信息，这也是海报轮播的特色，如图11.56所示。

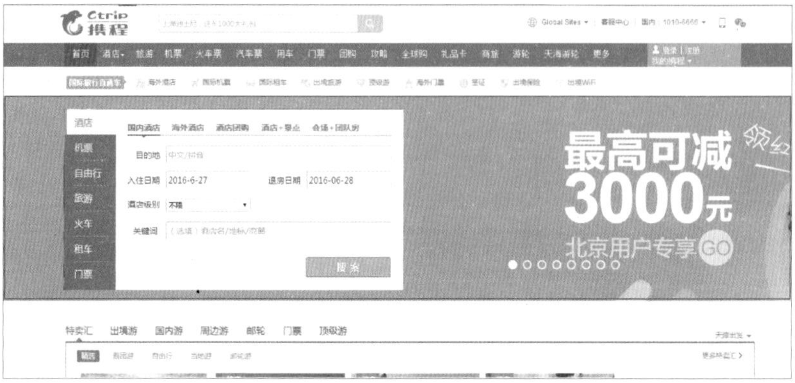

图11.56 海报轮播区域

海报轮播区域主要由两部分组成：海报图片和海报轮播序号。要实现海报轮播效果，需要借助动态面板元件，使其自动切换动态面板状态进行展示。下面开始制作海报轮播效果。

1 进入“首页”，拖曳一个“图片”元件到工作区域，用“3-国际直通车”图片替换图片元件，将其坐标位置设置为（105,106），使其置于底层。拖曳一个“动态面板”元件到工作区域，将其名称设置为“海报轮播显示区”，宽度设置为1366，高度设置为341，坐标位置设置为（40,150），建立8个状态，分别命名为“海报1”“海报2”“海报3”“海报4”“海报5”“海报6”“海报7”“海报8”，如图11.57所示。

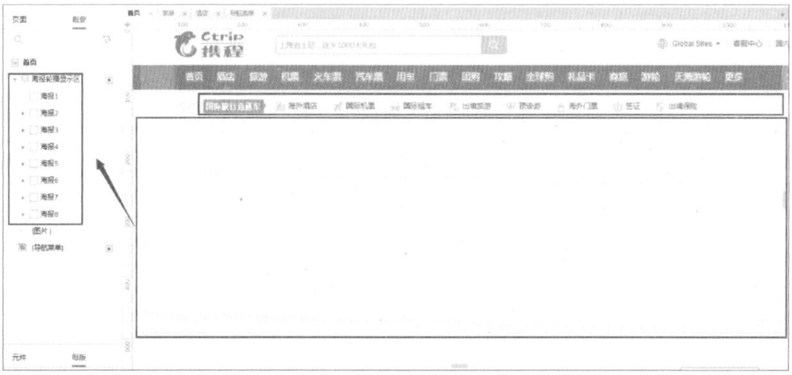

图11.57 海报轮播显示区

2 将“5-海报1”“6-海报2”“7-海报3”“8-海报4”“9-海报5”“10-海报6”“11-海报7”“12-海报8”图片分别作为8个状态的内容，将它们的坐标位置均设置为（0,0），如图11.58所示。

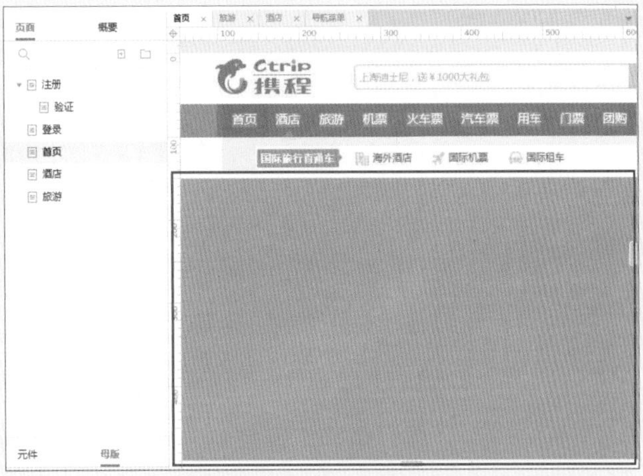

图11.58 海报轮播内容

3 拖曳一个“动态面板”元件到工作区域，将其名称设置为“序号轮播显示区”，宽度设置为190，高度设置为15，坐标位置设置为（906,422），建立8个状态，分别命名为“序号1”“序号2”“序号3”“序号4”“序号5”“序号6”“序号7”“序号8”，如图11.59所示。

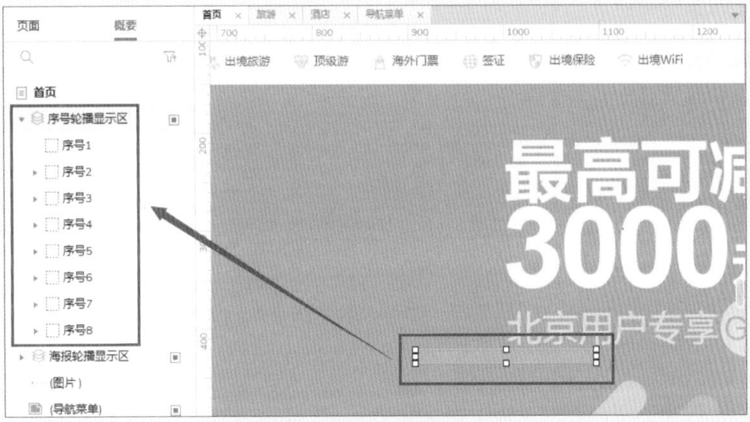

图11.59 序号轮播显示区

4 进入“序号1”状态，拖曳一个“圆形”元件到工作区域，将其宽度和高度都设置为15，去除边框线，作为选中序号。拖曳一个“圆形”元件到工作区域，将其宽度和高度都设置为15，颜色填充为灰色（#999999），复制该“圆形”元件6次，作为未选中序号。第一个序号坐标位置设置为（0,0），最后一个序号位置设置为（175，0），让它们在水平方向上均匀分布，如图11.60所示。

5 将“序号1”状态内容复制到“序号2”状态，调整第一个序号和第二个序号的位置，运用同样的方法设计其他序号状态的内容，如图11.61所示。

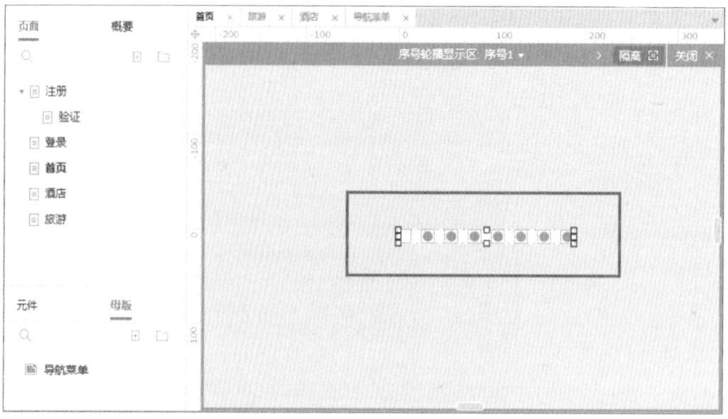

图11.60　序号1内容

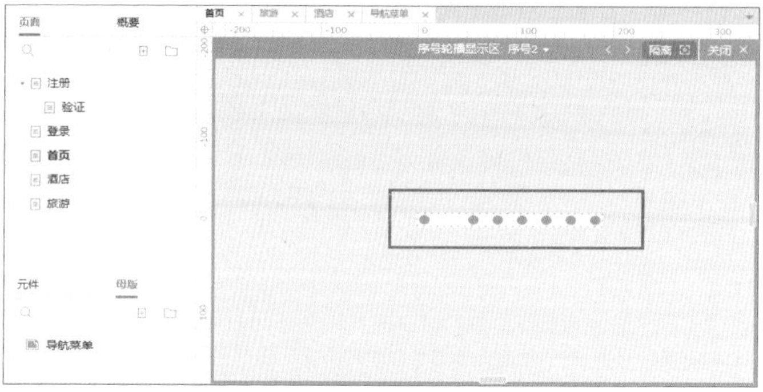

图11.61　序号2内容

6 回到“首页”页面，选中“海报轮播显示区”动态面板，为其添加载入时触发事件，设置“海报轮播显示区”动态面板的状态为“下一项”，向后循环，循环间隔3000毫秒，设置“序号轮播显示区”动态面板的状态为“下一项”，向后循环，循环间隔3000毫秒，如图11.62所示。

图11.62　海报轮播效果设置

发布原型，可以看到海报图片和轮播的序号同步进行轮播，动态地展示广告信息，注意，要将它们轮播的间隔时间设置一致，否则海报图片和序号无法对应。

11.4.7 首页搜索区域导航悬浮效果设计

携程网站首页里包含一个搜索区域，可以针对酒店、机票、自由行、旅游、火车、租车、门票进行检索，当鼠标悬浮在这些菜单上时，会出现选中效果，如图11.63所示。

图11.63 搜索区域

慕课视频

首页搜索区域导航悬浮效果设计

下面开始制作搜索区域导航菜单悬浮效果。

1 进入“首页”页面，拖曳一个“图片”元件到工作区域，用“4–搜索区域”图片替换图片元件，将坐标位置设置为（144,171）。拖曳一个“动态面板”元件到工作区域，将其名称设置为“搜索导航显示区”，宽度设置为92，高度设置为42，坐标位置设置为（145,213），状态命名为“导航悬浮内容”，如图11.64所示。

图11.64 搜索导航显示区

2 进入“导航悬浮内容”状态，拖曳一个“矩形1”元件到工作区域，将其宽度设置为92，高度设置为42，去除边框线。拖曳一个“矩形1”元件到工作区域，将其宽度设置为4，高度设置为40，颜色填充为黄色（#FF9900），去除边框线。拖曳一个“文本标签”元件到工作区域，将其文本内容设置为“机票”，字体颜色设置为蓝色（#3366CC），字号设置为17号，标签命名为“导航内容”，如图11.65所示。

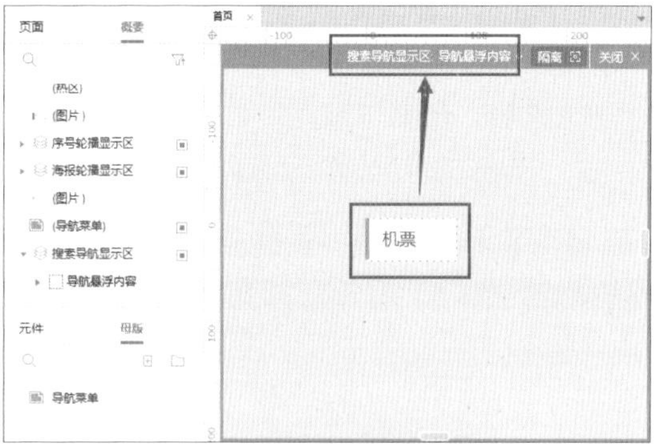

图11.65　导航悬浮内容

3 回到“首页”，将“搜索导航显示区”动态面板隐藏起来，置于底层。拖曳一个“热区”元件到工作区域，将其放置在“机票”导航的上面，并添加鼠标移入时触发事件，鼠标移入时显示“搜索导航显示区”动态面板，并将该动态面板置于顶层，移动“搜索导航显示区”至绝对位置（145，214），设置“导航内容”为“机票”，如图11.66所示。

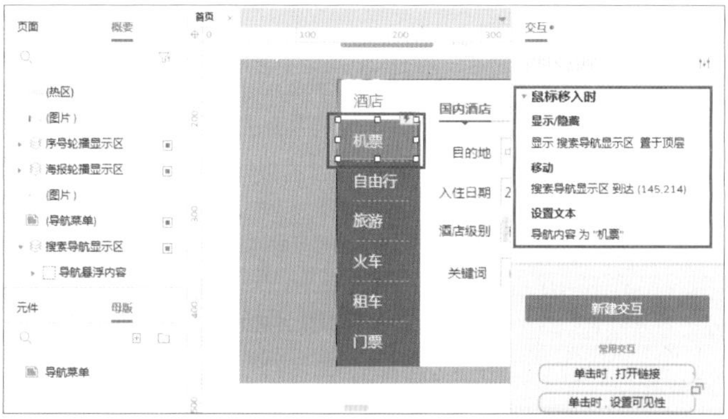

图11.66　机票悬浮交互

4 拖曳一个“热区”元件到工作区域，将其放置在“自由行”导航的上面，并添加鼠标移入时触发事件，显示“搜索导航显示区”动态面板，并将该动态面板置于顶层，移动“搜索导航显示区”至绝对位置（145，256），设置“导航内容”为“自由行”，如图11.67所示。

图11.67　自由行悬浮交互

5 拖曳一个“热区”元件到工作区域，将其放置在“旅游”导航的上面，并添加鼠标移入时触发事件，显示“搜索导航显示区”动态面板，并将该动态面板置于顶层，移动“搜索导航显示区”至绝对位置（145，298），设置“导航内容”为“旅游”，如图11.68所示。

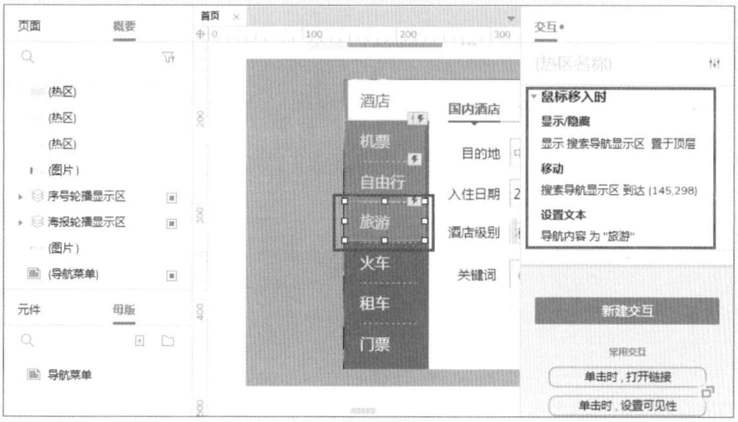

图11.68　旅游悬浮交互

6 拖曳一个“热区”元件到工作区域，将其放置在火车导航的上面，并添加鼠标移入时触发事件，显示“搜索导航显示区”动态面板，并将该动态面板置于顶层，移动“搜索导航显示区”至绝对位置（145，340），设置“导航内容”为“火车”，如图11.69所示。

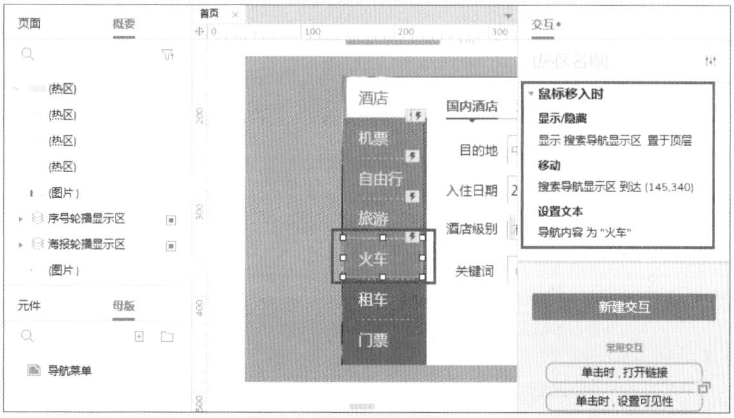

图11.69　火车悬浮交互

7 拖曳一个“热区”元件到工作区域，将其放置在租车导航的上面，并添加鼠标移入时触发事件，显示“搜索导航显示区”动态面板，并将该动态面板置于顶层，移动“搜索导航显示区”至绝对位置（145，382），设置“导航内容”为“租车”，如图11.70所示。

8 拖曳一个“热区”元件到工作区域，将其放置在门票导航的上面，并添加鼠标移入时触发事件，显示“搜索导航显示区”动态面板，并将该动态面板置于顶层，移动“搜索导航显示区”至绝对位置（145，425），设置“导航内容”为“门票”，如图11.71所示。

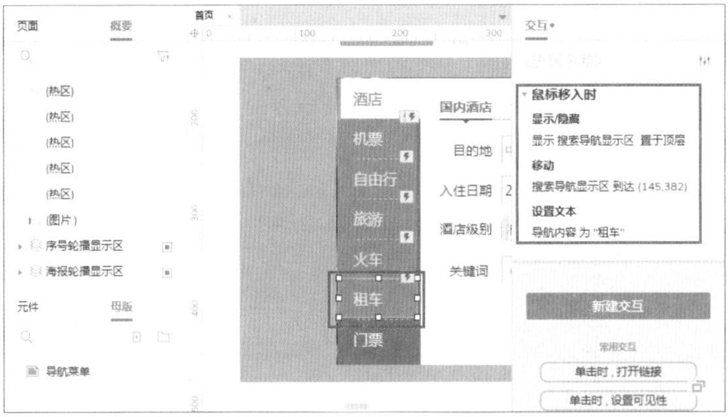

图11.70　租车悬浮交互

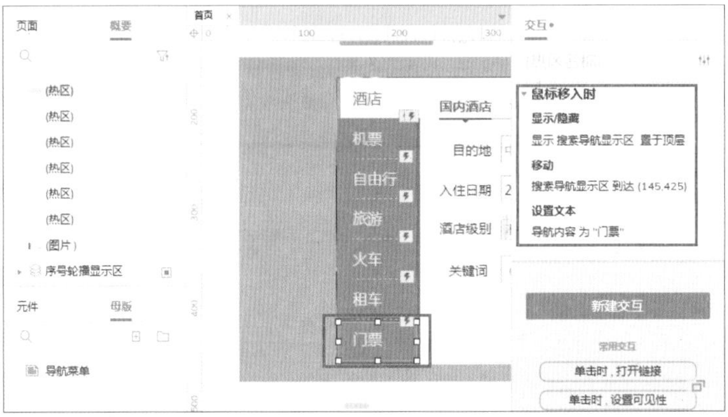

图11.71　门票悬浮交互

9 选中“搜索导航显示区”动态面板，为其添加鼠标移出时触发事件，隐藏“搜索导航显示区”动态面板，并将该动态面板置于底层，如图11.72所示。

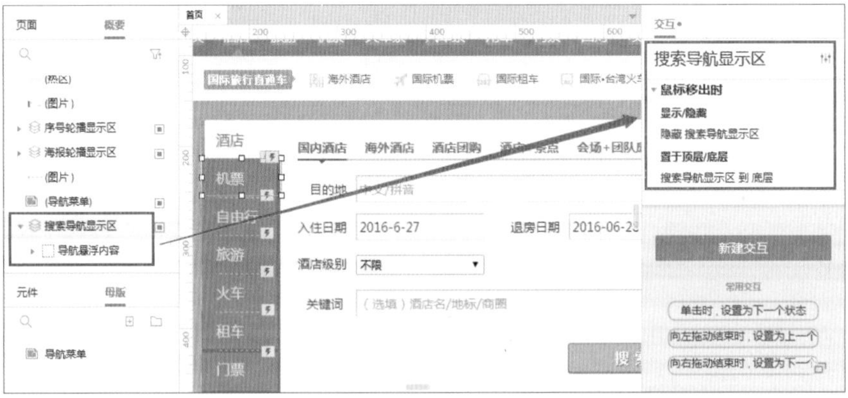

图11.72　隐藏搜索导航显示区

发布原型，当鼠标悬浮在机票、自由行等搜索导航菜单上面的时候，该导航菜单会呈现选中状态，当鼠标移出时，选中效果隐藏起来，实现一种动态的选中与未选中交互效果。

11.4.8 首页图片放大、缩小效果制作

慕课视频

首页图片放大、缩小效果制作

在携程网站首页里有很多旅游广告图片或者酒店广告图片，当鼠标移入图片时，该图片会放大，移出时图片又会缩小，现在很多电商网站也是采用这样的方式来给商品图片添加交互效果，通过放大缩小交互动作让图片动起来，如图11.73所示。

图11.73　特卖汇图片

下面开始制作图片放大缩小的交互效果。

1 拖曳一个“图片”元件到工作区域，用“20-特卖汇导航”图片替换图片元件，将坐标位置设置为（145,529）。拖曳一个“矩形1”元件到工作区域，将其宽度设置为1180，高度设置为390，坐标位置设置为（147,559）。拖曳两个图片元件，分别用“21-精选导航”“16-特卖汇-图片3”图片替换图片元件，将其坐标位置分别设置为（164,564）（401,604），如图11.74所示。

图11.74　特卖汇内容

2 拖曳一个“动态面板”元件到工作区域，将其命名为“特卖1显示区”，状态命名为“图片”，宽度设置为220，高度设置为110，坐标位置设置为（174,619）。进入“图片”状态，拖曳一个“图片”元件到工作区域，用“14-特卖汇-图片1”图片替换图片元件，宽度设置为218，高度设置为112，如图11.75所示。

图11.75 特卖1显示区

3 选中“特卖1显示区”动态面板，为其添加鼠标移入时触发事件，设置特卖1显示区的图片尺寸为256×149，固定位置在左上角。添加鼠标移出时触发事件，设置特卖1显示区的图片尺寸为218×122，如图11.76所示。

图11.76 特卖1显示区交互

4 复制“特卖1显示区”动态面板，将其名称修改为“特卖2显示区”，坐标位置设置为（174,799），用“15-特卖汇-图片2”作为状态内容，宽度设置为218，高度设置为112。拖曳两个“图片”元件到工作区域，分别用“23-特卖1价格”“24-特卖2价格”图片替换图片元件，作为价格内容，如图11.77所示。

图11.77 特卖1显示区及价格

5 选中“特卖2显示区”动态面板，为其添加鼠标移入时触发事件，设置特卖2显示区的图片尺寸为276×154，位置居中。添加鼠标移出时触发事件，设置特卖2显示区的图片尺寸为218×122，如图11.78所示。

图11.78 特卖2显示区交互

发布原型，当鼠标移入特卖1图片时，特卖1图片呈现为放大效果，鼠标移出时，图片呈现缩小效果，它的放大和缩小是以左上角为基准的，而当鼠标移入特卖2图片时，特卖2图片呈现为放大效果，鼠标移出时，图片呈现缩小效果，它的放大和缩小是以中心为基准的。

11.5 小结

通过本章携程旅游网站高保真原型的设计过程，读者应当学会以下知识。

（1）学会使用文本标签、矩形、文本框、横线、图片、动态面板等元件进行页面的布局设计。

（2）学会使用动态面板进行登录表单的验证，当用户输入用户名和密码时，将错误的提示信息放在动态面板里，根据不同的条件显示不同的提示信息。

（3）学会母版制作的2种方式以及3种拖放行为，可以把网站的导航菜单这样其他的页面都会使用的布局制作成母版，这样制作一次，其他页面可以直接使用，不需要进行重复制作。

（4）学会进行倒计时交互效果设计以及海报轮播效果设计。

（5）学会制作搜索区域导航悬浮效果以及图片放大缩小效果。

（6）学会利用Axure软件制作网站的高保真原型。

11.6 练习

设计携程旅游网站的酒店页面的布局与交互设计。

需求描述：

（1）酒店页面的布局设计。

（2）利用中继器元件设计热门酒店列表。

（3）使用跑马灯的方式显示优惠酒店。

设计思路：

（1）设计酒店页面的布局，要用到图片、动态面板等元件。

（2）利用中继器元件设计热门酒店列表，需设计中继器数据集以及中继器的项，将中继器数据集绑定到中继器显示出来。

（3）使用跑马灯的方式显示优惠酒店，需要借助动态面板元件以及页面载入时触发事件。

第12章　项目共享协作及协作利器蓝湖

在Axure原型制作过程中，有的原型比较复杂，工作量比较大，往往是多个人协作共同完成原型制作。原型的共享协作功能可以协助多人共同制作原型，提高制作原型的效率。在使用Axure的过程中，要善于总结，把比较好的使用技巧记录下来，这样有利于提高原型的制作效率以及改善制作效果。Axure RP 9不再支持Apache Subversion（SVN）进行团队协作，如果你的团队在用SVN进行团队协作，那么就不建议使用Axure RP 9。Axure RP 9中只能用Axure Cloud来进行团队协作，而作为官方的云平台，Axure Cloud不便于使用，所以推荐使用协作利器蓝湖的Axure托管平台来托管Axure原型。

12.1　项目如何共享协作

慕课视频

项目共享协作

在Axure原型制作过程中，如果遇到需要多人协同制作的情况，这时需要建立一个共享项目，大家对这一个项目进行协同开发。就像软件开发过程中常用到SVN、VSS等版本控制软件一样。下面建立一个Axure原型共享项目，将Axure原型共享项目托管到Axure Cloud来进行团队协作。

1 单击“团队”菜单，在弹出的下拉菜单中单击“从当前文件创建团队项目”命令，在弹出的“创建团队项目”对话框中输入团队项目的名称“Axure共享项目”，单击“创建团队项目”按钮来创建团队项目，如图12.1和图12.2所示。

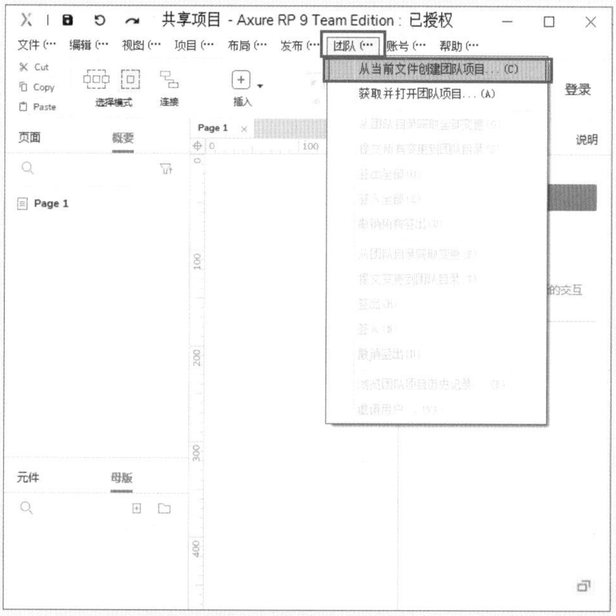

图12.1　单击团队菜单

图12.2　输入团队项目名称

2 选择团队项目目录，可以将团队项目共享到Axure Cloud中，这就需要登录Axure账号，如果没有Axure账号，需注册一个Axure账号，然后选择Axure云中的项目目录。也可以登录到Axure Cloud网站里进行Axure共享项目的管理，如图12.3和图12.4所示。

3 在将团队项目共享到Axure Cloud中之后，可以通过邀请用户和创建URL公布的方式来进行团队项目协作，如图12.5和图12.6所示。

图12.3　管理工作空间

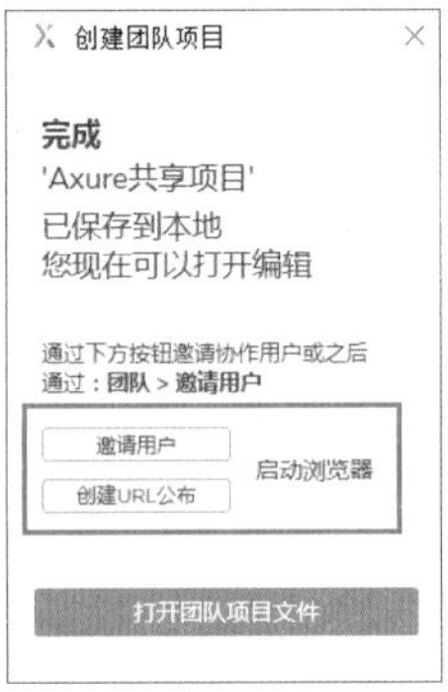

图12.4　选择团队项目路径

图12.5　邀请用户

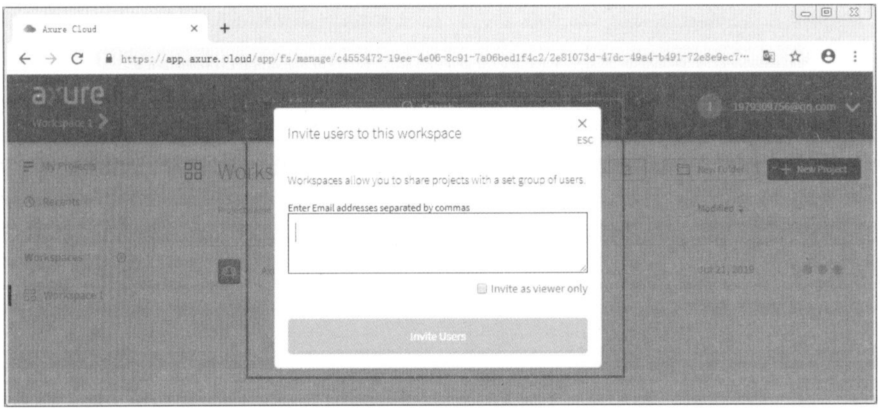

图12.6　发送邮件

4 创建完成的共享项目，在页面管理上会出现蓝色菱形标记，同时在团队菜单下可以进行项目的管理，包括签出全部、签入全部、撤销所有签出等操作，如图12.7所示。

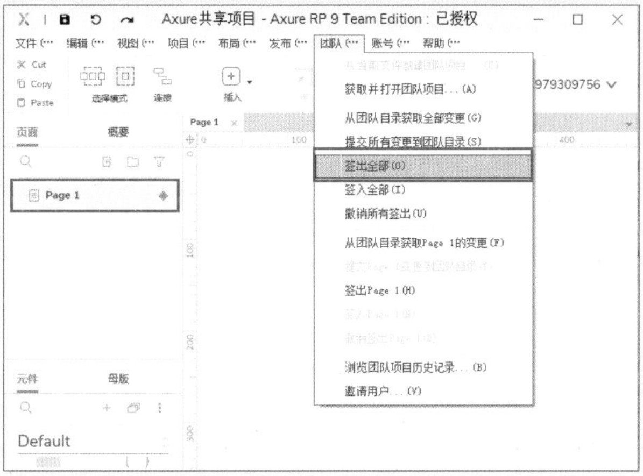

图12.7 共享项目的页面

12.2 获取共享项目

Axure原型项目建立完共享项目后，团队成员需要获取共享项目，然后进行协同制作原型。

1 Axure Cloud可以用来管理项目，同时可以邀请团队成员。它是通过发送邮件的方式来邀请团队成员，发送邮件邀请多个团队队员时要用英文逗号隔开各个邮箱地址，如图12.8所示。

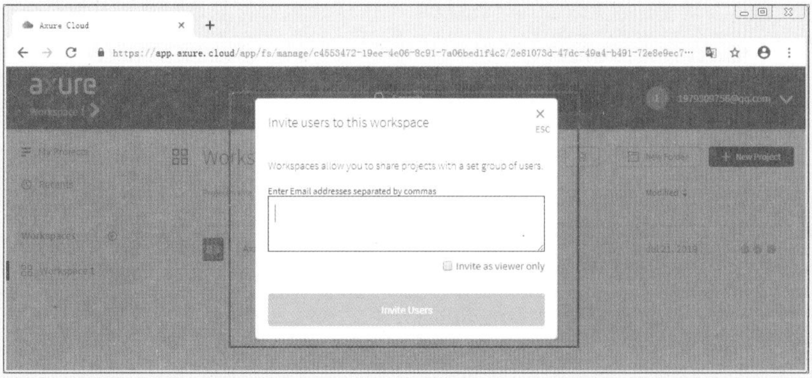

图12.8 发送邮件邀请成员

2 团队成员收到邮件后，注册或者登录Axure Cloud，页面会弹出邀请通知，团队成员可以选择是否接受邀请，如图12.9所示。

3 接受邀请后，就可以看到团队成员共享的项目，如图12.10所示。

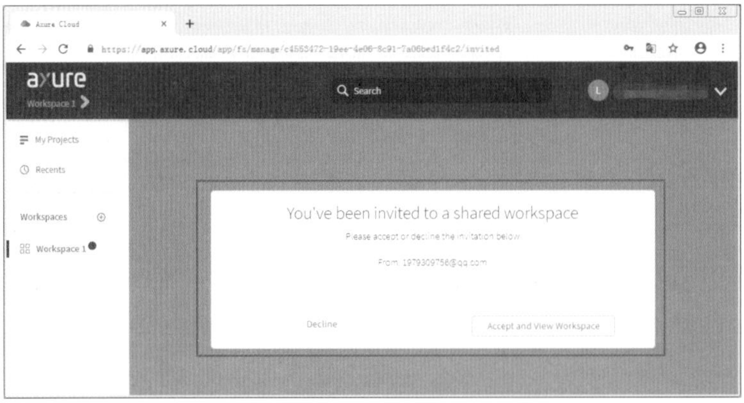

图12.9　接受邀请

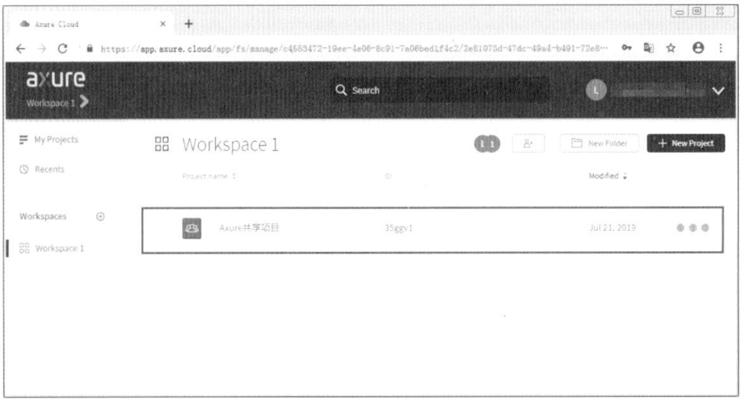

图12.10　共享项目

4 单击“团队”菜单，在弹出的下拉菜单中单击“获取并打开团队项目”命令，从Axure Cloud中选择Axure共享项目，如图12.11所示。

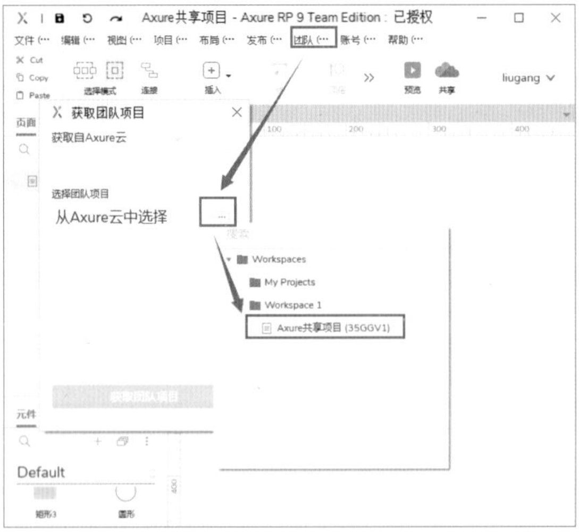

图12.11　选择共享项目

5 获取成功的共享项目后，在页面管理区域的页面上，会有蓝色菱形标记，代表共享项目下的页面。

12.3 编辑共享项目

Axure原型项目建立完共享项目后，可以进行共享项目编辑。

1 对共享项目的页面进行编辑时，首先需要签出页面才能进行编辑，当鼠标悬停在某个页面的工作区域时，会有签出提示信息，或者在要编辑的页面上单击鼠标右键，在弹出的快捷菜单中选择“签出”命令，签出后才能进行页面编辑，蓝色菱形标记代表未签出状态，不能进行编辑。如图12.12和图12.13所示。

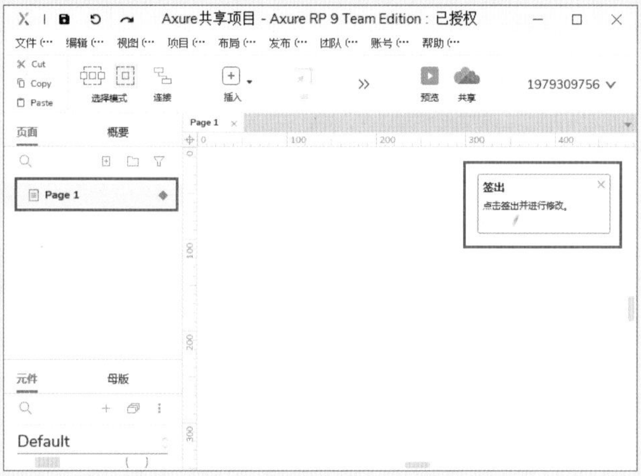

图12.12 鼠标悬停在工作区域

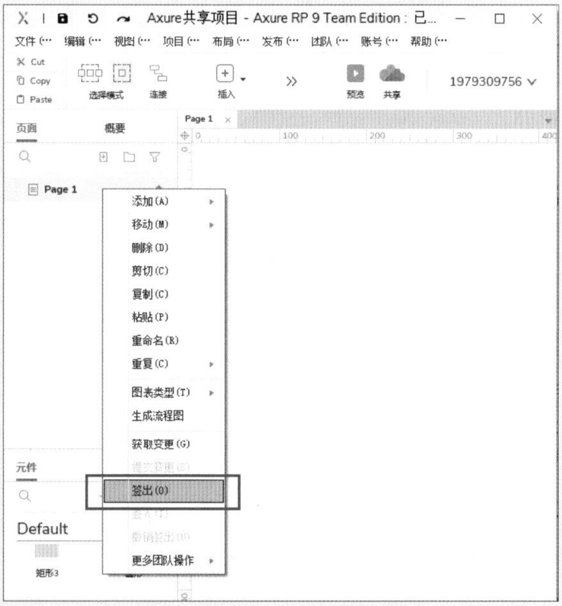

图12.13 单击鼠标右键签出页面

注 意

页面签出的方式有两种，一种是在工作区域中点击签出图标，另一种是在要签出的页面上单击鼠标右键，在弹出的快捷菜单中选择“签出”命令，就可以把页面签出。

2 页面签出后，站点地图内签出的页面后出现绿色对勾，表述此页面已迁移到本地页面，可以对该页面可以进行编辑。当该页面被一个人签出后，另一个人是无法签出该页面的，如图12.14所示。

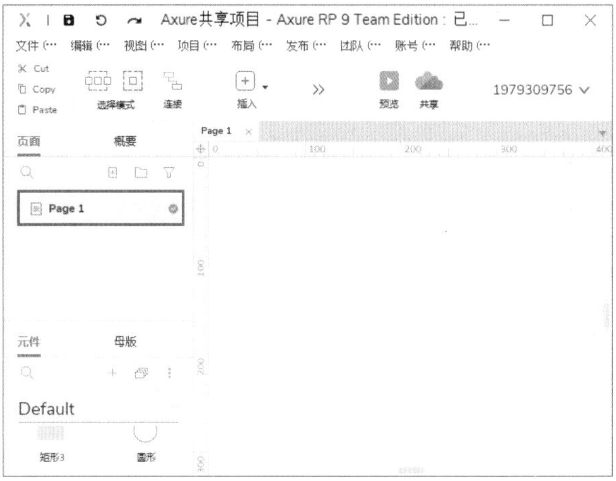

图12.14 签出的页面

3 当页面编辑结束，在签出的页面上单击鼠标右键，在弹出的快捷菜单中选择“签入”命令，可以将页面内容签入到共享项目里，如图12.15所示。

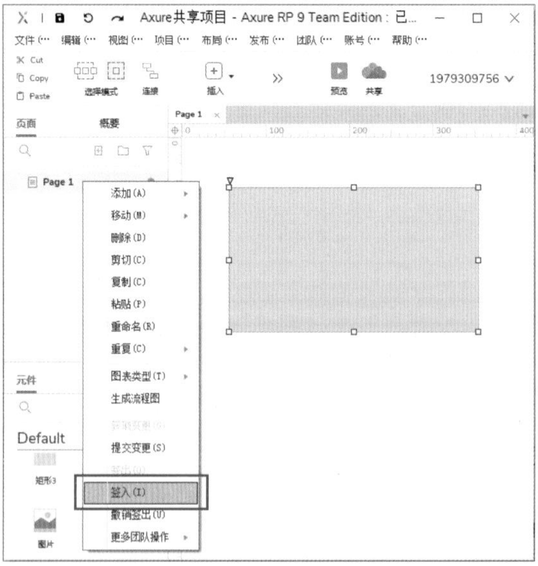

图12.15 签入页面

注 意

签出后的页面，会有绿色对勾图标标记，代表页面被签出，可以进行相关的编辑。

12.4 协作利器蓝湖

使用蓝湖无须导出Axure HTML、压缩文档或发送附件，可以将Axure文档一键分享给团队成员，团队成员无须查收邮件、下载、解压，每次打开的Axure文档都是最新版本，还可以随时查看历史版本，收集反馈，自动共享文档，在线展示Axure 、Word等文档。蓝湖Axure如图12.16所示。

慕课视频

协作利器蓝湖

图12.16 蓝湖Axure

12.4.1 蓝湖简介

在项目协作过程中经常会出现很多问题。

（1）产品经理：产品设计环节只能等设计完成才能交付，无法及时发现问题进行修改，并且需要向设计师、工程师反复询问进度。

（2）设计师：设计过程中产生多个历史版本并且需要反复沟通确认，每版设计都需要打包并通过邮件、QQ、微信等沟通渠道发送给团队成员，接收方也存在容易混乱、丢失、不好找等问题。

（3）工程师：手动标注设计图信息过多，有错标、漏标需要反复找设计师对比沟通。

蓝湖针对该问题提供解决方案。

（1）蓝湖提供自动标注功能，解决设计师重复工作的问题，提高工作效率。

（2）蓝湖提供保留历史版本、展现新版本功能，也可以随时查看老版本。

（3）蓝湖提供直观展示及同步完整产品逻辑、页面信息功能。

（4）蓝湖提供变更后自动推送通知功能，提高协作效率。

（5）蓝湖支持多名设计师自动同步共享Sketch（矢量设计工具）设计元件库。

（6）蓝湖支持iOS、Android设计图，可以随意转换px/pt/dp/rem单位。

与传统协作工具相比，蓝湖更具有优势，如图12.17所示。

方式 功能	蓝湖	邮件	企业网盘 / SVN	Axsha...
上传方式	一键更新，自动分享	手动生成HTML，打包上传附件	手动生成HTML，上传对应目录	上传速度慢
分享方式	同事自动收到文档链接	手动发送通知，告诉同事有更新	手动发送通知，告诉同事有更新	手动发送通知，分享链接
查看方式	在线打开，支持密码保护	同事查收邮件，下载、解压附件	同事需要手动下载最新版本	国内打开速度较慢，图片有时不显示
外部访问	支持内、外网两种访问权限	可控性不强，无法控制权限	一般仅支持内网，外网需装软件	国内打开速度较慢，图片有时不显示
项目链接	一个链接，时刻最新	×	×	国内打开速度较慢，图片有时不显示
更新提醒	每次更新自动发送通知	×	×	×
在线评论	评论 @同事 自动发送通知	×	×	×
历史版本	支持无限版本，随时切换	×	×	×
对应设计图	支持每个文档和设计图绑定	×	×	×

图12.17　协作工具对比

也有很多家大企业使用蓝湖进行沟通协作，如网易、腾讯、京东等。

12.4.2 蓝湖的使用方法

蓝湖使用包括几个步骤。

（1）安装登录蓝湖Axure客户端。

（2）创建团队、创建项目。

（3）文档上传：包括Axure文档、Word/PDF/Excel/PowerPoint文档、外部文档链接。

（4）查看文档：包括Axure文档、Word/PDF/Excel/PowerPoint文档、外部文档链接。

（5）分享链接，发送给团队的其他成员进行查看。

（6）查看历史版本。

下面一起来学习使用蓝湖的方法。

1. 安装蓝湖Axure客户端

在蓝湖官网下载蓝湖Axure客户端，蓝湖Axure客户端支持Mac和Windows双系统，下载、安装好蓝湖Axure客户端之后，注册并登录蓝湖账号，即可将Axure文档共享至蓝湖客户端。蓝湖客户端如图12.18所示。

图12.18　蓝湖客户端

2. 用蓝湖创建团队、创建项目

访问蓝湖管理系统，在蓝湖管理系统里可以创建团队、创建项目，并且可以查看上传的Axure、Word、PDF等文档，蓝湖管理系统如图12.19所示。

1 登录到蓝湖管理系统之后，单击左上角的“Axure学习”右侧的倒三角，弹出下拉菜单，单击“创建新团队”选项，就可以创建一个团队，如图12.20所示，如创建携程旅游团队。

图12.19　蓝湖管理系统

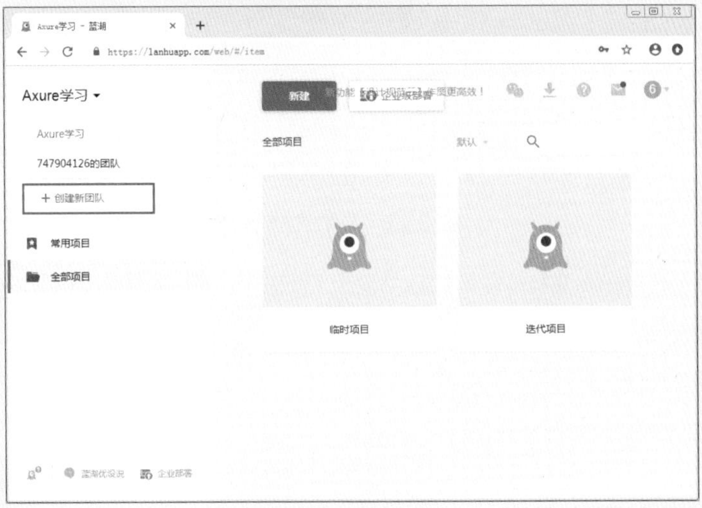

图12.20　创建团队

2 创建完携程旅游团队之后，就可以创建项目，单击“新建”按钮，就可以创建项目或者文件夹，如创建一个临时项目和一个迭代项目，如图12.21所示。

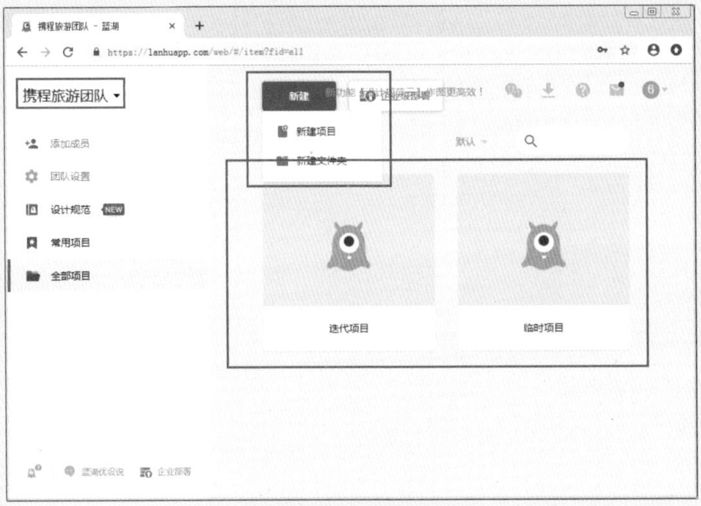

图12.21　创建项目

3. 用蓝湖上传文档

创建完团队、项目之后，就可以上传文档，上传文档包括上传文件（Word/PPT/Excel/PDF）、上传Axure文档、添加文档链接，如图12.22所示。

图12.22 上传文档类型

下面演示如何上传Axure文档，在第11章中设计了携程旅游网站的高保真原型设计，把该文档上传到蓝湖进行显示管理以及与团队成员分享。

1 用Axure打开携程旅游网站高保真原型，单击“预览”图标进行预览，不单击“预览”图标是无法上传文档的，如图12.23所示。

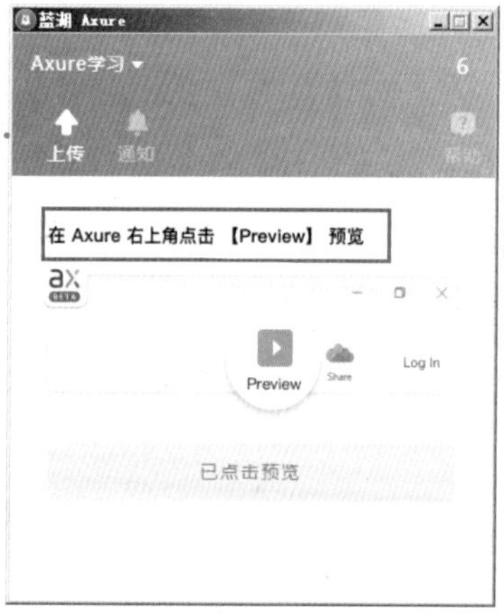

图12.23 预览

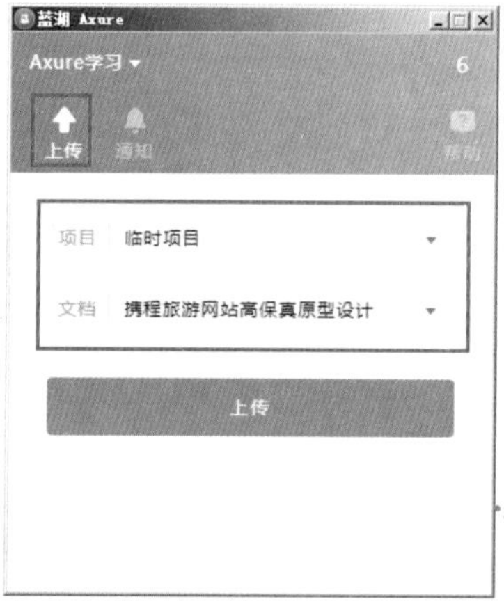

图12.24 上传Axure文档

2 单击完“预览”之后，蓝湖Axure客户端就会允许上传Axure文档，选择在蓝湖管理系统创建的项目，选择项目之后就可以单击上传按钮将文档上传，首次上传速度会慢一点，如图12.24所示。

3 上传完成后，会生成分享链接，团队成员通过分享链接注册蓝湖管理系统，就可以在蓝湖管理系统里直接查看Axure生成的原型文档，如图12.25所示。

4 进入蓝湖管理系统，可以查看携程旅游网站高保真原型，如图12.26所示。

图12.25 分享链接

图12.26 预览原型

5 在蓝湖管理系统可以查看原型设计的历史版本，如图12.27所示。

图12.27 历史版本

12.5 小结

通过本章的学习，读者可以掌握建立共享项目、获取共享项目以及编辑共享项目的方法，可以通过建立共享项目，实现多人协作共同开发的效果。本章介绍两种项目托管方式：一种是在官方指定的Axure Cloud云上托管，另一种是在蓝湖上托管，建议使用蓝湖托管，蓝湖具有访问快、功能齐全、使用简单、方便协作等优势。

12.6 练习

（1）建立一个Axure原型共享项目，将Axure原型共享项目托管到Axure Cloud来进行团队协作。

（2）建立一个Axure原型共享项目，将Axure原型共享项目托管到蓝湖来进行团队协作。

附录　Axure快捷键速查表

快捷键类型	操作名称	快捷键
基本快捷键	打开	Ctrl + O
	新建	Ctrl + N
	保存	Ctrl + S
	退出	Alt + F4
	打印	Ctrl + P
	查找	Ctrl + F
	替换	Ctrl + H
	复制	Ctrl + C
	剪切	Ctrl + X
	粘贴	Ctrl + V
	快速复制	Ctrl+D或单击拖曳+Ctrl
	撤销	Ctrl + Z
	重做	Ctrl + Y
	全选	Ctrl + A
	帮助说明	F1
输出快捷键	生成原型预览	F5
	生成规格说明	F6
	更多的生成器和配置选项	F8
	在原型中重新生成当前页面	Ctrl +F5
工作区域快捷键	下页	Ctrl + Tab
	上页	Ctrl + Shift + Tab
	关闭当前页	Ctrl + W
	垂直滚动	鼠标滚轮
	横向滚动	Shift + 鼠标滚轮
	放大缩小	Ctrl + 鼠标滚轮
	页面移动	Space + 鼠标右键
	隐藏网格	Ctrl + ’
	对齐网格	Ctrl + Shift + ’
	隐藏全局辅助线	Ctrl + .
	隐藏页面辅助线	Ctrl + ,
	对齐辅助线	Ctrl + Shift + ,
	锁定辅助线	Ctrl + Alt +,

续表

快捷键类型	操作名称	快捷键
元件编辑快捷键	群组	Ctrl + G
	取消群组	Ctrl + Shift + G
	上移一层	Ctrl +]
	置于顶层	Ctrl +Shift +]
	下移一层	Ctrl + [
	置于底层	Ctrl + Shift + [
	左对齐	Ctrl + Alt +L
	居中对齐	Ctrl + Alt + C
	右对齐	Ctrl + Alt + R
	顶端对齐	Ctrl + Alt + T
	垂直居中对齐	Ctrl + Alt + M
	底端对齐	Ctrl + Alt + B
	水平分布	Ctrl + Shift + H
	垂直分布	Ctrl + Shift + U
	减少脚注编号	Ctrl + J
	增加脚注编号	Ctal + Shift + J
	锁定位置和尺寸	Ctrl + K
	解锁位置和尺寸	Ctrl + Shift + K